Guide de Vulgarisation

AU-DELÀ DE LA DÉCOUVERTE SCIENTIFIQUE : LA SOCIÉTÉ

En page couverture : illustration de Jacques Goldstyn

Catalogage avant publication de Bibliothèque et Archives nationales du Québec et Bibliothèque et Archives Canada

Lapointe, Pascal, 1964-

Guide de vulgarisation. Au-delà de la découverte scientifique : la société
Comprend des réf. bibliogr.
ISBN 978-2-89544-123-6

1. Sciences – Vulgarisation. 2. Presse scientifique. 3. Information scientifique. 4. Sciences – Aspect social. 5. Sciences – Vulgarisation – Problèmes et exercices. I. Titre.

Q225.L36 2008 070.4'495 C2008-942233-3

Pascal Lapointe

Guide de Vulgarisation

AU-DELÀ DE LA DÉCOUVERTE SCIENTIFIQUE : LA SOCIÉTÉ

ÉDITIONS
MULTIMONDES

ISBN: 978-2-89544-123-6
Dépôt légal – Bibliothèque et Archives nationales du Québec, 2008
Dépôt légal – Bibliothèque et Archives Canada, 2008

ÉDITIONS MULTIMONDES
930, rue Pouliot
Québec (Québec) G1V 3N9
CANADA
Téléphone: 418 651-3885
Téléphone sans frais: 1 800 840-3029
Télécopie: 418 651-6822
Télécopie sans frais: 1 888 303-5931
multimondes@multim.com
http://www.multim.com

DISTRIBUTION AU CANADA
PROLOGUE INC.
1650, boul. Lionel-Bertrand
Boisbriand (Québec) J7H 1N7
CANADA
Téléphone: 450 434-0306
Tél. sans frais: 1 800 363-2864
Télécopie: 450 434-2627
Téléc. sans frais: 1 800 361-8088
prologue@prologue.ca
http://www.prologue.ca

DISTRIBUTION EN BELGIQUE
La SDL Caravelle S.A.
Rue du Pré aux Oies, 303
Bruxelles
BELGIQUE
Téléphone: +32 2 240.93.00
Télécopie: +32 2 216.35.98
Sarah.Olivier@SDLCaravelle.com
http://www.SDLCaravelle.com/

DISTRIBUTION EN FRANCE
LIBRAIRIE DU QUÉBEC
30, rue Gay-Lussac
75005 Paris
FRANCE
Téléphone: 01 43 54 49 02
Télécopie: 01 43 54 39 15
direction@librairieduquebec.fr
http://www.librairieduquebec.fr

DISTRIBUTION EN SUISSE
SERVIDIS SA
chemin des chalets 7
CH-1279 Chavannes-de-Bogis
SUISSE
Téléphone: (021) 803 26 26
Télécopie: (021) 803 26 29
pgavillet@servidis.ch
http://www.servidis.ch

Les éditions MultiMondes reconnaissent l'aide financière du gouvernement du Canada par l'entremise du Programme d'aide au développement de l'industrie de l'édition (PADIÉ) pour leurs activités d'édition. Elles remercient la Société de développement des entreprises culturelles du Québec (SODEC) pour son aide à l'édition et à la promotion.

Gouvernement du Québec – Programme de crédit d'impôt pour l'édition de livres– gestion SODEC.

Les éditions MultiMondes remercient également le Conseil des Arts du Canada de l'aide accordée à leur programme de publication.

100%

Imprimé avec de l'encre végétale sur du papier Rolland Enviro 100, contenant 100% de fibres recyclées postconsommation, certifié Éco-Logo, procédé sans chlore et fabriqué à partir d'énergie biogaz.

IMPRIMÉ AU CANADA/PRINTED IN CANADA

Table des matières

Introduction

De Jules Verne à Al Gore

Il y a plus d'un siècle, Jules Verne ravissait les foules avec ses récits mettant en scène une science appuyée sur des faits impeccablement vérifiés. Pour les contemporains, la question ne se posait même pas : *De la Terre à la Lune*, c'était de la vulgarisation scientifique.

Romancée, certes. Mais œuvre d'éducation utile aux jeunes et aux moins jeunes. Fenêtre ouverte sur une nouvelle réalité. Transposition de notions obscures dans un récit attirant.

Aujourd'hui, on semble avoir quelque peu perdu cette ouverture d'esprit. Non seulement la science-fiction est-elle rarement citée en exemple par ceux qui professent l'importance d'une culture scientifique, mais en plus, certains défendent, sans même sans s'en rendre compte, une vision surannée de l'information scientifique : celle qui ne vise qu'à expliquer la dernière découverte, la percée spectaculaire, le chercheur à la mode, la dernière tendance dans la recherche. La recherche « pure et dure ». Comme si celle-ci était un objet extraterrestre se baladant au-delà de Pluton, loin, très loin du reste des activités humaines.

C'est pourtant depuis les années 1990 que circule une expression, « science citoyenne », qui dit bien ce qu'elle veut dire : la science devrait être quelque chose que s'approprie le citoyen, pas quelque chose qu'il considère avec inquiétude ou désarroi. C'est depuis les années 1980 qu'on parle de « culture scientifique », impliquant par là que la science est partie intégrante de la culture.

Et c'est aussi depuis les années 1970, que le journalisme scientifique nord-américain considère normal de traiter de sujets « science et société », c'est-à-dire non pas des comptes-rendus de la découverte annoncée ce matin, mais des reportages remettant cette découverte dans son contexte social, politique ou économique.

Et c'est depuis plus longtemps encore, que les scientifiques qui se découvrent des talents de vulgarisateur donnent des conférences où, pour toucher une audience de «profanes», ils font l'effort de rattacher leur travail à ce que leur public connaît.

Autrement dit, il y a longtemps que la science n'est plus ce corps étranger à la société.

Et pourtant, le message passe mal. Il demeure encore et toujours nécessaire de convaincre la majorité de la population que science et société ne sont pas antinomiques.

Pas juste la majorité silencieuse de la population. Parfois, ceux qui ont besoin d'être convaincus sont aussi des professionnels des différents métiers de la communication – journalisme, rédaction, relations publiques – ceux sur qui reposera le gros de la responsabilité de la diffusion de l'information scientifique. Ainsi, pour de nombreux journalistes, qui ont majoritairement étudié en sciences sociales, la science est un objet d'effroi – parce que leur souvenir le plus tangible, c'est celui de cours de science, à l'école, où «le prof» débitait une matière, à leurs yeux, mortellement ennuyeuse. Bref, pour eux, la science est devenue quelque chose à fuir – et ceci est une des raisons pour lesquelles il y a si peu de science dans les médias.

Et encore ces professionnels-là ont-ils d'emblée décidé que l'information scientifique ne sera pas pour eux. Mais il y a pire encore: de nombreux journalistes et communicateurs qui sont véritablement curieux face aux sciences, voire qui ont commencé, à leur sortie d'université, à pondre une ou deux nouvelles ou communiqués de presse, grâce à des contrats de pige tombés par hasard dans leur sac à dos. Mais pour qui «science» reste extraterrestre à «société». Lorsqu'on leur demande ce à quoi ils s'attendent dans un proche avenir, ils parlent, non sans crainte, de l'obligation qu'ils auront de vulgariser des notions trop complexes, des concepts trop nébuleux... étant entendu qu'à ce moment, ils devront décrocher et chercher autre chose, puisque ce genre de travail serait hors de leur portée.

Ils sont souvent surpris d'apprendre qu'ils pourraient avoir à parler de phénomènes de la vie courante : la santé des enfants ou des animaux domestiques, la perception qu'a le public des OGM, les forces économiques derrière la recherche, les motivations des scientifiques...

Pourtant, c'est bel et bien ça, la science. Les blogueurs, eux, l'ont compris : les milliers de scientifiques qui, aux États-Unis, ont pris les devants dans la blogosphère, parlent de recherche «pure et dure», mais aussi de ce qu'eux-mêmes font au quotidien, du contexte économique, social ou académique dans lequel ils évoluent... Et cela *aussi* s'appelle de la vulgarisation.

Le film de l'ex-vice-président Al Gore qui a tant fait jaser, *Une vérité qui dérange*, est un excellent travail de vulgarisation scientifique. Et pourtant, pas question de parler de «recherche pure et dure» dans un tel documentaire, sans quoi une grande partie du public aurait décroché avant la fin : les recherches citées, nombreuses, sont liées à la fragilité de la vie sur notre planète et à son futur incertain, aux difficultés à faire passer le message chez les décideurs, aux difficultés de changer nos habitudes de consommation, aux forces sociales d'inertie, aux choix technologiques... Mais pas aux mois de travail qui, devant un écran d'ordinateur, ont permis à une équipe de chercheurs d'accoucher d'une modélisation informatique du climat...

Dans un registre opposé : *Microcosmos* est lui aussi un intéressant travail de vulgarisation. La vie des insectes en gros plan, un exploit qui a nécessité des années de travail. Et pourtant, en une heure et demi, la narration se résume à trois paragraphes, tous inclus dans les premières minutes. Par la suite, on n'a plus que des images et de la musique. Curieuse vulgarisation! Mais efficace parce qu'elle joue sur l'émotion : émotion face à la beauté de la nature d'une part, et émotion face à notre propre ignorance d'autre part.

Comment cette fourmi repère-t-elle la coccinelle? Pourquoi le bourdon pousse-t-il cet objet? Une fois le film terminé, on l'ignore, et quand bien même le saurait-on qu'on l'aurait rapidement oublié. L'espoir des producteurs est plutôt qu'un spectateur ressorte de ce film profondément fasciné, comme un enfant qui vient de découvrir que le monde était beaucoup plus vaste qu'il ne l'avait cru. Et cela, en soi, est un bien grand pas en avant.

Enseigner la vulgarisation scientifique, ce n'est pas *enseigner la science*. On peut très bien devenir un excellent vulgarisateur sans avoir jamais étudié en science. Ce qu'il faut développer tient davantage de l'intangible: une sensibilité au monde qui nous entoure, un regard plus global, une curiosité. Ainsi que, cela va sans dire, un goût pour communiquer, synthétiser, expliquer – des qualités propres à tout bon communicateur ou journaliste qui se respecte.

Un vulgarisateur scientifique n'est pas «un scientifique qui vulgarise». Pas plus qu'un journaliste scientifique n'est un «journaliste qui fait de la science». Un vulgarisateur peut tout autant être scientifique que non-scientifique. Et un journaliste scientifique, c'est un journaliste, point final – en aucun cas, un journaliste qui se serait mis au service de la science.

Les observateurs commettent souvent l'erreur de confondre l'un et l'autre. S'ils sont journalistes, ils s'imaginent incapables de faire de la science, puisqu'ils la détestaient à l'école. S'ils sont scientifiques, ils s'imaginent qu'il leur suffit de réduire leur mémoire de 80 à 40 pages pour l'avoir «vulgarisé».

Il faut des talents particuliers pour se spécialiser en journalisme scientifique? En un sens, oui, mais ces talents se développent avec le temps, ils ne sont pas innés. À la base, n'importe quel bon journaliste peut devenir un bon journaliste scientifique. La curiosité? Elle s'applique aussi aux journalistes qui couvrent la politique et veulent aller au-delà du sempiternel débat entre un politicien et son adversaire. Le goût de communiquer, de synthétiser, d'expliquer? C'est la base même du journalisme.

Lorsque j'explique cela, il y a généralement du scepticisme dans la salle. Ne faut-il pas, malgré tout, en savoir plus sur la science que la moyenne des gens pour faire de la vulgarisation? Oui et non. Oui, parce qu'avec les années qui passent, les connaissances s'accumulent tout naturellement. Non, parce que personne ne vous demandera de deviser physique quantique dès votre premier contrat:

- Le communicateur nouvellement embauché par une université ou une agence gouvernementale se verra plutôt confier l'écriture de communiqués ou de textes sur le Web liés à une thématique familière : la nutrition, la pollution, la grippe... Et il y aura toujours quelqu'un pour relire le texte d'un débutant.
- Le journaliste pigiste qui se voit confier ses premiers contrats par un petit média comme l'Agence Science-Presse sera orienté vers des textes brefs pour lesquels toute l'information à synthétiser lui sera déjà fournie. Ou bien il héritera lui aussi d'une thématique familière. Sur cette base, il construira petit à petit son expérience jusqu'à devenir un journaliste scientifique émérite.

Mais avant d'en arriver là, il faut bien commencer par le commencement.

Chapitre 1

Au commencement était $E=mc^2$

Ou faut-il être un Einstein pour faire de la vulgarisation ?

Demandez à 100 personnes de vous citer une formule mathématique et, passé le moment de surprise, s'ils arrivent à se rappeler ce qu'est une formule mathématique, il y a de bonnes chances pour que la première – et la seule – qui sorte soit $E=mc^2$.

Ainsi que le nom du célèbre savant échevelé à qui on la doit.

Demandez-leur à présent ce qu'elle signifie, et c'est le silence. Que veulent dire le *E*, le *m*, le *c* et que vient faire là-dedans ce *2*? Pas évident du tout.

Même une fois qu'on l'a expliqué, ce n'est guère plus évident, pour qui n'a pas fait de physique depuis longtemps:

- *E* signifie Énergie
- *m* signifie masse
- *c* signifie la vitesse de la lumière
- *2* est un exposant, qui veut dire «au carré».
- mc^2 se lit: «la masse multipliée par la vitesse de la lumière au carré»

A-t-on besoin de le savoir pour faire de la vulgarisation scientifique? Question épineuse. C'est l'équation la plus célèbre du 20e siècle, peut-être la plus célèbre de l'histoire des sciences. Un physicien serait scandalisé d'apprendre que de futurs vulgarisateurs scientifiques ignorent ce qu'elle signifie. $E=mc^2$, c'est carrément l'une des bases de l'univers: dans chaque grain de matière, il y a une quantité d'énergie phénoménale. Avant Einstein, la physique avait conclu qu'énergie et matière étaient deux entités distinctes. Grâce à Einstein, on sait qu'énergie et matière sont en réalité les deux faces d'une même médaille.

Mais encore? S'il fallait expliquer cela dans un journal, on viendrait d'utiliser plusieurs paragraphes, et pour aboutir à quoi?

Est-ce aussi important de le savoir qu'il est important d'en savoir un minimum sur les gènes? Le fait qu'après un siècle, cette notion d'équivalence énergie-matière demeure encore obscure, alors que l'existence des gènes, elle, s'est imposée dans la culture populaire en bien moins de temps, nous révèle quelque chose sur l'importance relative de ces deux savoirs.

Autrement dit, il existe des savoirs plus importants que d'autres. «Importants», non pas d'un point de vue scientifique, mais «importants», au regard de la culture nécessaire pour fonctionner en société. Et, accessoirement, pour faire de la vulgarisation scientifique.

Faut-il savoir ou ne pas savoir?

Quand ce genre de discussion surgit dans le petit univers des organismes de vulgarisation scientifique, l'argument de base est toujours le même: nous vivons dans une société où la science prend de plus en plus de place – OGM, climat, Internet, bientôt nanotechnologies – donc le citoyen se doit d'avoir un minimum de connaissances sur ces sujets. Fort bien, mais on n'est guère plus avancé: qu'est-ce qu'un minimum de connaissances?

A priori, on sera tous d'accord pour dire qu'il n'est pas nécessaire de pouvoir expliquer la théorie de la relativité. Et même s'il nous prend l'envie d'en savoir un minimum sur les travaux d'Einstein, il n'est pas non plus nécessaire d'étudier la physique pendant trois ans. Ouf, c'est déjà ça de gagné.

On parle d'un minimum de connaissances, donc d'une culture scientifique de base, de la même façon qu'on dit qu'un citoyen se doit d'avoir une culture politique de base pour pouvoir voter de façon éclairée: pour un Américain, se démêler dans son système électoral plus complexe que le nôtre. Pour un Canadien, où se situe le NPD dans le spectre idéologique: à gauche, à droite? D'ailleurs, ça veut dire quoi, être «de gauche» ou «de droite»?

Suivant la même logique, il faudrait que ce citoyen, et à plus forte raison le futur vulgarisateur, ait une culture scientifique de base. OGM et réchauffement sont des problématiques qui reviendront longtemps encore sur le tapis et qui, surtout, entraîneront des décisions de la part de nos politiciens.

JUSQU'OÙ...
va «la base» d'une bonne culture scientifique?

Qu'est-ce qu'un gène? Chacun a sa définition, et plusieurs sont toutes autant valables. Prenons-en une au hasard: le gène est l'élément de base de tout être vivant.

Exact. Mais il se trouve que l'ensemble des gènes forme les chromosomes. Est-il nécessaire de savoir aussi ce qu'est un chromosome? Si oui, que faut-il en savoir? Et un gène est constitué de paires de base, est-ce nécessaire de le savoir si on n'est pas appelé à vulgariser la génétique? Et si on veut parler d'agriculture?

Et les protéines que produisent certains gènes? Il y a quelques années, on aurait dit que c'était là une connaissance bien trop pointue. Sauf que depuis, dans l'actualité scientifique, les protéines surgissent de plus en plus souvent: les chercheurs découvrent l'utilité de celle-ci et associent celle-là à différents dysfonctionnements de notre corps... Pas nécessaire d'être devin pour affirmer que dans les années à venir, les protéines, bien plus que les gènes, seront pointées comme «la» clé de nombreuses maladies.

Bref, la définition d'une culture scientifique de base *est évolutive.*

Même chose avec la technologie: il faut aujourd'hui savoir un minimum de choses sur les ordinateurs, les lecteurs DVD et les iPod, si on ne veut pas avoir l'air trop attardé.

Mais une fois qu'on a dit ça, on n'a toujours pas dit grand-chose. Ça devrait être quoi, une culture scientifique de base?

Un exemple de culture scientifique de base

La base: Nous avons, tout autour de nous, des virus et des bactéries.

Question numéro 1: Quelle est la différence entre un virus et une bactérie?

Pourquoi est-ce important de l'apprendre? La première raison qui vient à l'esprit est que l'un des deux peut être beaucoup plus virulent que l'autre: la grippe par rapport au banal rhume, par exemple. Une autre raison possible est qu'on risque d'entendre parler de plus en plus souvent des antibiotiques qui ne sont plus efficaces face à des bactéries qu'on croyait avoir vaincues. Comme la santé est le secteur de loin le plus couvert par la vulgarisation scientifique, il est peu probable que, dans toute votre carrière, vous y échappiez complètement.

Question numéro 2: Toutes les bactéries sont-elles malsaines?

Pourquoi est-ce important de le savoir? Eh bien tout simplement pour ne pas paniquer chaque fois qu'on lit le mot «bactérie».

Qu'est-ce que la culture scientifique... il y a 2500 ans

Celui qui est incapable de compter un, deux, trois ou de distinguer les nombres pairs des nombres impairs, ou qui est incapable de calculer, qui ne sait rien des révolutions de la Lune et du Soleil et des autres étoiles... Tout homme libre, selon moi, devrait apprendre autant sur ces branches du savoir que ce que se fait enseigner le moindre enfant, en Égypte, alors qu'il apprend l'alphabet. Dans ce pays, les jeux arithmétiques ont été inventés pour l'usage des enfants, qu'ils apprennent avec plaisir et amusement... Je n'ai que tard dans ma vie pris conscience avec étonnement de notre ignorance de ces choses; pour moi, nous apparaissons plus des porcs que des humains, et j'ai très honte, non seulement de moi-même mais de nous tous, Grecs.

Ces lignes sont extraites du Livre VII des *Lois*, écrites par un certain Platon, philosophe grec qui vivait il y a 2500 ans.

Est-ce que ça se mesure?

Tout le monde sera d'accord là-dessus, puisque la science évolue, la définition d'une culture scientifique ne serait pas coulée dans le béton. Pourtant, on ne cesse d'essayer de la mesurer. Des gouvernements, des universitaires, toutes sortes d'organismes québécois, canadiens, américains, européens, s'y risquent (comme l'Union européenne avec son *Eurobaromètre*). Ils posent des questions à la population et tentent d'évaluer les connaissances scientifiques qui sont partagées par tout le monde et celles où tout le monde trébuche.

L'Eurobaromètre

L'Union européenne a développé depuis 1973 des questionnaires très détaillés sur la culture scientifique et les enjeux technologiques. Elle administre deux fois par année un tel questionnaire appelé Eurobaromètre.

Aux USA, la National Science Foundation procède à un exercice semblable depuis 1972, appelé. *Science and Engineering Indicators.* Le Canada y a participé pendant les années 1990.

Ces études essaient de mesurer les connaissances, mais aussi les attitudes: avez-vous peur des OGM? Pensez-vous que le réchauffement climatique est une menace? Quelle est votre perception des scientifiques?

Est-ce que les premiers hommes ont coexisté avec les dinosaures? Quelle est la différence entre un virus et une bactérie? C'est quoi, un OGM? Chaque fois, le taux de mauvaises réponses est très élevé, mais chaque fois, il n'y a pas unanimité sur ce que l'on devrait savoir.

Disons-le bien net: ces enquêtes sont utiles pour évaluer la culture (ou l'inculture), mais ne nous apprennent rien sur ce que vous DEVRIEZ savoir.

Certes, si vous hésitez encore quand on vous demande si c'est la Terre qui tourne autour du Soleil ou le contraire – comme ce pauvre Français qui, dans un jeu télévisé, a fini par choisir la mauvaise réponse, faisant les joies des utilisateurs de YouTube! – vous avez du rattrapage à faire!

Mais au-delà de ces grandes généralités, où donc tracer la ligne entre le savoir et l'ignorance... alors qu'on ne s'entend même pas sur le type de culture scientifique que devraient posséder les scientifiques eux-mêmes! Une étude menée par la revue américaine *Science* s'y essayait en 1991, avec des «vrais ou faux» plus pointus, comme *la thermodynamique gouverne tous les mouvements; Le comportement de la matière est dicté par l'arrangement de ses atomes. L'énergie d'un système se conserve.* Plus terre à terre, le gouvernement du Québec posait en 2002 quelques «vrais ou faux» au «citoyen moyen», dont ceux-ci:

- Les antibiotiques tuent les virus ainsi que les bactéries, vrai ou faux?
- Les électrons sont plus petits que les atomes, vrai ou faux?
- Toute radioactivité résulte de l'action des êtres humains, vrai ou faux?
- La Terre fait le tour du Soleil en un mois, vrai ou faux?
- Les premiers humains vivaient à la même époque que les dinosaures, vrai ou faux?
- Le lait radioactif peut être rendu sain en le faisant bouillir, vrai ou faux?

Conseil de la science et de la technologie, *Enquête sur la culture scientifique et technique*, Gouvernement du Québec, 2002.

Le questionnaire complet est à: www.nature.com/news/specials/climatepolitics/index.html

Cliquez sur «Interactive Quiz». L'auteur a publié en 2008 un livre: *Physics for Future Presidents.*

Si cela peut vous encourager, 46% des gens ont répondu que les électrons sont plus petits que les atomes (c'est vrai), tandis que 31% ne savaient pas; 54% savaient que la radioactivité peut être naturelle, 15% ont dit que la Terre tourne autour du Soleil en un mois (c'est faux) et 19% que les humains vivaient en même temps que les dinosaures.

Changeons de calibre. La revue *Nature*, le 15 novembre 2007, publiait un questionnaire du même type. Mais imaginé dans un autre but: quelle est la culture scientifique que devrait posséder un président des États-Unis?

- Un gramme duquel de ces produits est le plus toxique? a) toxine de botulisme b) arsenic c) spores d'anthrax d) poussière de plutonium (inhalée)
- La plus grande efficacité atteinte par des cellules de panneaux solaires (énergie solaire convertie en énergie électrique) est: a) 4% b) 15% c) 28% d) 41%

- Parmi les morts causés par la bombe atomique d'Hiroshima, le pourcentage attribué au cancer était: a) moins de 2% b) environ 7% c) environ 20% d) plus de 50%

En conclusion: si on ne peut pas s'entendre sur ce qu'est, ou devrait être une culture scientifique de base, du moins commencez-vous à avoir une idée de la raison pour laquelle on en parle ici. Nous vivons dans une société du savoir – cela signifie qu'il faut au citoyen une culture scientifique au même titre qu'une culture politique. Et comme la science est un champ vaste et peu défriché, il faut des gens pour communiquer ce savoir.

Mais ces gens n'ont pas à être des Einstein en puissance.

Tout se vulgarise… même la théorie de la Relativité!

Il n'est pas toujours nécessaire de consacrer un long texte à tenter une explication. Parfois, un simple dessin – ou, à la télé, une dramatisation – permet de faire comprendre l'essentiel. Comme avec le graphique de la page suivante sur le virage qu'ont représenté les découvertes d'Einstein.

Bien sûr, cela implique de sacrifier une bonne partie de ce que bien des physiciens, eux, auraient jugé «essentiel». On ne ressort pas d'un tel graphique avec une connaissance très pointue de la théorie de la Relativité.

Mais là n'est pas le but de la vulgarisation. Les ambitions sont bien plus modestes: on espère que le lecteur, qui a accordé à un tel exercice l'attention nécessaire, aura du coup mieux placé dans sa tête certaines pièces du casse-tête. Peut-être quelques lecteurs auront-ils envie de creuser davantage: lorsque l'occasion se présentera, ils s'attarderont à un article de vulgarisation sur le sujet. Ou ils s'attaqueront peut-être même, à un livre de vulgarisation sur la physique. Il suffit parfois d'une toute petite étincelle.

XIXe siècle

À la fin du XIXe siècle, la physique trébuche sur deux irritants majeurs.

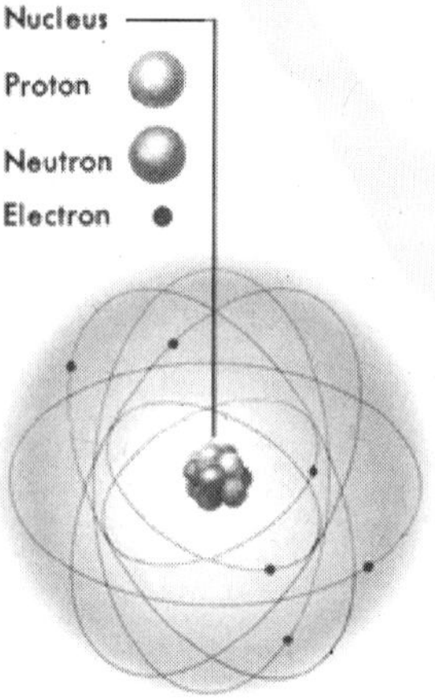

1. La lumière voyage-t-elle à une vitesse illimitée, comme le prétendait Isaac Newton? Si oui, nous devrions voir tout le cosmos en même temps, ce qui est absurde. Mais si elle voyage à une vitesse limitée, comme l'affirment de plus en plus les physiciens, alors les vitesses de deux rayons lumineux voyageant l'un vers l'autre devraient s'additionner; or, ce n'est pas le cas, des expériences l'ont démontré. Mystère.

2. La lumière est une onde, tandis que la matière se compose d'atomes. Ce sont donc deux univers distincts. Pourtant, un métal que l'on chauffe se met à irradier, autrement dit à émettre de la lumière. Comment diable peut se faire le passage du monde des atomes à celui des ondes?

Cette histoire de deux univers distincts, c'est, plus largement, une des bases de la physique du XIXe siècle. L'énergie (par exemple la lumière, mais aussi l'électromagnétisme, au cœur de découvertes récentes) est immatérielle tandis que la masse appartient à l'univers du tangible, du concret, du mesurable (c'est l'univers des atomes, que l'on commence alors tout juste à découvrir).

1905 – Einstein répond:

La lumière a une double identité: elle est à la fois une onde et un nuage de particules plus petites encore que les atomes (Einstein les appelle *quantas*, on les baptisera, en 1926, photons). Donc, à chaque type de lumière correspond un «bombardement» différent de particules. C'est pourquoi l'ultraviolet brûle, tandis que l'infrarouge ne réussit qu'à chauffer.

Le mystère se résoud de lui-même si on cesse de considérer le temps comme un absolu. Aussi obscur que cela paraisse, <u>le temps varie en fonction de l'observateur</u>. C'est dans ce petit détail, assorti de montagnes d'équations, **que réside la Théorie de la Relativité**.

Non seulement la lumière a-t-elle deux identités, mais tout le reste a aussi deux identités. Autrement dit, énergie et masse n'appartiennent pas à deux univers distincts, elles sont les deux faces d'une même médaille. Il y a donc, dans chaque atome, de l'énergie. Beaucoup d'énergie. C'est ce qui conduit, en 1907, à la fameuse formule $E=MC^2$

Einstein... en 1905!

Imaginons, nous dit Einstein, un train qui passe devant un talus où se trouve un observateur. Au centre du wagon, un passager envoie en même temps un signal lumineux vers l'avant et vers l'arrière, provoquant l'ouverture automatique des portes. Du point de vue du passager, les deux portes se sont ouvertes en même temps. Par contre, du point de vue de l'observateur sur le talus, la porte arrière s'est ouverte la première, parce que c'est elle qui venait à la rencontre du rayon de lumière. Qui a raison, le passager ou l'observateur? Einstein répond que les deux ont raison, *de leurs points de vue respectifs*. Le temps n'est plus l'unité universelle sur laquelle on peut compter.

XXe siècle

En révélant que la lumière, pourtant immatérielle, est elle aussi composée de particules, qu'il appelle alors *quantas*, Einstein ouvre la porte à la physique *quantique*. Paradoxalement toutefois, la direction que prendra la physique quantique —par exemple, l'impossibilité de prévoir la position d'une particule comme l'électron— restera inacceptable à ses yeux, lui qui préfère un cosmos ordonné et cohérent. La physique quantique triomphera dans les années 30, tandis qu'Einstein prendra l'allure du «Vieux» qui a ouvert la porte, mais a refusé d'aller plus loin.

Pas d'application pratique pour une théorie qui décrit le cosmos. Mais une retombée inattendue: la récupération idéologique de la Relativité par des artistes, des activistes et même des partisans du paranormal. En choisissant le mot «Relativité», Einstein n'a jamais voulu prétendre que «tout est relatif». Mais quand il s'aperçoit, en 1921, que c'est ainsi qu'on commence à l'interpréter, il regrette de ne pas avoir baptisé sa théorie d'un nom plus ennuyeux, tel que «théorie des invariants».

En 1907, les physiciens ne peuvent même pas imaginer qu'il soit un jour possible d'accéder à cette énergie cachée au sein de chaque atome. Mais à travers les travaux d'Ernest Rutherford —qui identifie le noyau de l'atome en 1911, là où dort cette énergie— Niels Bohr —qui décrit les électrons tournant autour du noyau en 1913– Werner Heisenberg –qui donne à la physique quantique en 1925 ses premières bases mathématiques– et d'autres, la science progresse pas à pas vers l'énergie nucléaire et, fatalement, la bombe atomique.

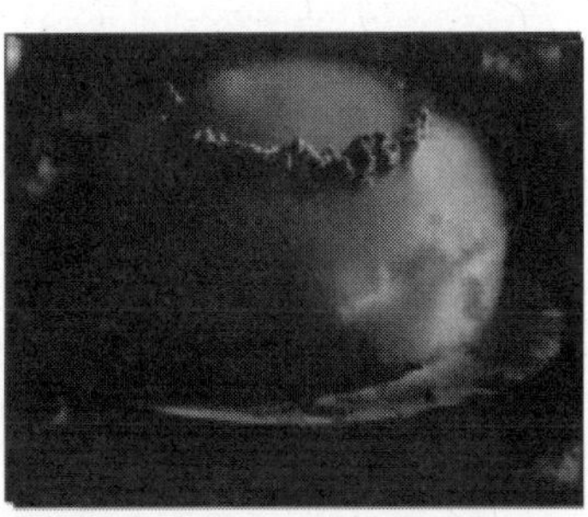

La bombe atomique

Petit test sans prétention

Comment savoir si vous seriez un bon vulgarisateur scientifique?

Option A: Vous êtes scientifique ou étudiant en sciences, mais n'avez jamais ou presque, étudié en journalisme ou en communications

1. Au cours de vos études, vous avez proposé un ou des articles au journal étudiant ou proposé vos services à la radio étudiante, ou fait du bénévolat dans une activité pour les jeunes (juge pour une Expo-science, mentor, etc.). *3 points*
2. Un Power Point est le plus gros effort de communication scientifique que vous ayez entrepris. *Enlevez un point.*
3. Vous êtes à l'aise devant un public. *Un point.*
4. Vous ne lisez jamais de journaux d'information, sauf à la rigueur, *La Recherche. Enlevez un point.*
5. Un texte vulgarisant la recherche sur laquelle vous travaillez actuellement serait impossible à réaliser en moins de a) 25 lignes b) deux pages à double interligne c) cinq pages à double interligne d) 10 pages à double interligne e) 20 ou 30 pages
6. Vous vous imaginez tout à fait écrire des textes de science
   a) pour n'importe quel support, que ce soit journalistique, institutionnel, littéraire, muséal, etc.
   b) vous ne voulez faire que du journalisme et vous n'avez d'ailleurs aucune idée de ce que les mots «support institutionnel» ou «support muséal» veulent dire
   c) vous ne voulez faire que du journalisme, mais uniquement pour des publications comme *Science et vie, La Recherche* ou, à la rigueur, *Québec Science*
   d) vous ne voulez faire que du journalisme, mais uniquement pour les publications à grand tirage comme *La Presse* ou *Le Devoir*

5 et 6: *A – Un point, B et C – zéro, D et E – enlevez un point*

Option B: Vous êtes journaliste ou étudiant en journalisme mais n'avez jamais, ou presque, étudié en science

1. Vous avez la patience nécessaire à approfondir un sujet, même s'il faut y mettre des jours de travail. *Un point.*
2. Vous adorez écrire. *Un point.*
3. Vous lisez au moins un journal par jour (format imprimé). *Un point.*
4. La dernière revue de vulgarisation scientifique que vous avez lue c'était dans la salle d'attente du dentiste. *Enlevez 2 points.*

5. Vous détestiez les sciences à l'école. *N'enlevez aucun point.*
6. Identifiez une activité ayant un volet scientifique ou technologique qui vous intéresse. Ce peut être le jardinage, l'observation des oiseaux, la plongée sous-marine, la production multimédia, ou bien vous lisez souvent ce qui vous tombe sous la main en astronomie ou en informatique... *Un point par activité trouvée.*

√ *Plus de 5 points: félicitations, vous êtes déjà, peut-être sans vous en douter, un vulgarisateur en devenir*

√ *2 à 4 points: pas mal, mais y a du travail... vite, passez au chapitre 2!*

√ *1 point ou moins: soit le journalisme ne vous intéressera plus du tout quand vous découvrirez vraiment ce que c'est... soit ce questionnaire est vraiment nul!*

Chapitre 2

Et la lumière fut...

Ou qu'est-ce que la vulgarisation ?

Qu'est-ce que la vulgarisation? L'important ici, n'est pas tant la définition que les limites que vous allez tracer pour vous-même. Car si, dans tout cours de vulgarisation, on peut se permettre de ratisser large, dans le cadre d'une carrière, il y a des balises qu'on s'impose, en commençant ou au fur et à mesure qu'on se spécialise:

- la plupart des finissants d'université rêvent de faire du journalisme, et seulement du journalisme;
- Untel voudra développer ses talents dans l'écriture pour enfants, ce qui implique de privilégier certains médias (*Les Débrouillards*) ou certains contacts dans l'édition de livres;
- Untel tient absolument à garder un pied dans l'enseignement.

Dans certains cas, il s'agit de balises éthiques: si vous êtes journaliste, vous n'êtes pas au service de la science, quoi que vous puissiez en penser si vous provenez vous-même d'un cursus scientifique, et vous devriez garder vos distances d'un contrat de communication lié aux sujets que vous couvrez comme journaliste. Et si vous êtes relationniste, jusqu'où êtes-vous prêt à aller, si votre employeur vous demande de livrer un message qui va à l'encontre de vos convictions?

Donc, avant d'aller plus loin, essayons de la définir. La vulgarisation, est-ce que c'est:

- Traduire?
- Simplifier?
- Expliquer?
- Enseigner?

Un peu tout cela, mais à des doses différentes suivant vos balises personnelles.

Traduction: Dans son sens premier, ce mot renvoie à une langue inconnue transposée en une langue connue. Le terme a donc le défaut d'établir une distance entre ce corps extraterrestre qu'est la science, et notre société. Rien que pour cette raison, il devrait être aboli.

Accordons-lui tout de même l'utilité de rappeler l'existence d'un vocabulaire technique, que le vulgarisateur se doit d'épurer. Autrement dit, le jargon: le premier et le plus rébarbatif des obstacles à une bonne communication.

Mais ce serait trop simple de ne s'arrêter qu'à ça. Si on se contente de prendre un texte farci de termes techniques et de les remplacer par des mots courants, ça donnera, au mieux, un texte ennuyeux comme la pluie. Le vocabulaire serait certes accessible, mais le style demeurerait terne. Il faut donc aller chercher plus loin que la simple traduction.

Simplification: mieux que traduction, c'est ce terme qui mécontente le plus les scientifiques. De simplification à simpliste, il n'y a pas une grande distance et la perception de cette distance varie suivant le seuil de tolérance de chacun! Par ailleurs, «simplification» n'est pas si loin de traduction en ceci qu'il reste enraciné dans l'idée surannée de «deux mondes»: un qui est compliqué, l'autre – le nôtre – si simple...

Explication: C'est probablement le meilleur terme. D'abord, parce qu'il peut satisfaire les lecteurs et spectateurs qui sont eux-mêmes scientifiques (et qui, eux aussi, lisent et écoutent de la vulgarisation!). Ensuite, parce qu'il englobe la mission de «simplifier» sans s'y limiter: on résume un concept complexe tout en dirigeant sur lui un éclairage nouveau.

Ce qui, incidemment, nous rapproche de ce qu'est le journalisme à son meilleur: une explication du monde. Un éclairage sur des sujets laissés jusque-là dans l'obscurité. Toutes les formes de journalisme – pas juste le journalisme scientifique – doivent, dans un scénario idéal, rendre le monde plus compréhensible; que ce monde soit celui des politiciens, des gens d'affaires, des artistes ou des sportifs. Ne pas uniquement rapporter les faits («la découverte de la semaine», pourrait-on caricaturer), mais les expliquer.

Enseignement: Non, la vulgarisation n'est pas de l'enseignement au sens strict du terme: le véritable enseignant a un corpus pré-défini qu'il doit développer, tandis que le journaliste, le relationniste ou le muséologue s'attardent à un aspect du corpus – la nouvelle, ou bien la tendance qui se pointe à l'horizon, ou bien les problèmes non résolus.

Mais il y a tout de même un petit quelque chose emprunté à l'enseignement. Certains vulgarisateurs sont définis par l'expression **enseignement non formel**: ceux qui font de l'animation dans les écoles, au camp d'été des Débrouillards, dans le cadre des activités scolaires des musées... Et que dire de l'auteur d'un livre sur les animaux ou sur l'espace destiné aux enfants?

Votre mission est-elle de sensibiliser à la science?

Traduire, simplifier, expliquer, enseigner... Toutes ces options, auxquelles d'autres auteurs ajouteront **synthétiser** et **analyser**, ont une volonté en commun: transmettre des connaissances.

Mais si vulgariser, c'est un peu tout cela, alors d'aucuns proposeront qu'il s'agit aussi d'un discours de sensibilisation: on traite de certains sujets parce qu'on veut **convaincre** le public qu'il s'agit de sujets importants, dont il doit se soucier, pour lesquels il doit s'impliquer...

Or, avec «sensibilisation», on entre sur un terrain délicat: la vulgarisation est-elle au service du scientifique? Au service de la science? Ou encore, au service de ceux qui financent la science?

Qui a raison: le vulgarisateur européen qui veut **sensibiliser** ses concitoyens aux dangers de l'amiante, ou le vulgarisateur québécois qui veut **sensibiliser** ses concitoyens au discours alarmiste des Européens?

Les journalistes, eux, de par leur nature, ont le droit de rejeter en bloc cette hypothèse: ils ne sont au service ni d'une cause ni d'une institution – et c'est une réalité fondamentale que vous devrez retenir, spécialement si vous provenez d'une formation scientifique. Les journalistes sont au service du public, ce qui les autorise à être neutres devant l'information qui leur est soumise. En fait, l'idée même d'être des «missionnaires de la science» horripile au plus haut point les défenseurs d'un journalisme rigoureux.

C'est une réalité que les scientifiques ont du mal à accepter: un journaliste qui se fait appeler «journaliste **scientifique**» ne devrait-il pas avoir pour fonction de promouvoir la science? Ne devrait-il pas choisir ses sujets en fonction de critères proprement scientifiques? Il y a donc un décalage – qui perdure – entre ce que les scientifiques s'attendent à voir dans les médias, et ce qui s'y retrouve.

Enrichissez votre vocabulaire: de la vulgarisation à la médiation

Vulgarisation provient du latin **vulgus** qui veut dire **peuple**. Si, aujourd'hui, «vulgaire», a un sens péjoratif, il n'en était rien au Moyen Âge. Quand on parlait des langues «vulgaires», on désignait les langues parlées par le peuple, le *vulgus*, par opposition au latin, langue internationale. La Bible elle-même n'a pu se répandre dans le monde que le jour où elle a commencé à être traduite, et cette traduction, on l'a appelée la *vulgate*.

Le mot vulgarisation apparaît pour la première fois dans le dictionnaire français en 1852. Et pendant longtemps, il a eu un concurrent: POPULARISATION. C'est le mot qu'emploient encore les anglophones. Des linguistes et des philosophes en ont débattu jusque dans la deuxième moitié du XXe siècle; certains n'aiment ni vulgarisation ni popularisation.

Depuis peu, un troisième terme tente de s'imposer: MÉDIATION scientifique. Préféré par les Français, il pose toutefois problème au journaliste, pour les mêmes raisons que «traduction»: il suppose l'existence d'un professionnel qui serait au service du scientifique, dont il serait le «médiateur» avec le public. Si l'expression peut convenir au relationniste ou à celui qui fera des animations dans les écoles, elle est, à première vue, trop limitée pour couvrir tous les champs de la vulgarisation. Mais c'est là un débat d'experts.

Pourtant, reconnaissons que si les journalistes se sont mis à produire davantage d'articles sur l'environnement, c'est parce qu'ils sont devenus nombreux à considérer que l'environnement était un sujet sous-représenté dans les médias, et qu'il y avait des comportements sociaux malsains qui méritaient d'être dénoncés – le gaspillage des ressources, les déchets, la surconsommation, la chasse et la pêche jusqu'à l'extinction, etc.

Tout comme d'autres journalistes jugent important de sensibiliser leurs lecteurs ou téléspectateurs à la politique, aux arts de la scène, à la littérature. Ou aux meilleures façons de séduire!

On peut même avoir envie de sensibiliser les jeunes à la pratique de la science. Vous le retrouverez rarement dans les journaux quotidiens, mais vous le retrouverez en filigrane du magazine *Les Débrouillards*. Et pourquoi pas?

Nous ne réglerons pas ce dilemme éthique dans ces quelques lignes, mais on aura compris que le débat sur la nécessité de «sensibiliser» le citoyen – ou non – n'est pas réservé au journalisme scientifique. C'est ce débat qui, sur Internet, a alimenté la croissance d'un «journalisme citoyen». Mais ce débat rattrape le journalisme scientifique avec nombre de sujets de l'heure: la défense de l'environnement, la légitimité des recherches sur les cellules souches, le clonage, les OGM, les nanotechnologies, les priorités de l'industrie pharmaceutique, et ainsi de suite. On y reviendra plus loin.

La sensibilisation par les musées

Le débat sur la légitimité ou non de «sensibiliser» ne se pose pas avec la même acuité dans les autres métiers de la communication. En particulier du côté des musées. Eux ont toujours eu une vocation de sensibilisation, sans s'en cacher: sensibilisation à l'importance de la science, à l'importance d'une relève, à l'importance d'un savoir, à la beauté du monde, de la nature, du génie humain.

Par exemple, on a vu récemment apparaître des institutions dédiées à la sensibilisation à l'environnement: le Biodôme de Montréal, fondé en 1992, est investi d'un «rôle social nouveau», une «réponse concrète de la société québécoise au défi environnemental», écrivait le futur maire de Montréal Pierre Bourque cette année-là dans la revue *Quatre-Temps*.

Du coup, ce musée devient un acteur du débat social: un acteur engagé, presque militant. Ce n'est plus seulement de la sensibilisation à la nature et à la défense de l'environnement: on veut modifier les attitudes et les comportements des visiteurs.

Mais est-ce que ça fonctionne? Est-ce que le visiteur en ressort plus «sensibilisé»? Pas si sûr. Le Biodôme joue son rôle «d'espace de communication», écrit la chercheure française Gaëlle Crenn en 2003. Cependant, «l'engagement, qui devrait logiquement découler d'une prise de conscience des visiteurs, reste faible». Les visiteurs viennent pour l'aspect spectaculaire des écosystèmes reproduits, pas nécessairement pour la sensibilisation. Et ils ne reviennent que de façon exceptionnelle. Bref, «il n'est pas réellement parvenu à s'imposer comme un acteur incontournable et influent» dans le débat environnemental.

Et la faute n'en revient pas nécessairement à l'organisme: dans certains musées, le visiteur ne veut tout simplement pas qu'on le «sensibilise». À la Cité des sciences, note Joëlle Le Marec, le visiteur se perçoit dans une «zone franche», c'est-à-dire un espace où il espère trouver des sources d'informations neutres, autres que celles des médias – dont il se méfie – mais pas nécessairement un espace à controverses.

Ni un espace promotionnel: il peut être frustré par des éléments d'exposition qui sont manifestement là pour répondre aux exigences d'un partenaire financier, comme si cet espace «culturel» devait être aussi une «zone franche» commerciale.

- Pierre Bourque, «Le Biodôme», *Quatre-Temps: Le Biodôme ou le passage du temps*, n° 16, 1992.
- Gaëlle Crenn, «Le Biodôme de Montréal: un espace public pour l'environnement?», et Paul Rasse, «Le musée forum des sciences», dans Claude Le Boeuf et Nicolas Pélissier, *Communiquer l'information scientifique*. Paris, L'Harmattan, 2003.
- Joëlle Le Marec et Igor Babou, «Words and figures of the Public: the Misunderstanding of Public Communication», *Communicating Science in Social Contexts*, Springer Science, 2008, p. 39-54.

Sensibilisation: le risque de perdre le public

Il se trouve que cette contre-réaction du public est un élément essentiel aux balises que vous allez fixer dans votre travail (et que d'autres tenteront de vous imposer). Si sensibiliser à la science est un objectif noble, on découvre à un moment donné qu'entre sensibilisation et propagande, la frontière est mince; et que passé un certain seuil, le public n'est pas dupe. Il peut s'écouler des années avant qu'il ne réalise qu'on l'a trompé, mais lorsque ça arrive, l'histoire de la vulgarisation démontre qu'il réagit plutôt mal: il a tendance à tout rejeter en bloc. Le bébé avec l'eau du bain.

Les relationnistes d'organismes gouvernementaux aux prises avec un dossier scientifique sont en première ligne: obligés de composer avec des instances supérieures qui veulent sensibiliser le public à un message politico-scientifique (la prévention contre le virus du Nil, le port du casque à vélo, les gras trans, etc.), ils vont faire la promotion d'une certaine science, celle qui «colle» à ce message, au détriment du reste – jusqu'à ce que le public, lassé, ne regarde ailleurs, sa confiance minée par des conseils qu'il juge alarmistes ou biaisés.

En d'autres termes, dans ces cas-là, la mission de sensibilisation à la science, aussi noble soit-elle, finit par avoir un effet pervers: réduire l'intérêt de votre public pour la science!

De quoi parle-t-on quand on vulgarise?

Le journaliste tente de remettre la science dans son contexte social, mais le manque d'espace et de temps le conduisent souvent à ne parler que de l'événement spectaculaire: la découverte, la percée, l'innovation, ou le découvreur-chercheur-innovateur.

Le relationniste tente d'expliquer un phénomène scientifique, mais est tiraillé par l'exigence de ses patrons de mettre en valeur la découverte, la percée, l'innovation ou le scientifique vedette, qui feront bien paraître l'institution.

Le cinéaste voudrait bien décrire les effets du CO_2, mais il est placé devant l'obligation de mettre en scène un personnage pour conserver l'attention du spectateur.

Bref, le vulgarisateur est constamment tiraillé entre deux pôles, deux types de «nouvelles» que nous résumerons ainsi:

- **la découverte**
- **la science dans la société**

La découverte: c'est la nouvelle classique. C'est, pourrait-on dire ironiquement, «La découverte de la semaine». De quelque côté qu'on se tourne, il y en a toujours au moins une grosse par semaine: *Le chercheur X a découvert le gène Y. Le chercheur X a découvert la planète Y. Le chercheur X a publié une nouvelle prévision sur la hausse des températures, les espèces menacées, le taux de résistance de tel alliage, l'efficacité de tel médicament.* C'est la catégorie-danger pour vous, quel que soit le métier que vous choisirez. Parce que si on se contente de cette approche, si on se contente de courts récits de découvertes spectaculaires, qui se succèdent semaine après semaine, on finit par transmettre une image déformée de la science, puisque celle-ci, bien sûr, ne progresse pas par bonds rapides et spectaculaires.

C'est aussi la catégorie qui a pour conséquence une domination outrancière des nouvelles médicales, parce qu'une «découverte» est plus accrocheuse quand on peut lui accoler une application pratique et, dans le domaine des recherches en sciences de la vie, il est toujours possible de faire croire à une application pratique, aussi lointaine soit-elle.

Peut-être cela avait-il du sens, au XVIe siècle, de faire de la vulgarisation uniquement axée sur «la découverte»: un univers dominé depuis toujours par le religieux cédait progressivement place à un univers expliqué par la science. Mais la science a évolué et, au XXIe siècle, ça finit par lasser: à force de n'entendre parler que de la promesse de guérison miraculeuse, de la «révolution» technologique, de la «nouvelle frontière», le lecteur décroche:

- soit il s'y perd parce qu'un jour, on lui dit que le café cause le cancer, le lendemain qu'il combat le cancer;
- soit il décroche tant cette insistance sur la découverte de la semaine devient aussi une insistance sur le côté glorieux de la science; un univers où tout est blanc, sans zones de gris.

Malheureusement, éditeurs et directeurs des communications, eux, aiment bien. «La découverte de la semaine», c'est simple, c'est facile à comprendre et ça attire l'attention. Mais quand on a fini la lecture du journal, on se rappelle davantage du fait divers morbide que de l'excellent dossier sur l'Antarctique.

> Victor Cohn, journaliste scientifique au *Washington Post*, est connu pour cette boutade: «Il y a seulement deux types de reportages en médecine: *Nouveaux espoirs* et *Pas d'espoir.*»

Il reviendra aux journalistes et aux relationnistes de faire comprendre les effets pervers que cette couverture peut avoir sur l'avenir de l'information scientifique, et de tenir leur bout. Parce que ni la vulgarisation, ni la science, ni le citoyen, n'en sortiront gagnants.

Science et société: c'est le reportage, le livre, le documentaire, le dossier, l'éditorial, la nouvelle parfois, qui va au-delà de la nouvelle classique et peut en apprendre bien plus au lecteur. Par exemple, la publication d'une statistique alarmante sur la fonte de la calotte glaciaire devient un prétexte à revenir sur l'incompétence des autorités qui n'ont pas tenu compte des signaux d'alerte.

Le vocable «science et société» n'a rien d'original: c'est celui qu'utilisent les journalistes depuis au moins trois décennies pour désigner une rubrique, une page, un espace régulier ou irrégulier, qui n'est pas consacré à «la science pure et dure».

Cas classique: des chercheurs publient dans *Science* les résultats d'une recherche sur des rongeurs dont on a «ralenti» le vieillissement. C'est la nouvelle: c'est la classique «découverte de la semaine».

Mais face à cette nouvelle, vous pouvez facilement aller au-delà. Contexte: les recherches sur le vieillissement sont beaucoup plus nombreuses depuis 10 ans. Pourquoi cela? Tout bêtement, parce que la population vieillit. Qui dit intérêt accru dit davantage de subventions. Qui dit davantage de subventions dit davantage de pistes ouvertes simultanément par des chercheurs de partout dans le monde. Par exemple:

> *Les recherches sur le vieillissement se sont multipliées depuis 20 ans et sont parties dans une foule de directions. Mais on voit la lumière au bout du tunnel, affirment les plus optimistes. Avec quelles conséquences, si on sort du tunnel?*

> *C'est peut-être une autre conséquence du vieillissement des baby-boomers, mais jamais la recherche scientifique sur le vieillissement n'a été aussi populaire. Des investisseurs privés et publics permettent à des chercheurs de toutes disciplines, de la médecine à la chimie en passant par la pharmacologie, la psychologie et la biologie cellulaire, de se livrer à de longues et coûteuses analyses sur des vers, des souris, des lapins et des cellules au fond d'une éprouvette, dans l'espoir de répondre à l'antique question: pourquoi vieillissons-nous?*
>
> *Pourquoi vieillissons-nous? Plusieurs réponses sont connues depuis des années. Les généticiens ont identifié les télomères, ces structures qui, à chaque bout d'un brin d'ADN, empêchent celui-ci de se dégrader; les biologistes ont identifié le processus d'oxydation d'une cellule – littéralement, elle «rouille». Mais qu'est-ce qui amorce le processus de dégradation des télomères? Peut-on ralentir la «rouille» de la cellule? Bien des recherches ont démontré qu'en nourrissant moins des vers et des rongeurs, on les rendait plus résistants au stress et, de là, susceptibles de vivre plus longtemps. On sait aujourd'hui pourquoi, résume Valter Longo, du Centre de gérontologie Andrus, à l'Université de Californie du Sud: les niveaux de glucose et d'un facteur de croissance similaire à l'insuline diminuent chez l'animal qui mange moins, ce qui atténue ou ralentit la croissance de cancers ou la dégénérescence.*

Un texte *science et société*, permet donc d'**expliquer** en quoi cette découverte sur le vieillissement des souris pourrait – peut-être – atténuer les effets du vieillissement chez nous, dans un futur plus ou moins lointain. De **traduire** glucose et facteurs de croissance, de même que les dégâts provoqués par le vieillissement dans notre corps. D'**analyser** les enjeux économiques derrière cette recherche: qui la finance? Qu'espèrent les compagnies pharmaceutiques comme retombées?

Comme quoi notre petite recherche sur les souris peut nous entraîner très, très loin...

> *Un tel savoir est donc théoriquement applicable chez l'humain: non pas en lui suggérant de manger peu ou pas du tout pendant ses 75 premières années, mais en préparant des médicaments qui cibleraient précisément ces niveaux de glucose et de facteur de croissance.*

Si on n'a devant soi que 50 lignes ou 3 ou 4 minutes – ce qui est peu, mais déjà plus qu'une simple nouvelle – on ne peut pas creuser énormément, mais on DOIT aller au-delà de la découverte. Si on a devant soi beaucoup de temps – un documentaire de 30 minutes – on peut même ajouter une dimension morale (**sensibiliser**?): de combien de décennies peut-on retarder le vieillissement? Dans quel état serait la personne? Qui aurait le droit d'en profiter? Peut-on envisager l'immortalité? Y a-t-on seulement réfléchi, dans les cercles de généticiens engagés dans cette course à l'exploit?

> *De graves questions éthiques surgiraient si des traitements anti-vieillissement n'étaient pas universellement disponibles, mais étaient distribués en réponse au statut (économique, social ou politique), au mérite, à la nationalité ou à d'autres critères. Si, à l'inverse, l'accès à des traitements anti-vieillissement devenait illimité, des changements sociaux radicaux prendraient place à pratiquement tous les niveaux. À ce jour, les conséquences potentielles n'ont été que rarement discutées, et dans des lieux qui n'atteignent jamais une large audience.*

JUSQU'OÙ...

peut aller le mélange «science et société»?

Certains penseurs vous diraient, et je suis plutôt de leur avis, que replacer la science dans la société est le plus important de tous les rôles de la vulgarisation. Plus important que d'expliquer $E=mc^2$, plus important que d'expliquer comment on fabrique un OGM, plus important que d'expliquer la façon dont la Terre se réchauffe.

Mais si tous ne sont pas d'accord, c'est parce que ça pose un sacré problème de définition. Où s'arrête la vulgarisation?

Novembre 2007: dans le *Bulletin of Atomic Scientists*, le journaliste américain Chris Mooney retrace l'évolution de la science du climat depuis 10 ans, avec ses controverses politiques, ses avancées et ses reculs. Est-ce de la vulgarisation?

Hiver 2008. La chaîne Historia diffuse *Maudits fous!*, une série québécoise consacrée à l'histoire de la folie: l'évolution de la perception de la folie, ses traitements, ses conséquences. Est-ce de la vulgarisation?

2007-2008: l'ingérence politique et économique dans la recherche, de sujet pour les éthiciens et les sociologues, devient une thématique pour le grand public. Des articles de magazine et des livres commencent à en décoder les mécanismes à travers le processus de publication scientifique, s'attaquent aux préjugés («science neutre», secteur privé «envahissant»), et humanisent les scientifiques qui tentent de se frayer un chemin dans ce nouvel univers. Est-ce de la vulgarisation? À toutes ces questions, nous répondons: Oui.

Science et culture: sur la même face de la médaille

La science n'est pas une «autre» culture, elle «est» dans la culture. Elle existe déjà, en nous et tout autour de nous, avant même que le scientifique ait ouvert la bouche: la culture scientifique est constituée, entre autres, de tout ce que notre mémoire collective contient de faits scientifiques, vrais ou faux, rationnels ou émotifs, la plupart assimilés longtemps avant que nous n'ayons fait nos premiers pas à l'école:

- *Les gens qui sont dans la télé ne sont pas vraiment dans la télé*
- *Un gros bonhomme barbu dont le chariot est tiré par des rennes, ça ne peut pas vraiment voler*
- *Le ciel est bleu, l'herbe est verte*
- *Les saisons vont et reviennent de façon immuable*
- *Les oiseaux qui passent au-dessus de nos têtes au printemps arrivent d'un endroit très lointain*
- *Chaque flocon de neige a une forme différente*
- *Les sucreries sont mauvaises pour les dents*
- *Les Big Mac sont mauvais pour la santé*
- *Le tabac est mauvais pour la santé*
- *Les ressources de la Terre ne sont pas illimitées*

Si vous n'avez pas étudié en science, il y a des chances que vous fassiez partie de ceux et celles qui souffrent d'un grave complexe d'infériorité: *je n'étais pas bon en science à l'école, la science, c'est compliqué, il faut être intelligent pour étudier en science...* Et pourtant, sans vous en douter, vous partagez déjà une ou des passions. Pour plusieurs, c'est l'astronomie qui attise leur curiosité depuis l'enfance. Pour d'autres, ce sont les plantes d'intérieur, le montage multimédia, la documentation lue sur une maladie qui affecte un proche ou l'observation des oiseaux.

La représentation simpliste veut que **culture et science soient en opposition** parce que leurs valeurs seraient diamétralement opposées;

Science	Culture
Égalitaire	Élitiste
Cumulative	Fermée
Progressiste	Conservatrice

Les blogues, instruments de changement

Les blogues contribueront peut-être à changer cette perception de deux cultures séparées par des années-lumière. Parce qu'avec Internet, et les blogues, des frontières sont en train de s'abolir: il existe des scientifiques qui bloguent pour un petit nombre, d'autres qui visent le plus large public possible et entre les deux, pas de limites précises. Un blogue très spécialisé peut attirer des gens pas du tout spécialisés, parce que le billet du jour est là, à la portée d'un clic.

Vulgariser un sujet sans l'avoir étudié à l'université

Expliquer, ce n'est pas **traduire** la dernière édition de *Nature* ou de *Science*. Le contenu qui intéresse le grand public, il est plutôt dans l'explication de ce pour quoi le vieillissement préoccupe tant les chercheurs.

C'est précisément pour cela **qu'on peut faire de la vulgarisation sans avoir étudié en science**. Les connaissances scientifiques sur l'Alzheimer, la génétique, les protéines du vieillissement, ça peut venir plus tard; vous acquerrez petit à petit tout cela.

«Au contraire de plusieurs sujets que couvrent les journalistes, les textes en science viennent facilement, une fois que les principes de base sont compris et que le vocabulaire est maîtrisé, parce que la science est, comparativement à d'autres sujets, logique, ordonnée et précise. Je préférerais débattre de la relativité avec Einstein lui-même que d'avoir à expliquer la politique texane.

David W. Crisp, du *Palestine Herald Press* (Texas), journaliste généraliste, auteur d'une série d'articles sur les déchets nucléaires qui lui ont valu un prix de journalisme scientifique en 1980.

Aucun rédacteur en chef ou directeur d'un service des communications publiques ne demandera à un débutant de parler d'Alzheimer s'il sait que cela dépasse ses compétences. En revanche, si vous manifestez un intérêt, depuis l'enfance, pour l'astronomie ou la botanique, vous voilà en route pour une première commande qui stimulera vos neurones.

Le mot clé: **l'expérience**. Et non la formation universitaire.

La vulgarisation englobe-t-elle les sciences sociales?

En toute logique, on ne voit aucune raison pour que, si on parle de vulgarisation de la physique ou de la chimie, on ne puisse pas parler de vulgarisation de l'Histoire, de la sociologie, ou de l'économie. Ces disciplines ont elles aussi leurs aspects obscurs, complexes ou méconnus.

Ce n'est pourtant pas faute d'essayer. Je crois personnellement qu'il faudrait davantage parler de ce qui se fait en sciences sociales. J'ai même tâté dans mes études de la «vulgarisation de l'Histoire» à l'Université Laval. Il y a eu là-bas des maîtrises et des doctorats autour de cette problématique, qu'on appelait alors *Communication de l'Histoire*. L'initiateur de ce projet, André Segal – lui-même vulgarisateur hors pair de l'Histoire – s'est inspiré de l'Université de Louvain-la-neuve, en Belgique, où existe un programme d'un an en Communication de l'Histoire.

> André Ségal, «L'éducation par l'histoire», 1990: classiques.uqac.ca/contemporains/segal_andre/education_par_histoire/education_par_histoire.doc

Et pourtant, les sciences sociales n'apparaissent que rarement sur les écrans radars de *Québec Science*, de l'Agence Science-Presse, des *Débrouillards* ou des journaux. Même dans les journaux universitaires, les recherches en sciences sociales menées à l'intérieur de leurs propres murs ont rarement droit à un article. Pourquoi cela?

Ce qui les dessert, c'est qu'il n'y a pas, en sciences sociales, de «nouvelles» au sens journalistique du terme: c'est-à-dire pas de «découverte» – sauf en archéologie, laquelle, pour cette raison, se glisse régulièrement dans les revues de vulgarisation – mais plutôt des hypothèses ou des essais; pas de percées spectaculaires dont on puisse facilement mesurer l'importance ou l'intérêt public, ou dont on puisse dire, en les lisant: «Wow».

L'économie est dans une catégorie à part: si elle bénéficie d'un espace médiatique énorme, et si certains économistes et journalistes effectuent un véritable travail de vulgarisateur, c'est parce qu'on lui a trouvé des applications pratiques pour deux publics cibles: l'entrepreneur et l'investisseur.

On pourrait, hypothétiquement, traiter les recherches en sciences sociales de la même façon qu'on traite les nouveaux livres, c'est-à-dire sous la forme de compte-rendu de lectures. La tâche serait colossale: déjà, sur les milliers de romans et d'essais populaires qui se publient chaque année au Québec, à peine 1% fait l'objet d'un compte-rendu dans la presse. Imaginez les milliers de mémoires ou de thèses!

Mais à l'heure des blogues, c'est une hypothèse plausible. Si la vulgarisation des sciences sociales vous tient à cœur, peut-être réussirez-vous à jeter un pont entre les deux solitudes...

Et les technologies?

Sciences et technologies? Ce sont deux univers très proches. Et interdépendants.

Mais en vulgarisation, ils supposent des façons de travailler assez différentes: d'un côté, on a une connaissance, un savoir. De l'autre, on a une application, un objet concret, dont on veut juste savoir «Comment ça marche». Rarement le contexte social ou politique dans lequel il s'inscrit!

Le manuel d'instruction de votre iPhone est-il de la vulgarisation scientifique? En théorie, oui, mais on voit tout de suite que – même pour ces manuels qui sont bien écrits, et il y en a, si, si! – on pénètre un autre terrain, où le style d'écriture et le traitement du sujet ne sont plus les mêmes.

Manuels techniques et manuels d'instruction constituent un marché intéressant pour un pigiste, parce qu'il peut se révéler très lucratif. Mais ce n'est pas un marché pour les débutants: on y obtient des contrats soit quand on s'est fait connaître pour ses textes dans un domaine pointu – l'informatique, par exemple – soit quand on provient soi-même du domaine pointu.

D'un extrême à l'autre

Deux extrêmes: la *découverte* (à gauche) et la nouvelle *science et société* (à droite). Laquelle préférez-vous? Laquelle est la plus informative? Et laquelle auriez-vous lu jusqu'au bout? Ne trichez pas!

Le plus vieux chocolat chaud

Le plus ancien breuvage chocolaté était aussi alcoolisé. C'est ce que dévoile l'analyse de pots vieux de 3400 ans, qui contenaient des restes de ce qui s'est révélé être le plus ancien usage connu de cacao. Ces pots ont été découverts au Honduras, un pays d'Amérique centrale. Or, les plants de cacao sont originaires d'Amérique du Sud, ce qui laisse supposer que le breuvage aurait une origine plus ancienne encore. La forme du pot permet d'affirmer que le chocolat était servi sous forme liquide, et les anthropologues de l'Université Cornell, qui ont réalisé ces analyses, risquent comme hypothèse que cette liqueur était utilisée pour des occasions spéciales, comme des naissances ou des mariages. (Science-Presse, décembre 2007)

Le FMI cause-t-il la tuberculose?

On aurait pu croire la nouvelle taillée sur mesure pour les mouvements altermondialistes: une étude qui établit une corrélation entre la hausse de la tuberculose en Europe de l'Est et les politiques du Fonds monétaire international (FMI).

Les exigences financières du FMI conduisent en effet les gouvernements à réduire leurs dépenses de santé afin d'être admissibles aux prêts, expliquent David Stuckler, de l'Université Cambridge en Grande Bretagne, et ses collègues de l'Université Yale aux États-Unis, auteurs de la recherche parue la semaine dernière dans la revue *PLoS Medicine*. Et ces réductions des dépenses en santé ont des effets catastrophiques.

Le FMI s'est empressé de protester, affirmant que les pays de l'ancien bloc communiste seraient en bien pire situation s'ils n'avaient pas pu avoir ces prêts. «La tuberculose est une maladie qui met du temps à se développer», a expliqué le porte-parole William Murray, alors cette hausse du taux de mortalité peut être liée à quelque chose qui s'est produit avant le financement du FMI.» Autrement dit, les pays admissibles à un prêt étaient déjà les plus mal en point, donc les plus susceptibles de voir resurgir la tuberculose chez eux.

Car la tuberculose, que l'on croyait presque éradiquée dans les années 1980, a effectué un retour dans plusieurs coins du globe dans les années 1990. Et l'ancienne URSS a indéniablement souffert de la chute du communisme: le taux de mortalité y est passé de 6,2 pour 100000 en 1991 à 13,3 pour 100000 en 2002. Par contre, dans les ex-pays communistes d'Europe de l'Est, le taux de mortalité a diminué pendant la même période.

Alors que dit l'étude sur la tuberculose? Dans les 21 pays étudiés, tous de l'Europe de l'Est, incluant ceux de l'ancienne URSS, et tous après la chute du Mur de Berlin, entre 1989 et 2005, tous sauf un (la Slovénie) ont eu droit à un prêt du FMI. En moyenne, on assiste alors à une hausse de 13,9% des nouveaux cas de tuberculose chaque année, et à une hausse moyenne de 16,6% des décès causés par la tuberculose. En chiffres absolus, cela se traduit par des centaines de milliers de tuberculeux supplémentaires. (Science-Presse, août 2008)

Exercice: lire… et prendre une grande respiration!

Commencez par lire le texte suivant.

Caractérisation des tyrosines-phosphatases dans le système nerveux en développement

Les systèmes enzymatiques responsables de la phosphorylation et de la déphosphorylation des protéines gagnent en popularité en raison de leur rôle primordial dans le contrôle normal et néo-plasique de la croissance cellulaire. Plusieurs hormones et facteurs de croissance agissent via des récepteurs de surface cellulaire qui sont des enzymes phosphorylant des résidus tyrosines (tyrosines-kinases).

Or, la réaction inverse de déphosphorylation joue un rôle important en contrôlant l'action de ces tyrosines-kinases, et plus d'une dizaine de ces enzymes catalysant la déphosphorylation des résidus tyrosines (PTPases) ont été identifiées soit au niveau intra-cellulaire, soit en association avec des récepteurs de surface ou à des protéines d'adhésion cellulaire (CAM). Le Dr Robert dirige un projet de recherche sur le rôle des PTPases dans le développement du système nerveux central. Le cerveau est riche en activité tyronise kinase, qui relève en partie de récepteurs pour des facteurs de croissance tels que l'insuline, EGF et IGF-1. Les PTPases peuvent ainsi moduler le développement du système nerveux en contrôlant l'activité des tyrosines-kinases via les phénomènes cellulaires d'adhésion impliqués dans la croissance, la différenciation et la migration des cellules au cours du développement.

Afin d'évaluer le rôle des PTPases dans le développement du cerveau, le groupe du Dr Robert mesure les activités enzymatiques sur des substrats endogènes dans différents types cellulaires et structures du cerveau, et ce, à l'aide de méthodes qu'il a récemment développées. De plus, les effets de puissants antagonistes nouvellement élaborés sont mesurés, de même que sont caractérisées de nouvelles classes d'enzymes PTPasiques identifiées dans le cerveau. Ce projet, qui vise à élucider le rôle des PTPases dans le développement, pourrait nous éclairer quant au pouvoir anti-oncogène associé aux PTPases.

Ce texte pourrait être le modèle de tout ce qu'il ne faut pas faire. Toutes les fautes, toutes les ornières à éviter, toutes les erreurs qui seront présentées dans les prochains chapitres, s'y trouvent. À commencer par la plus visible des ornières: le jargon. À la première lecture, seuls ceux qui ont étudié en biologie reconnaîtront une partie du vocabulaire spécialisé – et là est le piège: si c'est votre cas, c'est-à-dire si vous avez compris l'essentiel du vocabulaire, peut-être ne voyez-vous pas en quoi ce texte est un exercice raté de vulgarisation.

Et pourtant, même vous qui avez étudié en biologie auriez du mal à répondre à la question qui déterminera la suite de votre travail: non pas *de quoi parle ce texte,* mais *qu'est-ce qu'il veut annoncer? Qu'est-ce qu'il y a de neuf?*

Une fois que vous aurez terminé votre première lecture, allez-y par conséquent d'une deuxième lecture, où vous devrez rechercher ce petit quelque chose: un mot, un élément, une phrase, qui vous permettra de savoir ce qu'il y a de nouveau; autrement dit, un petit quelque chose à partir duquel vous rédigeriez un texte de vulgarisation, si vous aviez à en rédiger un. Que choisiriez-vous? C'est seulement une fois que vous l'aurez trouvé, que votre vrai travail de vulgarisation pourra commencer.

Chapitre 3

Et l'Homme créa l'écriture

Ou comment raconter sans être vague et verbeux?

Vous voulez rater un travail de vulgarisation? Suivez la recette suivante:

- Ignorez le lecteur
- Soyez vague et verbeux
- Ne vous relisez pas

Vous voulez écrire un texte intéressant? C'est la recette inverse. Mais le gâteau est pas mal plus difficile à faire lever!

Se mettre dans la peau du lecteur

Que vous écriviez...

- un article journalistique que vous souhaitez enlevant
- un texte promotionnel pour lequel vos supérieurs ont imposé de nombreuses balises
- un communiqué de presse
- un rapport d'étape pour les investisseurs
- un livre pour enfants
- ou un article encyclopédique...

... il y a un point commun. LE point commun. LA question que toute personne qui communique devrait d'abord et avant tout se poser:

À qui est-ce que je parle?

J'insiste: TOUTE forme de communication. Ça vaut pour la presse écrite, comme pour la télévision. Ça vaut pour celui qui donne une conférence de vulgarisation au Centre des sciences. Ça vaut pour le parent qui ne parle pas à son enfant de 5 ans comme il parle à son ado.

Certains publics sont plus faciles que d'autres. Le plus facile de tous les publics: un public de scientifiques qui partage la même spécialisation que le conférencier. Vulgarisation minimale.

Oui, tout peut être vulgarisé...

Traduction, simplification, explication, enseignement et même **sensibilisation**: on prend un corpus, et on le transforme en quelque chose d'autre. Comme un sculpteur face à un matériau brut.

De ce point de vue simpliste, tout est «transformable». TOUT PEUT ÊTRE VULGARISÉ. N'écoutez jamais ceux qui prétendront qu'un concept est trop compliqué pour être vulgarisé. Si vous n'arrivez pas à expliquer une théorie ou un concept en quelques paragraphes, **c'est parce que vous ne l'avez pas encore compris vous-même.**

... mais il faut tenir compte du public

Le plus difficile est toutefois de se mettre dans la peau du grand public. Parce que l'expression «grand public» recouvre tout et n'importe quoi: des lecteurs qui ne connaissent absolument rien de votre sujet – mais qui sont curieux, du moins c'est ce qu'on espère – et des lecteurs qui en savent beaucoup, mais qui souhaitent, en vous lisant, apprendre un petit quelque chose de neuf.

Entre ce public le plus vaste possible et celui qui partage la même spécialisation que vous, vous rencontrerez toutes les combinaisons possibles et imaginables. Le public de *La Recherche* n'est pas le public du *Journal de Montréal*. L'un et l'autre n'attendent pas les mêmes choses du journaliste scientifique, et l'écriture s'en ressent. **On n'écrit pas la même chose, même si on parle du même sujet**.

Différents publics signifient différents niveaux de vulgarisation, et différents choix éditoriaux. Aux lecteurs de *La Recherche* il n'est pas nécessaire de réexpliquer ce qu'est un gène ou un atome. À un public d'administrateurs de votre université, il faudra insister sur les «retombées» qu'une recherche aura sur l'institution (commercialisation, impacts positifs sur l'image, etc.).

> Quelques médias, du plus avancé au plus simple:
>
> - *La Recherche*
> - *Science et vie*
> - *Québec Science*
> - *Sciences et Avenir*
> - Agence Science-Presse
>
> *Mais aussi:*
>
> - *Les Débrouillards* (9-13 ans) et *Les Explorateurs* (6-9 ans)
> - *Plan* (revue de l'Ordre des ingénieurs)
> - *Contact* (magazine de l'Université Laval), *Sommets* (U. de Sherbrooke), *Les Diplômés* (U. de Montréal)...

Et si vous essayez de vous mettre dans la tête du lecteur, si vous ne faites *qu'essayer*, c'est le tout premier pas de toute vulgarisation réussie. *Qu'est-ce qui va l'intéresser? Quel angle devrais-je prendre pour raconter mon histoire? Que dois-je lire en priorité, compte tenu du temps dont je dispose? Que dois-je retenir parmi les informations ramassées lors de ma recherche? Comment lui raconter cette histoire sans avoir l'air de lui faire la leçon? Comment rédiger pour qu'il ait le goût de me lire jusqu'au bout?* Au fur et à mesure qu'on écrit, qu'on ajoute des paragraphes, on se relit et on se demande instinctivement: *est-ce qu'il va me comprendre? Est-ce qu'il va suivre le fil de mon texte?* Et quand on a fini d'écrire, on se relit encore: *est-ce que c'est clair?*

Se glisser dans la tête du lecteur ou de l'auditeur: c'est la plus importante des consignes que vous devrez retenir jusqu'à la fin de votre carrière de vulgarisateur.

... **et il faut tenir compte des préjugés du public...**

Même un public qui n'a jamais étudié en science possède des connaissances préalables sur beaucoup de sujets, dont certaines sont fausses, ce qui n'empêche pas qu'il faille en tenir compte. Le snobisme n'a pas sa place ici: que cela vous plaise ou non, les connaissances erronées sur la transmission du sida, les extraterrestres ou l'Atlantide, doivent être intégrées à votre démarche de recherche, de communication et d'écriture, parce qu'il vous faudra expliquer en quoi elles sont erronées.

Tenez compte aussi des préjugés relatifs au scientifique: le fait que des tas de gens le voient comme un Professeur Tournesol, ou qu'une frange du lectorat soit tombée dans l'autre extrême et considère toute recherche corrompue par la politique et l'économie, influence le traitement de certains sujets. Souvent, le simple fait que vous découvriez un chercheur qui milite politiquement, ou qui vulgarise la science pour les enfants, ou qui joue d'un instrument de musique, devient une façon de créer un effet de surprise, avant d'aborder ce qui est votre véritable sujet.

Enfin, le contexte politique joue: des études récentes ont par exemple démontré qu'aux États-Unis, si vous êtes républicain, vous avez de bonnes chances de considérer que le réchauffement climatique n'est pas un grave problème, et inversement si vous êtes démocrate. Quant aux OGM, le fossé est transatlantique: les Européens sont depuis les années 1990 systématiquement plus sceptiques que les Nord-Américains.

... et divertir

Instruire tout en divertissant? Vieux slogan, et beau dilemme. C'est l'objectif que se donnent tous ceux qui veulent enseigner aux enfants depuis des siècles.

Avec la vulgarisation, on se rend compte qu'il faut agir de la même façon... avec les adultes!

> Je dois avertir ceux qui liront ce livre, et qui ont quelque connaissance de la physique, que je n'ai point du tout prétendu les instruire mais seulement les divertir en leur présentant d'une manière un peu plus agréable et un peu plus égayée ce qu'ils savent déjà plus solidement; et j'avertis ceux pour qui ces matières sont nouvelles que j'ai cru pouvoir les instruire et les divertir tout ensemble.

Si le style vous semble un peu suranné, c'est parce que ces lignes ont été écrites en... 1686! C'était dans un livre intitulé *Entretiens sur la pluralité des mondes*, par un nommé Bernard Le Bovier de Fontenelle.

Or, si divertir pour transmettre un savoir était déjà nécessaire en 1686, imaginez à l'heure où jeunes et moins jeunes sont autrement plus bombardés d'informations!

Humaniser la science

Les journalistes appellent cela le facteur humain ou «human interest». Cela rappelle l'importance de ne pas seulement montrer la recherche et la découverte... mais chaque fois que c'est possible, chaque fois qu'on nous en alloue l'espace – et au besoin, il faut réclamer l'espace nécessaire – les êtres humains qui sont derrière.

Comment en sont-ils arrivés à cette découverte. Pourquoi ont-ils fouillé ce sujet. D'où l'idée leur est-elle venue. Ont-ils échoué en cours de route. Leurs prédécesseurs avaient-ils échoué.

En langage populaire, c'est la question classique: *ils mangent quoi en hiver, ces scientifiques?* Que font-ils, quand ils ne «cherchent» pas? Les mêmes questions qu'on poserait à un artiste ou à un politicien dont on voudrait mieux connaître la vie, mais que trop de vulgarisateurs et de journalistes généralistes oublient de poser à un scientifique, intimidés au point d'en oublier que le contexte dans lequel il travaille, ça l'influence, lui aussi.

Revenons à notre problème du vieillissement. Un article journalistique paru dans *Science* révèle la féroce rivalité entre Leonard Guarente et son ancien étudiant au post-doctorat, David Sinclair. La recherche, sur la levure de bière, tourne autour de canaux biochimiques qui pourraient expliquer pourquoi la réduction de calories accroît l'espérance de vie. On voit tout de suite les applications possibles en médecine. Sauf que juste en expliquant la biologie de la chose, on perd le lecteur. En plaçant cette histoire dans le contexte d'un conflit entre un mentor et son ancien étudiant, on lui donne une résonance qui va bien au-delà des scientifiques.

Jennifer Couzin, «How Going Hungry Might Save Cells», *Science*, 17 juin 2004.

De rappeler que «le scientifique est une personne comme les autres» semble d'un simplisme désarmant, si vous avez derrière vous une formation en science. Mais c'est une nécessité, sans quoi une partie du public restera bloquée sur l'image du professeur Tournesol.

Un sujet, plusieurs angles

Prenons un exemple concret de ce que veut dire s'adapter au public.

Plusieurs journalistes reçoivent de la documentation sur un nouveau vaccin. Qu'il y ait conférence de presse ou qu'ils parlent au téléphone avec un des chercheurs, tous les journalistes auront un «tronc commun» de questions: quel est ce produit, d'où vient-il, quelles sont ses retombées possibles.

- Mais le journaliste du quotidien local mettra l'accent sur la contribution d'un chercheur local.
- Celui qui écrit pour les pages économiques mettra l'accent sur les retombées financières pour qui possède le brevet sur le vaccin.
- Celui qui écrit pour *L'actualité médicale* mettra l'accent sur le temps qu'il faudra avant que les médecins – qui sont ses lecteurs – puissent administrer ce vaccin; il posera d'ailleurs des questions techniques qu'il sera sans doute seul à poser, comme les différents dosages du vaccin, suivant qu'on l'administre à des enfants ou des vieillards.
- Celui qui écrit pour un magazine féminin pourrait s'intéresser à l'impact sur la santé des enfants.

En comparaison, le texte typique d'un chercheur est uniforme. Qu'il soit expédié à *Nature* ou au *New England Journal of Medicine*, le texte du chercheur suit un plan pré-défini, le même qu'on a tous appris à l'école: introduction, développement, conclusion. Le but, outre de divulguer les résultats, est de donner un maximum d'informations pour que les autres chercheurs puissent refaire la même démarche ou s'assurer que la méthode scientifique a été adéquatement suivie. Cette façon d'écrire remplit bien ses objectifs, mais devient un handicap pour s'adresser à un public élargi: lui ne s'intéresse pas à la méthodologie, aux données, aux tableaux, à l'historique. Et il ne veut pas perdre plusieurs minutes avant d'arriver au cœur du sujet.

Commencer un sujet par la fin

Ce qui nous amène à la différence fondamentale entre l'écriture du chercheur et l'écriture du vulgarisateur:

Un texte de chercheur va du général au particulier.
Un texte de vulgarisation va du particulier au général.

Schématiquement, on peut illustrer le texte «classique», *introduction-développement-conclusion*, comme suit:

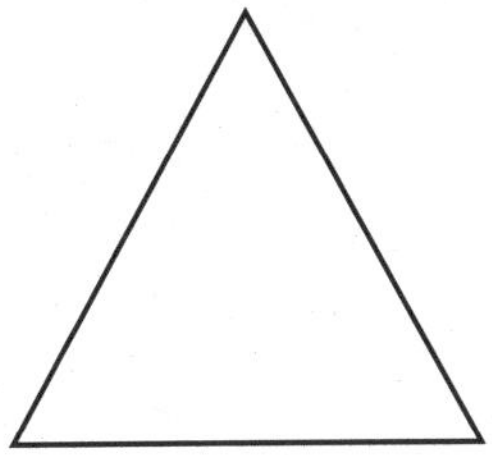

Où les éléments les moins importants (la pointe du triangle) sont en haut, et les éléments les plus importants – soit les résultats de la recherche, ses conclusions – en forment la base.

Or, un texte journalistique, c'est exactement le contraire – et c'est de là que vient la représentation schématique dite de la pyramide inversée:

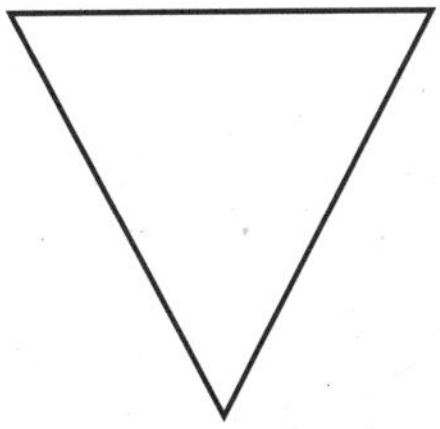

Où les éléments les plus importants sont tout en haut, au début du texte; plus on descend à l'intérieur du texte, plus se dévoilent les éléments les moins importants.

C'est le premier piège sur lequel trébuchent la plupart des jeunes scientifiques qui font leurs premiers pas en vulgarisation : ils ont, tout naturellement, le réflexe de commencer en décrivant l'échantillonnage, le dosage des produits, la durée des expériences... Alors que ce sont des choses qui peuvent carrément disparaître d'un texte de vulgarisation : on veut d'abord savoir ce qu'il y a de neuf. On ne veut pas se perdre dans les généralités.

2 V: vague et verbeux

Dans le texte déposé pour publication dans une revue savante, le chercheur expose d'abord le contexte, les grandes généralités, puis la théorie qu'il a choisi de formuler : c'est son introduction. Dans un texte de vulgarisation, le contexte et les généralités vont se glisser le plus loin possible, l'amorce doit être précise, jamais vague.

Le chercheur expose ensuite le déroulement de l'expérience, décrit les difficultés, les raisons pour lesquelles il a choisi cet échantillon. Les dosages testés sur le groupe A, le groupe B, le groupe C, pendant combien de temps et avec quelles variations. Et finalement, en conclusion, il présente les résultats. En vulgarisation, on peut commencer par les résultats... et évacuer tout le reste!

Tout ce qui est trop technique, tout ce qui n'est pas indispensable pour faire comprendre ce que vous avez choisi comme élément essentiel : en haut de la pyramide inversée. Tout ce qui risque de faire fuir le lecteur non initié... à évacuer.

Le texte de vulgarisation vise une clientèle beaucoup plus large ; idéalement, une clientèle qui, en temps normal, n'aurait pas lu un texte sur ce sujet. D'où l'importance des artifices pour attirer son attention dès le premier paragraphe, puis pour retenir son attention le plus longtemps possible. Être concis et efficace. Et évacuer le jargon.

Combattre le jargon et la langue de bois

C'est la réalité la plus connue de la vulgarisation. Même quelqu'un qui n'en a jamais fait, sait d'intuition qu'il doit évacuer le jargon propre à sa discipline – bien qu'il soit plus difficile, quand on baigne dans cette discipline, de cerner les limites d'un vocabulaire spécialisé.

S'il existe un vocabulaire lourd, ce n'est pas juste pour «faire savant»: depuis deux siècles, la science s'est considérablement spécialisée; la quantité de connaissances s'est à ce point multipliée que des spécialisations, comme la biologie, ont donné naissance à des sous-spécialisations, comme la génétique, qui ont elles-mêmes engendré des sous-sous-spécialisations, comme la génomique. Et chacune a dû inventer des mots nouveaux pour désigner des choses précises.

C'est à la fois une force et une faiblesse des scientifiques. La force: ils peuvent décrire la matière, le vivant ou le cosmos, avec un degré de précision jamais égalé dans l'Histoire. La faiblesse: ils sont de plus en plus compartimentés et ont très peu de temps pour lire sur ce qui se passe à l'extérieur de leur domaine.

Cette sur-spécialisation a pour conséquence que le vocabulaire technique, on est parfois obligé d'en conserver une partie – il est tout simplement impossible de totalement l'évacuer. Mais il faut alors agir…

Enrichissez votre vocabulaire

Monosémisation: signifie qu'un mot n'a qu'un seul sens.

Certes, le dictionnaire nous révèle que bien des mots ont plus d'un sens. Par contre, dans une même discipline, ils n'en ont qu'un, et c'est là que ça devient très important pour le vulgarisateur. Tant que vous êtes dans la même spécialité, le terme désigne une et une seule chose.

En physique quantique, vous avez des particules plus petites que l'atome qui s'appellent des gluons. Le mot est dérivé de la glu, ou colle, mais un gluon n'est pas de la colle; et bien qu'on s'en doute, la tentation est parfois grande d'aller si loin dans la métaphore qu'on en vient à décrire le gluon comme quelque chose qu'il n'est pas.

Soulignons au passage qu'une partie de la confusion entourant les pseudosciences vient souvent de là: plusieurs charlatans emploient un vocabulaire qui donne l'impression d'être savant, mais qui n'a en réalité aucun sens dans le contexte où ils l'utilisent.

a) avec subtilité ; si vous vous contentez de lancer des définitions tous les 2 paragraphes, ça va se sentir. Mais si vous réussissez à introduire le terme technique sans que ça fasse mal, vous êtes fort.

> Il découvrit un amas particulier de gènes qui exerçait un contrôle sur les «décisions» des autres gènes. Certains scientifiques ont nommé un tel amas «super-gène». Plus formellement, Snell l'appelle le «complexe majeur d'histocompatibilité». *(emprunté au Guide de vulgarisation scientifique de Sophie Malavoy)*

Dans cet exemple, l'auteur a été subtil ; il a introduit un nouveau mot sans faire peur à son lecteur. En temps normal, plusieurs décrochent dès qu'ils voient surgir un terme aussi lourd : «ah non, ce texte n'est pas pour moi.» Mais amené de la façon ci-haut, le lecteur ne s'est rendu compte de rien. Avec un peu de chance, il n'arrêtera pas sa lecture à cet endroit. Il va continuer.

b) en prenant le lecteur par la main. Il faut le rassurer : le convaincre qu'il est assez intelligent pour suivre le fil du texte. Il faut qu'il sente qu'on est conscient de son insécurité face aux sciences, voire, qu'on partage ses angoisses et qu'on ne le lâchera pas dans la jungle.

> Des atomes qui changent de partenaires, à l'image des danseurs qui changent de partenaires : telle est la réalité derrière le Nobel de chimie 2005.
>
> La métaphore est sans doute jugée caricaturale par les trois chercheurs qui viennent de se mériter cette prestigieuse médaille. Mais elle constitue pourtant ce qui permet de s'approcher au plus près du travail obscur qu'ont accompli ce Français et ces deux Américains, travail obscur qui trouve aujourd'hui des applications dans l'industrie pharmaceutique et dans celle des plastiques.

Reste que dans la plupart des cas, il faut carrément se débarrasser de l'essentiel du jargon. Et la langue française nous offre pour cela un tas de procédés bien éprouvés.

Les procédés littéraires qui nous sauvent

Le synonyme

C'est le plus simple et le plus banal des procédés. Le remplacement du mot par un mot plus commun – certes, moins précis aux yeux du scientifique, mais assez près pour convenir.

L'usage du synonyme ne s'arrête pas aux sciences. De grâce, enrichissez votre vocabulaire, trouvez des synonymes aux sempiternels avoir, être, faire, mettre dire, voir!

La paraphrase

Même principe, sauf qu'au lieu de trouver un synonyme, on est obligé de prendre quelques mots, placés entre deux virgules, pour expliquer le terme savant. On allonge la phrase, ou on ajoute une nouvelle phrase, qui répète la même chose mais d'une autre façon. Ce sont les phrases qui commencent par «Autrement dit», «En bref, ...», «En termes clairs»...

Le néologisme

Ne pas hésiter à inventer un nouveau mot, entre guillemets, lorsque l'occasion se présente. Les anglophones sont meilleurs que nous: pensez à l'inimitable **starship**, contraction de étoile et vaisseau. Certes, le Québec a donné le **courriel**, mais c'est une exception dans un océan de néologismes anglophones...

Le néologisme peut ne pas être un seul mot, mais une expression: ça veut dire avoir le sens de la formule. Si vous travaillez en équipe, profitez-en: rien de mieux qu'un remue-méninges pour trouver.

L'humour

L'astronome Carl Sagan, un des meilleurs vulgarisateurs du 20e siècle (*Cosmos, Pale Blue Dot, The Demon-Haunted World*, etc.), avant un long passage sur la vie extraterrestre (*Les Dragons de l'Eden*), fait ce détour: *La vie extraterrestre alimente toute une classe de plaisanteries. Dans l'une, l'extraterrestre débarque sur la Terre, va jusqu'à une pompe à essence ou un distributeur de chewing-gum et lui pose cette question: «Qu'est-ce qu'une belle fille comme vous fait ici?*

Ça détend l'atmosphère et il est sûr que le lecteur ne décrochera pas dès le paragraphe suivant.

Mauvais: Lymphocyte
Mieux: Globule blanc

Mauvais: anthropogénique
Mieux: Action de l'homme

Si un climatologue vous parle de la *contamination anthropogénique de l'atmosphère*, il serait plus simple de dire *la contamination de l'atmosphère par l'homme.* Ou si cela s'applique au contexte, *la pollution atmosphérique par l'homme.*

Mauvais: *La maladie d'Alzheimer se traduit par une perte des fonctions intellectuelles.*
Mieux: *La maladie d'Alzheimer se traduit par une perte des fonctions intellectuelles, comme la mémoire, le langage, le jugement ou le sens de l'orientation.*

Mauvais: *un clonage de cellules, mais aux résultats mitigés*
Mieux: *demi-clonage* (mais le contexte ne s'appliquera pas toujours à ce néologisme)

Mauvais: *les résidus des radiations du Big Bang*
Mieux: *les grumeaux de la sauce cosmique*

Humour noir: *Des années plus tard, lorsque Yakovlev est mort, laissant des instructions pour que son propre cerveau soit découpé et ajouté à sa collection, Rakic alla lui rendre hommage. «J'ai regardé son cortex auditif et j'ai vu des cellules pyramidales», se rappelle-t-il. «Et je me suis dit: j'ai parlé à ces cellules.»*

Robert Kunzig, *Discover (1998)*

Mauvais: une description textuelle de l'histoire de l'Univers
Mieux: le calendrier cosmique (page suivante)

Mauvais: *une femtoseconde représente un centième de milliardième de seconde.*
Mieux: *Une femtoseconde représente un centième de milliardième de seconde. Comparons cela avec la vitesse de la lumière. En une seconde, la lumière peut voyager de la Terre à la Lune. En un centième de milliardième de seconde, la lumière parcourt environ le centième de l'épaisseur d'un cheveu.*

Mauvais: *Le ver C. elegans attire beaucoup les généticiens car il possède un nombre limité de gènes: environ 1400.* Mauvais, parce que peu de gens comprennent ce que ce chiffre signifie.
Mieux: *Le ver C. elegans attire beaucoup les généticiens car il possède un nombre limité de gènes: environ 1400, comparé à environ 27000 chez l'humain.* C'est mieux, parce qu'on n'a toujours pas idée de ce que ces chiffres signifient mais au moins, on a une base de comparaison.

Autres analogies:

Une comète devient... une boule de neige sale

Le réchauffement planétaire dû à la concentration de CO_2, de méthane et de polluants dans l'atmosphère devient... l'effet de serre.

Le séquençage du génome humain devient... le livre de la vie.

Trois milliards de nucléotides devient... trois milliards de lettres sans espace ni ponctuation!

Transposition ou analogie

Des six procédés, c'est le plus riche en potentiel. Peut par exemple servir à faire comprendre des chiffres qui dépassent notre entendement. L'histoire de l'Univers, avec ses 13 milliards d'années (et demi!), de la Terre avec ses 5 milliards d'années, de l'humain avec ses 3 millions d'années... Tout cela est fort impressionnant, mais fort peu parlant. La solution qu'ont trouvée les vulgarisateurs des années 1970, dont Carl Sagan: transposer ces 13 milliards d'années... en une année.

Ça donne un Big Bang le 1er janvier, la formation de notre Galaxie, le 2 mai, du Soleil et de la Terre au début de septembre, l'apparition de la vie à la fin de septembre, les premiers organismes complexes – des vers – à la mi-décembre, les dinosaures le 24 décembre, les primates le 29 et l'être humain le 31 décembre dans la soirée. Nous commençons à utiliser des outils de pierre vers 23h, domestiquons le feu à 23h45 et inventons l'écriture vers 29h59 et 30 secondes.

Évidemment, décrire tout cela prend beaucoup de place, mais présenté sous la forme d'un tableau – un calendrier – ça permet de bien mieux visualiser que les 13 milliards, 5 milliards et 3 millions. Tapez «cosmic calendar» dans Google pour vous faire une idée.

Le truc fonctionne aussi bien pour l'infiniment petit. Plutôt que de se contenter de dire qu'une femtoseconde représente *un centième de milliardième de seconde,* on peut dire que c'est la durée de temps *pendant laquelle la lumière parcourt le centième de l'épaisseur d'un cheveu.*

Ramener les chiffres démesurés à des dimensions familières est donc le truc le plus couramment utilisé.

Il y a des analogies tellement utilisées qu'elles sont devenues parties de la culture populaire. Ainsi, le système immunitaire a dû être comparé des milliards de fois à une armée qui combat un envahisseur. Mais ça fonctionne très fort avec les enfants.

Pour vendre l'idée d'un télescope spatial, les astronomes utilisent depuis un quart de siècle l'analogie gagnante: *observer les étoiles depuis notre planète, c'est comme observer les nuages en s'installant au fond d'une piscine.* C'est une analogie gagnante, mais elle a atteint ses limites à la fin des années 1990, lorsque les progrès de l'optique ont permis aux télescopes géants sur les sommets du Chili ou d'Hawaii de faire des découvertes dont le télescope spatial Hubble aurait été incapable.

Les analogies peuvent évoluer. La structure de l'atome a longtemps été comparée à notre système solaire. C'était vrai dans la mesure des connaissances d'il y a un siècle, mais vint un moment où on comprit que l'électron n'était pas vraiment une bille, et qu'il ne suivait pas vraiment une orbite: il existe plutôt un espace où la probabilité de trouver l'électron est plus élevée. On en est donc venu à utiliser de moins en moins l'analogie du système solaire, mais on n'en a jamais trouvé qui soit aussi efficace.

L'analogie a pour fonction d'aller de l'étrange au familier. Elle prend le spectateur par la main, et le conduit d'un territoire inconnu à un territoire connu. C'est ainsi que les plaques continentales deviennent des plaques de glace sur une mer agitée. Et qui se déplacent à peine plus vite que la vitesse à laquelle grandit votre ongle.

La métaphore

C'est le cousin imaginatif du synonyme. La métaphore consiste à employer un groupe de mots concrets pour exprimer une notion abstraite.

La théorie des super-cordes est une sorte de musique mathématique jouée par un orchestre de minuscules cordes. Chaque note de cette symphonie cosmique représente une des nombreuses particules qui composent la matière et l'énergie.

C'est sans doute le plus connu des procédés littéraires employés en vulgarisation – et dans l'ensemble des cours de journalisme – parce que c'est souvent de la métaphore que proviennent les expressions les plus imagées, celles qui vont frapper l'imagination. C'est la *comète* qui devient une *boule de neige sale*. Bien sûr, la métaphore implique de tricher un peu : la comète n'est pas vraiment une boule de neige, et elle n'est pas vraiment sale, en tout cas, ni plus ni moins que tous les astres qui essuient eux aussi de la poussière de météorites. Mais on s'approche autant de la réalité qu'il est possible, sans sombrer dans une explication trop technique. Le journaliste américain George Johnson propose cette métaphore… sur la métaphore :

Un journaliste scientifique est, ultimement, un illusionniste. Son tour de passe-passe est au service d'une cause noble : s'approcher linguistiquement autant que possible de la vérité scientifique.

La métaphore joue sur la surprise et l'imprévu. Durable, elle acquiert une vie propre. C'est le cas de *l'effet de serre*. Ou du *livre de la vie*, métaphore apparue avec l'annonce du premier séquençage du génome humain. Lequel a aussi eu droit à *la musique de la vie*, au *nœud gordien de la création*, et à un *livre de trois milliards de lettres sans espace ni ponctuation!*

Internet a eu plus que sa part de métaphores : une *intelligence collective* (pour souligner combien cet univers semble s'autoréglementer), une *conversation planétaire* (pour illustrer les échanges d'information et les dialogues qui se propagent de blogue en blogue) et de là, pourquoi pas, une *conscience planétaire*.

Il faut prendre garde à ce que la métaphore soit tellement employée qu'elle n'en vienne à faire oublier son sens premier. Ainsi, le *trou dans la couche d'ozone.* La métaphore était employée depuis les années 1970, pour illustrer le problème de la dégradation de cette couche qui nous protège des rayons ultraviolets du Soleil. Or, à la fin des années 1980, des professeurs de science, en Europe et en Amérique, s'aperçoivent que les écoliers, qui avaient toujours vécu avec cette expression – on ne jugeait plus nécessaire d'en expliquer le sens premier – n'avaient aucune idée de ce qu'était ce « trou » – et ils en déduisaient qu'il devait s'agir d'un trou causé par les fusées que Russes et Américains envoient dans l'espace.

Sus au jargon: pas juste en science!

Éviter le jargon, ça s'applique aussi au journalisme politique et économique. La langue de bois, vous connaissez?

Plusieurs justifieront ainsi l'emploi du jargon dans leur texte: « mais c'est ce qu'il a dit dans l'entrevue ». Mauvaise réponse. Le truc est simple: enlevez les guillemets, et réécrivez sa phrase en vos mots, en finissant cette phrase par « déclare-t-il en substance ».

Mauvais: problématique
Mieux: problème

Mauvais: Synergie
Mieux: Efficacité

Mauvais: Rationalisation
Mieux: Coupes, coupures

Mauvais: Équité intergénérationnelle
Mieux: *Y a sûrement moyen de faire mieux!*

Mauvais: « un jeune sociologue en situation d'observation participante », « formater les salariés », « à l'aune de l'éthique managériale » (*Monde diplomatique*, mars 2006, cité par *Le Kiosque média*).

Place au visuel

Longtemps sous-estimé par les auteurs, l'aspect visuel ne peut plus être négligé:

- la mise en page, dans un journal ou un magazine, fait la différence entre un texte lu et une page vite tournée ;
- la photo, sur Internet ou sur papier, attire l'œil avant le texte, études à l'appui.

Déjà, dans un article de chercheur, il est utile d'associer le texte et le visuel – tableaux, photos. Mais dans un texte de vulgarisation, il devrait TOUJOURS y avoir une intrication des deux. Que cela vous plaise ou non, dans certains cas, il y aura même une DOMINATION du visuel.

La mise en page repose rarement sur les épaules de l'auteur : il y a des infographistes pour cela. Tout au plus des suggestions de l'auteur peuvent-elles rehausser l'efficacité de son texte : sur l'emplacement des encadrés ou des photos, par exemple.

Le choix des images, par contre, est voué à dépendre de plus en plus des auteurs, à l'heure d'Internet, où il est si facile de trouver des images libres de droits. Puisque vous êtes déjà assis devant votre ordinateur, raisonneront les éditeurs, pourquoi ne pas en profiter pour aller aussi chercher les images ?

Et même si telle n'était pas votre responsabilité, proposer des images est un très bon réflexe à acquérir, pour deux raisons :

- beaucoup de sujets scientifiques sont TRÈS difficiles à illustrer. Pour cette raison, ils sont d'emblée rejetés par la télé. S'il fallait qu'en plus, ils soient rejetés des sites Internet ou des magazines…
- Les magazines de vulgarisation manquent de moyens. *Québec Science, Découvrir* et *Les Débrouillards* n'ont pas de photographes attitrés, et n'ont pas d'énormes budgets pour acheter des photos à l'étranger. C'est vrai aussi des revues corporatives, des bulletins d'entreprises, des journaux institutionnels, qui reposent généralement sur une toute petite équipe, voire sur une seule personne. De sorte que si vous, vous savez, grâce aux recherches menées dans le cadre de votre article, qu'il existe des photos gratuites qu'une université peut fournir, le rédacteur en chef sera très content de vous. Vous voulez rendre heureux les rédacteurs en chef ?

Pensez images. Une image peut fournir une information ou provoquer une émotion: aussi fier que vous puissiez être de votre information (votre article), c'est peut-être grâce à l'émotion que cette information se rendra jusqu'au lecteur.

Enfin, le travail de vulgarisation peut être l'image en soi: le *Journal de Montréal* publie régulièrement un graphique occupant une page entière, qui a pour objet d'expliquer un phénomène, souvent scientifique ou technique, avec seulement quelques phrases réparties dans des boîtes et des flèches tout autour de l'illustration.

Exercice: un compte-rendu

Si vous ne vous êtes encore jamais livré à un exercice de vulgarisation, voici pour vous deux possibilités.

1) **Assistez à une conférence** et faites-en un compte-rendu d'une quarantaine de lignes.

   Les universités offrent des conférences, ouvertes à tous, tout au long de la session. Ciblez-en une au moyen du calendrier de l'université la plus proche ou, si vous habitez Montréal, consultez Montréal Science (www.montrealscience.info). Ce sont des contenus plus ou moins vulgarisés, et vous pourrez vous faire une idée, par la description de l'événement. À votre retour, faites-en un résumé, comme si vous espériez y intéresser des membres de votre entourage qui, en temps normal, ne se seraient jamais intéressés à ce sujet.

2) Si vous êtes étudiant ou travaillez déjà dans un milieu scientifique, faites-vous offrir par un collègue d'un autre département **une visite de son laboratoire** (au moins 20 minutes). Même principe: faites-en un compte-rendu d'une quarantaine de lignes, comme si vous y espériez y intéresser votre grand-mère.

Une fois le travail terminé, si vous vous en sentez le courage, faites-le lire par votre grand-mère et demandez-lui a) si elle a tout compris b) si elle l'aurait lu jusqu'au bout, n'eut été de l'affection qu'elle a pour vous.

Accessoirement, vous pouvez aussi proposer le compte-rendu au journal étudiant en précisant que c'est une première pour vous: leurs rédacteurs en chef ou responsables de rubriques sont souvent d'assez bons critiques des textes des autres.

Chapitre 4

Après avoir créé l'écriture, il vit que cela était mauvais, et créa l'écriture journalistique

La pyramide inversée, c'est la base de toute écriture dite «efficace». Aussi, même si elle a été «inventée» par le journalisme, elle a été récupérée avec succès: en relations publiques, un communiqué de presse – ce document qui a pour fonction de «vendre» un événement, un conférencier, un découvreur, une innovation, etc. – doit se démarquer, et pour se démarquer, il lui faut annoncer la couleur dès le premier paragraphe.

Il est donc important de noter que, si la majeure partie de ce qui sera dit dans ce chapitre concerne le journaliste, relationnistes et journalistes écrivent de la même façon.

La pyramide inversée s'apprend vite: plusieurs finissants d'université arrivent des sciences et tâtent du journalisme pour la première fois à l'Agence Science-Presse. Aucun n'a eu de difficultés à en comprendre le principe et à l'appliquer. Les difficultés arrivent plus tard, quand il s'agit d'aller plus loin: affiner son style, écrire avec de plus en plus de concision... Et ça se complique lorsqu'on prend conscience qu'il y a plusieurs types de textes journalistiques, et que certains obligent à apporter des bémols à cette pyramide inversée.

Se divise en plusieurs genres

On connaît tous la nouvelle, ou le reportage, mais il y a beaucoup d'autres genres. Qui partagent tous l'idéal d'aboutir à un texte qui soit le plus efficace et le plus lisible possible, mais qui peuvent se permettre d'insérer un peu, ou beaucoup, de la personnalité de l'auteur.

1. Nouvelle ou reportage

C'est celle qui remplit la majorité des pages de *La Presse*, du *Journal de Montréal*, du *Devoir*, les pages «sociétés» du journal *Voir*, les bulletins de nouvelles de Radio-Canada, de TVA... C'est celle qui remplit 24 heures sur 24 les «fils de nouvelles» d'agences de presse qu'on trouve sur Google News, Yahoo, sur MSNBC,com, CNN.com, etc.

2. Dossier ou analyse

Dans les journaux, cette catégorie-là fait surtout les cahiers de fin de semaine, où on laisse plus de marge de manœuvre au journaliste pour l'explication ou l'analyse. Et c'est ce qui constitue la matière première des magazines de vulgarisation.

Le dossier peut prendre la forme d'un reportage d'enquête. Ou d'une synthèse: un bilan de la semaine ou du mois, dégageant des liens là où d'autres n'avaient vu que des événements épars. Parfois, c'est une tendance lourde qui se dessine: en général, après quelques années de métier, vous devenez capable de les voir venir dans les domaines où vous commencez à vous spécialiser.

Une tendance lourde n'est pas une mode. C'est un mouvement souterrain, qui progresse en profondeur, tellement en profondeur que le public n'en entend presque jamais parler. En science, le mouvement dit «accès libre à la recherche» (*open access*) est une tendance lourde dont les observateurs attentifs, aux États-Unis, ont décrit les symptômes dès le milieu des années 1990.

3. Article encyclopédique

Forme plus rare, qui pourrait être classée sous «dossier». Mais dans le contexte de ce livre, elle mérite d'être soulignée à part, parce que c'est en vulgarisation scientifique qu'on risque de la trouver plus souvent. C'est un article qui fait le tour d'un problème, pas nécessairement d'actualité mais préoccupant: la grippe aviaire a donné lieu à beaucoup d'articles encyclopédiques dans les magazines féminins, incluant ce qu'est la grippe tout court, ce qu'est un virus, une bactérie, un vaccin. Dans les revues de science, l'article encyclopédique sera plutôt un encadré accompagnant un article principal:

au récit d'astronomes lancés dans la chasse aux planètes tournant autour d'autres étoiles, sera annexé un encadré rappelant «qu'est-ce qu'une planète».

4. Portrait

La science n'a pas son «scientifique du mois», comme les mensuels économiques ont leurs portraits d'entrepreneurs à succès.

Un portrait n'est pas une entrevue. Un bon portrait devrait être la synthèse de l'entrevue que vous avez faite avec cette personne, mais aussi avec ses collègues, ses amis, sa famille. Ainsi que des recherches dans les bases données pour savoir ce qui a déjà été dit ou publié sur ce personnage, en bien ou en mal. Le texte final sera un mélange d'anecdotes, de faits bruts, de déclarations des uns et des autres, et non un simple Question-Réponse, qui est un genre journalistique distinct.

5. Chronique ou opinion

C'est le seul lieu où les textes journalistiques peuvent être systématiquement écrits au «Je». Mais ce lieu, avec les années, s'est diversifié.

Les chroniques proprement dites. Jean Dion et Réjean Tremblay aux sports, Odile Tremblay au cinéma et Pierre Foglia au «général»... Ils peuvent toucher à une foule de sujets, mais ont un point commun: ils donnent leur opinion. C'est leur point de vue qui intéresse le lecteur. Ce qui ne les dispense pas de rédiger des textes efficaces: si vous n'avez pas été accrochés par le premier paragraphe d'un chroniqueur que vous n'avez pas l'habitude de lire, vous ne le lirez pas.

On ne connaît pas de chroniqueur scientifique dans les journaux québécois (mais un chroniqueur en environnement, Louis-Gilles Francoeur), et dans les journaux américains, leur nombre a fondu comme neige au soleil depuis les années 1980, à mesure que les plus vieux partaient à la retraite.

Les critiques. De films, de livres, de théâtre. Ne nous concernent pas dans le cadre de ce livre.

Les éditoriaux. Ne nous concernent pas non plus, mais méritent quelques lignes tant ils sont... idéalisés. L'éditorial, en raison de sa position prestigieuse, attire l'attention des étudiants en journalisme, mais dans les journaux qui y accordent une grande importance, c'est un poste qu'on n'alloue qu'après plusieurs années (souvent à couvrir la politique... Incidemment: y a-t-il quelque part un journaliste scientifique devenu éditorialiste?). Dans les journaux qui n'y attachent qu'une importance secondaire, ça peut bêtement être une voie d'évitement pour un journaliste fatigué ou un cadre de la rédaction. À noter que dans la presse anglophone, les éditoriaux ne sont jamais signés, parce que cette page est considérée comme le lieu de «l'opinion du journal».

Trop d'opinion tue l'opinion?

Les analystes des médias et les profs de journalisme vous diront qu'il y a plus d'opinions dans les journaux nord-américains qu'il y a 20 ans. C'est un fait. Les opinions des chroniqueurs journalistes comme Richard Martineau ou Patrick Lagacé, ou chroniqueurs invités comme Steven Guilbault ou Jean Lemire, occupent beaucoup plus d'espace qu'avant.

Ce que certains observateurs reprochent à cette évolution? Il s'agit d'un culte de la vedette difficilement conciliable avec une information qui se veut la plus objective possible.

Mais le fait est que ça progresse, et que ça ne s'arrêtera pas là, comme en témoigne l'explosion phénoménale des blogues. Les lecteurs en redemandent, et si les blogues continuent de croître en popularité, les journaux voudront miser sur leur popularité et embaucher les plus populaires des blogueurs – ou bien ils multiplieront les occasions de bloguer pour leurs propres journalistes.

Pourquoi choisir ce sujet?

Reportage, dossier, éditorial... Il y a régulièrement des choses qui nous semblent importantes, mais qui n'ont été traitées nulle part dans les médias. Pourquoi cela? Qu'est-ce qui détermine le choix d'une nouvelle?

La nouveauté

Évidemment, sans quoi ça ne s'appellerait pas «nouvelle». Mais bien que ce mot ait l'air tout à fait objectif, dans les faits, le choix est très subjectif. Rien qu'en science, il se publie chaque mois des centaines de milliers de revues de recherches – de la prestigieuse *Nature* à l'injustement méconnue, parce que francophone, *Médecine/Sciences*. Certaines sont même hebdomadaires – comme *Nature*, ce qui n'arrange rien pour ceux qui n'ont que 24 heures dans leurs journées. Chacune contient une dizaine ou plus de recherches. Cela veut donc dire **plus d'un million de recherches publiées chaque semaine!** Pas étonnant que les scientifiques, qui sont de plus en plus spécialisés et compartimentés, manquent de temps pour lire ce qui se publie, en dehors de leur domaine!

Et pourtant, combien de nouvelles scientifiques sont publiées par les médias généralistes? *La Presse*, une par deux ou trois jours. Davantage sur le site Web. À Science-Presse, une soixantaine par mois. Le *New Scientist*, magazine britannique qui représente la crème de la crème de la vulgarisation scientifique, parle de plusieurs centaines de recherches par mois. **Sur un million**. En fonction de quels autres critères que «la nouveauté»?

L'importance

a) l'importance de la nouvelle **dans son contexte scientifique**. Parmi ces millions de recherches chaque mois, il y en a forcément qui sont plus significatives que d'autres, qui représentent des avancées plus importantes, bref, qui ont plus de poids. Celles qui sont parues dans une *revue dotée d'un comité de révision par les pairs* (voir chapitre 10) ont d'emblée plus de poids et donc courent plus de chances de faire parler d'elles.
b) l'importance de la nouvelle **par rapport à son public**. Ce qui est important pour *La Recherche* ne l'est pas nécessairement pour *Québec Science*. Ce qui est important pour *Plan*, qui rejoint des ingénieurs, ne l'est pas pour *L'Infirmière du Québec*. Ce qui est important pour un journal de Montréal ne l'est pas pour un journal de Paris. Il y a ici un choix qui se fait en se mettant dans la tête de son public.

C'est ici que la recherche biomédicale bénéficie d'un avantage démesuré : toute découverte ayant par définition des applications médicales faciles à identifier, aussi lointaines soient-elles, les journalistes généralistes ont tendance à les choisir plus souvent qu'elles ne le méritent.

L'intérêt public

Évidemment un critère très subjectif. Sans doute celui qui suscite le plus de controverses, parce que c'est toujours au nom de l'intérêt public qu'on justifie les reportages plus controversés. Le remue-ménage autour du virus du Nil, du bisphénol-A ou du bioterrorisme : est-ce d'intérêt public d'en faire autant? Jusqu'où est-il légitime d'aller? On peut s'engager ici dans des discussions sans fin.

Et le facteur Wow

Impossible à définir, mais indispensable. Une nouvelle peut être sans grande importance pour son public : aucune retombée tangible, ni demain ni dans 100 ans ; elle peut n'avoir qu'un intérêt scientifique relatif, du point de vue de ses découvreurs. Et pourtant, rien qu'en lisant un paragraphe là-dessus, on dit « Wow ». *Une explosion de rayons gamma, à plus de 10 milliards d'années-lumière d'ici, a produit en quelques minutes plus d'énergie que tout ce que le Soleil a brûlé pendant des milliards d'années.*

Exercice – débat

Si vous êtes plusieurs, imaginez-vous transformé en comité éditorial du *Washington Post*. Nous sommes en septembre 2007. La NASA annonce la parution, pour le lendemain, d'une étude de la NASA révélant que l'été précédent, la calotte glaciaire du Pôle Nord a fondu plus que jamais. En août, elle était plus mince et couvrait moins de territoire que n'importe quand au cours des décennies précédentes. Une conférence de presse aura lieu en présence des experts climatologues et glaciologues, qui seront également disponibles pour des entrevues de plus longue durée.

Devons-nous envoyer un journaliste à la conférence de presse, en lancer un second à la chasse à des données supplémentaires et à l'interrogatoire d'autres experts pouvant apporter des points de vue différents, de manière à monter un solide reportage et faire la Une de demain? Ou s'agit-il d'une « vieille nouvelle » qui mérite tout au plus un bref compte-rendu en pages intérieures?

Qui choisit?

Si vous avez fait l'exercice du comité éditorial du *Washington Post*, vous devez être conscient qu'il a ses limites: dans un grand média, quand il s'agit de science, c'est plus souvent qu'autrement le journaliste lui-même, et non le comité éditorial, qui choisit ses sujets... parce qu'il est le seul dans la boîte à suivre l'actualité scientifique! Le chef de pupitre peut bien, ensuite, décider de ne pas publier son article ou de le reléguer en pages intérieures, mais le premier tri, parmi les millions de recherches publiées mensuellement, aura été fait par le journaliste lui-même.

Parfois, c'est l'actualité qui décide à sa place. Le directeur de l'information enverra peut-être un de ses journalistes à la conférence de presse convoquée demain matin par l'université locale pour annoncer une découverte majeure en génétique. La découverte d'un oiseau contaminé par la grippe aviaire à l'intérieur des frontières du Québec oblige presque les journalistes qui ont déjà traité de ce dossier à rappeler leurs sources habituelles pour faire le point.

Mais cela ne vaut que pour les quotidiens et les téléjournaux: les magazines, qui ne sont publiés qu'un mois ou deux plus tard, ne couvrent jamais un événement déjà couvert par l'actualité du jour.

Si le journaliste scientifique, au lieu de travailler à temps plein dans un grand média, est un pigiste, c'est également lui qui choisit ses sujets. Mais avec une difficulté supplémentaire: il va lui falloir se vendre. Appeler un rédacteur en chef et lui dire: *j'ai un super-sujet. Ce serait important d'en parler pour telle et telle raison.* Et le rédacteur en chef peut dire Oui ou Non, sur la base des quatre critères ci-haut. Malheureusement, si vous êtes un débutant avec qui il n'a pas encore établi une relation de confiance, il dira plus souvent Non que Oui...

Étonnamment, chez les relationnistes, le choix des sujets peut également reposer sur les épaules du rédacteur, plutôt que sur un comité administratif. Une université peut rassembler des milliers de chercheurs, soit des milliers de publications par année. Le journal interne ne peut toutes les mentionner, d'où la nécessité de faire un tri, en fonction des mêmes critères que les journalistes – intérêt pour son lectorat, importance de la nouvelle, et même le facteur Wow.

C'est jusqu'aux prestigieuses revues scientifiques comme *Nature* ou *Science* qui vivent cette situation : elles aussi ont un service des communications chargé de mettre en valeur les recherches les plus «intéressantes», «importantes» ou «Wow» du numéro à venir. Ce qui leur confère un sacré pouvoir : le choix de ce relationniste, sous la forme d'un communiqué ou d'un compte-rendu sur le site Web de *Nature*, sera lu par des centaines de journalistes… dont plusieurs feront un article, parce qu'ils ont été séduits par le compte-rendu en question.

Le processus, on s'en doute, n'est pas exempt d'erreurs ou de dérapages…

La première façon de raconter: les 5W

Avec la pyramide inversée vient un second concept totalement étranger aux étudiants en science : les 5W. C'est l'article journalistique de base :

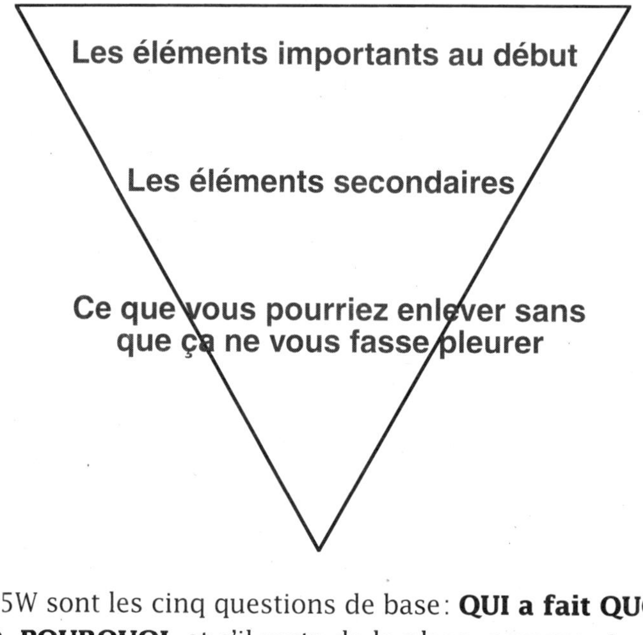

Ces 5W sont les cinq questions de base : **QUI a fait QUOI, OÙ, QUAND, POURQUOI**, et s'il reste de la place, **comment**.

Dans une nouvelle «classique», les 5W se retrouvent dans le premier paragraphe appelé l'amorce, ou l'accroche, ou le *lead*. En conséquence, en un paragraphe, on connaît déjà les éléments essentiels de la nouvelle.

La pyramide inversée est née d'une raison toute banale: dans les journaux de jadis, longtemps avant l'informatique, à l'époque où le montage se faisait à la main, on ne pouvait jamais être sûr de l'espace exact qui resterait pour «caser» une nouvelle dans la page. Alors le texte devait être pensé pour pouvoir être coupé à partir de la fin.

Les 5W

En anglais: **Who, What, Where, When Why**.

Traduits en français par: **Qui, quoi, Où, Quand, Pourquoi**.

Autrement dit, le premier paragraphe (ou les deux premiers) d'une nouvelle classique répond à la méga-question suivante: QUI a fait QUOI, OÙ, QUAND et POURQUOI. Et s'il reste de la place: Comment.

Un traitement contre le sida (QUI), *que l'on décrivait depuis des années comme le plus prometteur des traitements moins coûteux* (encore QUI), *vient d'échouer* (QUOI et QUAND) *au fil d'arrivée.*

Vous retrouverez le modèle des 5W dans les pages de nouvelles des journaux (par opposition aux pages éditoriales), sur les sites Internet de Radio-Canada, Cyberpresse, Yahoo... C'est aussi le modèle de base des communiqués de presse.

Vous le retrouverez moins dans les magazines et les chroniques, où on ne rapporte pas la nouvelle du matin.

Mais attention: même si vous avez plus d'espace et de temps pour vous dégager du carcan des 5W, cela ne vous dispense pas de l'obligation de placer une information importante au début. Considérez par exemple les façons très différentes dont la nouvelle qui suit a été traitée, à gauche à la façon classique des 5W et à droite en ouvrant la porte à une mise en perspective:

En plein désert, à Abou Dhabi, dans les Émirats arabes unis, une ville ultra-moderne est construite de toutes pièces. Dédiée aux technologies du développement durable, sans voiture, sans aucune émission de gaz carbonique, elle accueillera 50 000 personnes et 1 500 entreprises.	Une ville écologique en plein désert? C'est la question provocante que pose le journaliste de la revue *Nature*, en décrivant le dernier des rêves fous d'un des émirats arabes. Peut-on être écologique tout en vidant la nappe phréatique?

Deuxième façon de raconter: le dialogue

La formule est très peu employée aujourd'hui. Ce fut pourtant la première façon de raconter: dès le 17e siècle, Galilée l'emprunte au théâtre. On met deux personnes en scène, l'une est le stéréotype du scientifique, l'autre est le stéréotype de l'ignorant, et on les fait dialoguer! Objectif de cette formule: rassurer le spectateur, le prendre par la main. Il s'identifie au profane qui pose les questions.

Il en subsiste quelque chose dans les médias: l'article sous la forme *Question-Réponse.*

Ces médicaments ont-ils un avenir?

Officiellement, ni Merck ni ses concurrents n'ont abandonné la partie en ce qui concerne ce groupe de médicaments, appelés les inhibiteurs de Cox-2: le Vioxx et l'Arcoxia de Merck (ce dernier est approuvé dans 54 pays, mais pas aux États-Unis), le Celebrex de Pfizer et d'autres produits par les géants Novartis et GlaxoSmithKline. Le Vioxx a généré des ventes de 2 milliards et demi en 2003, soit 10% des revenus de la multinationale Merck.

À l'heure actuelle, toutes ces compagnies sont lancées à fond de train dans des études visant à démontrer que ces médicaments anti-douleur sont sans danger. Mais ils ont une sérieuse pente à remonter du côté de l'opinion publique...

Y a-il une alternative?

Il y en a plusieurs. Ces médicaments ont d'abord et avant tout été créés à titre d'anti-inflammatoires, par exemple pour les gens souffrant d'arthrite. Ils se sont rapidement imposés, entre autres parce qu'ils ne provoquent pas d'effets secondaires tels que des problèmes à l'estomac, mais il existe bien d'autres anti-douleur sur le marché: l'aspirine, par exemple.

Tous ceux qui utilisent ces médicaments sont-ils à risque?

Non, pour deux raisons. [...] (Science-Presse, août 2005)

La narration : raconte-moi une histoire

C'est la façon de raconter qui permet le plus de souplesse. C'est celle qui permet d'affiner son style et c'est celle dont découlent la plupart des textes les plus intéressants des dernières décennies.

> Peut-être le plus ancien exemple de best-seller de l'écriture narrative en science : *Microbe Hunters*, de Paul de Kruif, réédité depuis... 1926 !

Mais la narration est à son meilleur quand elle dispose de suffisamment d'espace. Or, tout le monde n'a pas cette chance : la grande majorité des textes de vulgarisation scientifique au Québec sont des textes relativement courts. Nous n'avons aucun magazine offrant la possibilité de publier des textes d'une longueur à faire rêver comme le *New Yorker* ou le *Atlantic Monthly.* Parfois, le mieux qu'on puisse faire pour suggérer des rebondissements avec un minimum de mots, c'est une utilisation judicieuse des intertitres !

Le style narratif peut par contre ne constituer qu'une partie de l'article : souvent, l'auteur ne s'en sert que dans les premiers paragraphes, pour camper le décor et ses personnages, après quoi il en revient à un style plus traditionnel pour la mise en contexte et les explications.

> Eva Marie est une petite fille de 4 ans débordante d'énergie, avec de grands yeux noirs, des cheveux courts et brillants, et un trou dans le cœur. (*Child Magazine*)

Le style narratif a lui aussi pour objectif de prendre le lecteur par la main. Le simple fait de raconter une histoire donne au lecteur l'impression qu'il s'agit d'un sujet simple. Ça l'incite donc à rester, et quand les plus longues explications arrivent, elles passent plus facilement. Le récit crée un processus d'identification à un personnage ignorant (le journaliste dont on suit la démarche de découverte) ou à un grand voyageur (Jean Lemire et ses tournées des mers gelées).

Dans l'écriture pour les jeunes, ça suppose un équilibre délicat entre le récit proprement dit et l'information qu'on veut transmettre. On imagine généralement que c'est le style littéraire qui est difficile à adapter lorsqu'on écrit pour un jeune débrouillard. Pour certains pigistes, certes, mais pour la plupart, le plus difficile, c'est de se mettre dans la tête d'un lecteur de 10 ans : trouver la métaphore, l'analogie, l'exemple, qui « parlera » à un enfant, qui baigne dans une culture populaire qui n'est plus la nôtre.

Même quand on écrit pour des adultes, de toute façon, la narration n'est pas un procédé facile à maîtriser. Car ce n'est pas tout de raconter une histoire, il faut donner suffisamment de détails pour que le lecteur ou l'auditeur sente que vous étiez là :

> La télévision, dans la chambre de l'homme mort, est restée allumée toute la nuit. À présent, l'émission à l'écran est *Shipmates*, une télé-réalité à peine audible sous le sifflement du ventilateur. Il est 4 heures du matin, et je suis ici depuis six heures, assise dans le coin tandis que trois infirmières s'agitent de temps en temps autour d'une série d'intraveineuses. Elles sont inquiètes pour la santé de l'homme mort. (*BASW* 2004)

Ou bien, si vous ne vous mettez pas vous-même en scène, il faut glisser des descriptions détaillées, mais frappantes, ce qui suppose un style d'écriture qui aurait été inacceptable dans un froid rapport d'analyse… ou d'autopsie :

> Le jeune albatros sauta sur ses pattes, l'œil alerte… Il claqua du bec devant le visiteur puis recula pour prendre son élan, dans la brise d'après-midi.
>
> L'après-midi suivant, le jeune ignorait les passants. L'oiseau était couché sur son ventre, ses pattes écartées, ses ailes allongées sous le soleil chaud. Quelques heures plus tard, il était mort.
>
> John Klavitter, un biologiste de la faune, retourna l'oiseau et l'ouvrit avec son couteau. Fouillant ses entrailles avec une main gantée, il en ressortit un sac jaunâtre – son estomac.
>
> De là, il sortit une collection de capsules de bouteilles rouges, bleues et oranges, le bec noir d'un aérosol, un fragment d'un peigne vert, un tee de golf blanc et des pinces de calmar entremêlées dans un fragment de filet de pêche.
>
> (*Los Angeles Times*, 2 août 2007, prix de journalisme scientifique de l'AAAS)

En parallèle, il faut raconter de manière concise et efficace, ce qui suppose du rythme et surtout, une maîtrise. Ça suppose une maîtrise de l'écriture, ce qui ne vient qu'après beaucoup d'essais et d'erreurs.

> Il demanda à Geesey si elle soutenait l'enseignement du design intelligent. «Oui.» «Parce qu'il présente une alternative à l'évolution?» «Oui.» «Et (qu'il) parle des trous et des problèmes de l'évolution?» «Oui.» «Oui. Vous ne savez pas à quoi réfèrent ces trous et ces problèmes, n'est-ce pas?» «Non.» «Mais c'est bien d'enseigner ces trous et ces problèmes?» «C'est notre mission, oui.» «Mais vous n'avez aucune idée de ce qu'ils sont?» «Ce n'est pas mon travail, non.» «Est-il juste de dire que vous ne connaissiez pas grand-chose du design intelligent en octobre 2004?» «Oui.» «Et vous ne saviez pas grand-chose du livre *Of Pandas and People* non plus, n'est-ce pas?» «Exact.» «Donc, vous n'avez jamais participé à une discussion sur ce livre?» «Non.» «Et vous n'avez fait aucun effort, par vous-même, pour en apprendre plus sur le livre?» «Non.» «Et personne ne vous a jamais expliqué ce qu'était le design intelligent?» «Non.»
>
> Ceci se poursuivit pendant un bout de temps, Geesey souriant comme si son ignorance était la chose la plus admirable, jusqu'à ce que, finalement, toujours souriante, elle déclare qu'elle avait compté sur le comité de programme pour prendre la décision. «Et vous ne savez pas si M. Buckingham a une formation en science?» «Non, je ne le sais pas.» «Savez-vous qu'en fait, il n'a pas de formation en science?» «Je ne sais pas. Il applique la loi, alors je suppose qu'il doit connaître quelque chose.»
>
> Alors c'était ça, la genèse de toute cette histoire: un réparateur d'automobiles avait embauché un obsédé de la lecture littérale de la Bible dénué de la moindre connaissance pour décider avec quels livres les enfants devraient apprendre; et une femme qui n'avait absolument aucune curiosité avait approuvé tout cela. (*BASW* 2007)

Parfois, on peut se permettre de raconter au «je», lorsque c'est notre présence, voire notre aventure, qui constitue le fil conducteur de la narration, comme cet auteur, Rich Monastersky, embarqué avec son épouse dans la descente des rapides du Zambèze:

> Puis-je en même temps m'agripper à Cheri et au canot? Si je devais en laisser aller un, lequel serait-ce? À la fin, ça n'est plus important. Après s'être battu avec la gigantesque vague, nous chavirons en quelques secondes. Projeté dans l'eau, j'ai l'impression d'être aspiré dans une toilette... Lorsque je refais finalement surface, je suis seul, ne me tenant ni à Cheri ni au canot. (*Earth Magazine*)

Les plus chanceux sont ceux qui ont à leur disposition un documentaire d'une heure ou plus à scénariser. *Le Peuple migrateur, Une Vérité qui dérange:* eux peuvent s'en donner à cœur joie avec la narration et ils disposent en plus – avantage indéniable sur le texte – d'images et de musiques qui peuvent ajouter des émotions à volonté.

La collection *Best American Science Writing (BASW)*, une anthologie publiée annuellement depuis 2002, contient des textes journalistiques parus aux quatre coins des États-Unis. Ce sont les plus beaux exemples de vulgarisation que vous puissiez trouver dans l'univers écrit. Mais une de leurs caractéristiques est justement d'avoir bénéficié davantage d'espace que la moyenne des textes journalistiques; leurs auteurs ont donc eu tout loisir de raconter des histoires en détail, de s'en donner à cœur joie avec la narration et d'y glisser suffisamment de contexte pour que le lecteur en ressorte avec quantité d'informations nouvelles, sans avoir eu l'impression de se faire asséner un cours de science.

Un cas: *La théorie du tout* (*The Theory of Everything*), parue dans *Esquire* en 2007. Avec le domaine le plus obscur qui soit – la physique théorique – aussi loin de «l'intérêt public» qu'on puisse imaginer, l'auteur a réussi à nous faire partager les angoisses et les rêves des physiciens qui attendent fébrilement la confirmation – ou non – des équations sur lesquelles ils planchent depuis des années.

> Plus que 18 mois à attendre. Et déjà, il y a des nuits où Nima Arkani-Hamed ne peut pas dormir. Parce que dans 18 mois, quelqu'un soulèvera un interrupteur dans quelque chose appelé le *Large Hadron Collider*, en Suisse. Et lorsque cet interrupteur sera levé, des milliards de protons voleront autour d'une boucle de 30 km, à une vitesse proche de celle de la lumière... C'est la plus grande et la plus attendue et la plus coûteuse des expériences de l'histoire de l'humanité. Et si Arkani-Hamed a raison, cela pourrait contribuer à prouver que les lois qui gouvernent l'Univers à toutes les échelles – de l'infiniment petit à l'infiniment grand – sont toutes les mêmes. Ou bien, évidemment, cela pourrait prouver que Arkani-Hamed est un trou-du-cul.

Accrocher son lecteur: les différents types d'amorces

Si tous les textes ne démarrent pas par les 5W, quelles sont les autres façons de démarrer efficacement un texte?

Amorce par anecdote

Plus facile à écrire, parce que celle-ci nous rapproche des 5W classiques. En général, l'anecdote constitue un prétexte: on démarre avec un événement nouveau, peut-être même anodin, mais on glisse rapidement vers le véritable objectif du texte, qui est de parler de quelque chose de plus gros. Par exemple, les dons d'organes ou l'enseignement:

> *Le donneur d'organes n'était pas mort.* Difficile d'imaginer un titre qui fasse davantage frissonner. Un homme dont le cœur s'était arrêté depuis une heure et demie s'est en effet réveillé alors qu'on allait lui prélever des organes. (Science-Presse, juin 2008)
>
> Un adolescent de 18 ans du New Jersey critique un texte qui, dans son manuel scolaire, met en doute le réchauffement climatique. Des juristes et des scientifiques l'appuient. L'affaire devient nationale. L'éditeur du manuel finit par s'excuser, et promet de «réviser» le livre. (Science-Presse, mai 2008)

Amorce par atmosphère

C'est, de tous les choix d'amorces, celui qui convient le mieux à une approche narrative.

> Pas un brin de vent. Humidité: 3%. Température: 4°C. Une autre nuit parfaite! Du moins, pour ces deux occupants d'une montagne désertique du nord du Chili. Avant le crépuscule, un astronome et son assistant s'installent dans la salle de commande, à 2722 mètres d'altitude (Science-Presse, 2007).

Voilà qui est plus efficace qu'une description technique du télescope dont il sera question plus loin.

Les anthologies *Best American Science Writing* sont remplies de ces amorces par atmosphère:

> En fin d'après-midi du 31 décembre, le Dr Michael E. DeBakey, 97 ans, était seul dans sa maison de Houston, dans son bureau, occupé à préparer une conférence lorsqu'une intense douleur parcourut sa poitrine, remontant vers le haut, jusqu'à son cou.
>
> Le Dr DeBakey, l'un des chirurgiens cardiaques les plus influents de l'histoire, présuma que son cœur allait s'arrêter dans quelques secondes. (*BASW* 2007)

Le cerveau de Bob Moore reposait sur un récipient de plastique. Il y avait quelque chose de très beau à ces collines et ces vallées entremêlées, à cette façon dont des rivières sombres pourpre et rouge serpentaient à travers la chair beige.

Et mystérieux. Là résidait l'essence d'un homme qui avait étudié à Yale, aimé une femme, engendré six enfants, adoré la crème glacée et Mozart et Kierkegaard et E.E. cummings, détesté le camping, répugné à jouer au golf, et, au cours des 20 dernières années, lentement perdu la capacité de comprendre tout cela. (*BASW* 2007)

Amorce par question

Lait vitaminé, jus enrichi de calcium, œufs oméga-3, yogourts au bifidus. Les aliments seraient-ils maintenant destinés à nous soigner autant qu'à nous nourrir? (Science-Presse, mai 2008)

C'est bien beau greffer des neurones produits à partir de cellules souches, dans l'espoir qu'elles remplacent les neurones atteints par la maladie de Parkinson. Mais si ces neurones «attrapaient» eux-mêmes la maladie? (Science-Presse, mai 2008)

Amorce non traditionnelle

En théorie, tout peut devenir une amorce... en autant que ce soit efficace. Et nul ne peut prévoir à l'avance si ça sera vraiment efficace: parfois, il faut prendre des risques!

Craig Venter est un fantasme de journaliste: chaque fois qu'il fait une annonce, on est sûr que ça donnera une belle manchette. Il est immanquablement décrit comme un scientifique controversé, mais il serait plus juste d'en parler comme d'un génie du marketing. (*Science-Presse*, janvier 2008)

Isaac Newton a peut-être reçu une pomme sur la tête, mais c'est tout de même moins grave que de recevoir un iguane. (*Science-Presse*, janvier 2008)

La fourmi et la supernova
Imaginez un gâteau aux raisins. Et maintenant, imaginez une fourmi qui, après la longue ascension de la table de la cuisine, découvre ce gâteau aux raisins. Il dégage un tel arôme que ses antennes en frétillent. La fourmi grimpe sur l'assiette. Puis sur le gâteau. Et la voici sur l'un des raisins séchés, à lui seul dix fois plus gros qu'elle. Magnifique. (Science-Presse, mars 1998)

Après avoir créé l'écriture, il vit que cela était mauvais, et créa l'écriture journalistique

Parmi les amorces non traditionnelles, la fiction revient assez souvent: c'est intéressant, mais à utiliser avec prudence, parce qu'il s'en faudrait de peu pour que ça ne devienne un cliché.

> Nous sommes en l'an 2020. Trois astronautes américains achèvent l'assemblage du module d'habitation de leur première base lunaire.

Le fait d'avoir sous la main un auteur non traditionnel est le parfait prétexte à une amorce non traditionnelle:

> Dans l'affaire Kitzmiller vs. le district scolaire de Dover, 11 parents ont déposé une poursuite pour retirer le design intelligent du programme. Les défenseurs ont présenté certains des plus brillants penseurs du mouvement du design intelligent pour défendre celui-ci en tant que science. Les plaignants ont présenté des experts de l'évolution pour expliquer celle-ci et réfuter le design intelligent.
>
> Ça, c'est l'histoire de base, mais si vous pensez tout savoir ce qu'il y a à savoir, vous avez tort. Moi seul connais la vérité. (*BASW* 2007)

L'auteur de cet article, paru dans le magazine américain *Harper's*, s'appelle Matthew Chapman, et il est l'arrière-arrière-petit-fils de Charles Darwin.

Rappel: on va TOUJOURS du particulier au général

À éviter à tout prix: l'amorce trop générale, comme on l'aurait fait dans un texte *intro-développement-conclusion*. En vulgarisation, on ne va JAMAIS du général au particulier.

Le développement des biotechnologies suscite bien des inquiétudes. À travers l'Europe, les opposants aux OGM sont devenus des groupes organisés, capables de bloquer un projet de loi ou de se lancer dans l'arrachage massif de plants, tandis que des chercheurs se demandent comment rétablir le dialogue.

Le problème avec une introduction comme celle-là, n'est pas que l'article n'est pas encore commencé, c'est qu'on ne nous a pas encore mis l'eau à la bouche. Tout le monde connaît ces grandes généralités, et on n'est pas encore sûr de quoi le texte va parler: militantisme? Inquiétudes? Dialogue?

Sont tout aussi mauvaises, les amorces qui se veulent lyriques mais qui ne réussissent qu'à sauter à pieds joints dans les stéréotypes.

L'espace a toujours suscité l'émerveillement de l'homme.

Les serpents ont toujours suscité le dégoût de l'homme.

Depuis l'âge de pierre, à travers le feu, le bronze, le cuivre, le fer et, depuis le XXe siècle, les polymères, les civilisations n'ont cessé de rechercher de nouveaux matériaux.

Les autres éléments du texte

Les professeurs de journalisme ont coutume de dire que vous devriez passer autant de temps à peaufiner votre amorce qu'à peaufiner le reste de votre texte. La règle ne s'applique sans doute pas à un long dossier, mais elle donne une idée: une fois votre amorce écrite, les autres fragments s'emboîtent bien plus facilement.

> «J'ai rencontré mon premier Néandertal dans un café de Paris, juste en face du métro Jussieu.» Je confesse être très fier de cette phrase, qui ouvre mon troisième livre, *The Neandertal Enigma.* D'un autre côté, il m'a fallu deux ans pour l'écrire.
>
> Jamie Shreeve, dans *Field Guide for Science Writers*, 2006.

Le titre

Le titre peut fort bien s'écrire indépendamment de l'amorce. Il peut être provocateur pour attirer l'attention, sans être nécessairement informatif. Il peut être intriguant – une autre façon d'attirer l'attention.

Mais avant toute chose, **il doit être bref**.

Deux éléments dans un titre, sans rapport apparent entre eux, sont de nature à intriguer. *Le pouce du panda* (Stephen Jay Gould), *Le gène égoïste* (Richard Dawkins) ou *Patience dans l'azur* (Hubert Reeves) font partie des titres mémorables de ces dernières décennies. Ils rendent le lecteur perplexe. De sorte qu'il va peut-être lire la couverture arrière, ou l'article dans le journal qui parle de ce livre, ou bien, dans le meilleur des cas, il va faire une recherche sur Internet. Résultat: pour lui, ça n'a plus l'air d'un livre de science incompréhensible. La barrière est tombée.

Bon: *Le hasard et la nécessité.*

Mauvais: il aurait pu s'appeler *La biologie moléculaire: questions philosophiques.*

Bon: *Patience dans l'azur.*

Mauvais: Un éditeur trop conservateur aurait pu imposer comme titre *Cosmologie.* Ou encore, *15 milliards d'années d'histoire.*

Le *New Scientist* a publié ces dernières années deux recueils des questions posées par ses lecteurs et a transformé deux de ces questions en titres:

- Pourquoi les pingouins ne se gèlent pas les pieds?
- Comment fossiliser votre hamster?

Bien souvent, le titre s'impose de lui-même... **une fois qu'on a terminé l'article**. Un texte sur la plastination des cadavres pour l'exposition *Body Worlds* a été intitulé *Cadavres exquis.* Un texte explicatif sur la mystérieuse matière sombre est devenu *Lumière sur la matière sombre.* Des éoliennes sous-marines sont devenues *Des ventilateurs à poissons.* Un texte sur l'évolution de notre crâne a été intitulé *Je t'échange une mâchoire contre un cerveau.* Le pathogène présent dans les crottes du chat devient *L'agresseur des litières.* Le premier texte québécois de vulgarisation sur le décodage du génome humain a été intitulé *Trois milliards de lettres sans espace ni ponctuation.*

Le titre est souvent un espace de liberté. L'ironie ou l'humour, qu'on ne se permettrait pas dans le texte, y trouvent plus facilement place:

- Les enviro-sceptiques fondent plus vite que les glaciers
- Montre-moi ton pipi et je te dirai qui tu es
- Les antidépresseurs (encore) sur la sellette
- Vous êtes un chat
- Fièvre aphteuse: un problème de plomberie!

L'ironie peut se trouver dans l'allusion à un élément de culture populaire, même si celui-ci n'a qu'un rapport lointain avec le sujet de l'article :

- Vol 714 pour Antarctica
- Un anneau d'invisibilité… mais pas pour Frodon
- Le Q.I. d'Arsène Lupin

Le chapeau

Parfois confondu avec l'amorce, c'est un paragraphe qui « chapeaute » visuellement le texte. Il est généralement en caractères plus gros, et il court sur plus d'une colonne – là encore, une façon d'attirer l'attention.

Titre : **Dégoûtant un peu, beaucoup, passionnément!**

Chapeau : *Qu'est-ce qui te lève le cœur? Un pet qui sent les œufs pourris? Un bobo plein de pus? Voici un top 10 de ce que ton corps t'offre de moins ragoûtant!*

(*Les Débrouillards*, octobre 2007)

Titre : **D'où vient la vie?**

Chapeau : *Une atmosphère chargée en vapeur d'eau, exempte d'oxygène et soumise à de violents orages a donné naissance aux prémisses de la vie* (*Le Devoir*, 5 octobre 2007).

Parfois, ce n'est pas tout à fait un paragraphe, mais un genre de long sous-titre.

Titre : **Cervelle d'oiseau?**

Chapeau : *Les animaux les plus intelligents sont omnivores, grégaires et innovateurs* (*Le Devoir*, 8 février 2008)

L'amorce

Titres, chapeaux et amorces constituent la vitrine du texte. L'enseigne au néon qui clignote. C'est là qu'il faut séduire le lecteur. On n'a que quelques lignes pour le faire.

Après avoir créé l'écriture, il vit que cela était mauvais, et créa l'écriture journalistique

Les scientifiques sont traditionnellement mal à l'aise avec ces tentatives de racolage, mais considérons que la quantité de choses à lire est illimitée, et que le lecteur moyen ne veut consacrer aux nouvelles que de 20 à 30 minutes: au milieu de cela, comment glisser de l'information scientifique?

Les paragraphes

L'ensemble doit couler, ce qui suppose des liens d'un paragraphe à l'autre, quitte à abuser des «Par ailleurs», des «D'autre part» et des «Ainsi». Il faut toujours se rappeler que le lecteur peut décrocher à tout moment, d'où l'importance de continuer, paragraphe par paragraphe, à le tenir par la main.

La syntaxe

Privilégiez toujours la forme active: *Pascal conduisait l'automobile* (forme active) plutôt que *L'automobile était conduite par Pascal* (forme passive). Évitez l'abus de subordonnées: elles alourdissent inutilement des phrases que vous souhaitez les plus simples possible. Et quand vous voyez *inopinément* un adverbe, demandez-vous *inévitablement* s'il est *vraiment* nécessaire.

Le style

Osez. Soyez audacieux. Ne vous empêchez pas de mettre de la vie dans votre texte sous prétexte que «la science, c'est sérieux». Risquez des figures de style, des expressions populaires, des clins d'œil à votre lecteur. Développez votre style: un directeur y mettra peut-être les freins, peut-être pas. Dans tous les cas, c'est plus facile d'épurer un texte trop personnel que d'insuffler de la vie dans un texte trop neutre.

Et évitez les superlatifs, le ton admiratif, les petites tapes sur l'épaule, bref, ne perdez jamais de vue que vous n'êtes pas là pour faire la promotion. Soyez critiques, suggérez qu'il subsiste un doute – rappelez-vous, et rappelez-le à votre lecteur ou votre auditeur qu'il y a toujours un doute, en science. Ce n'est pas pour rien si l'usage du conditionnel est si répandu en journalisme.

Des citations

C'est le truc le plus simple du monde pour relancer un texte qui s'étire. Pour lui (re)donner du rythme, de la vie.

Avec un deuxième avantage: ça valide l'information. Une citation démontre que ce n'est pas une opinion que vous sortez de votre chapeau. Les citations sont essentielles dans des textes journalistiques: il est impensable de s'en passer.

Conclusion?

Pas indispensable, mais ça peut bien fermer un texte. À condition de se rappeler qu'une conclusion n'est pas un résumé. Ce peut être une simple question qui ouvre une fenêtre sur de futurs articles ou offre un espace de réflexion au lecteur. Ainsi, cette conclusion d'un texte sur les recherches visant à concevoir des détecteurs de mensonge efficaces:

> Un détecteur de mensonges 100% fiable mettrait notre société sans dessus-dessous. «En peu de temps, nous cesserions de nous parler, la télévision serait abolie pour ses mensonges, les politiciens seraient assignés à résidence et la civilisation s'arrêterait.» Ce serait une erreur de commercialiser trop vite un tel appareil, avant de considérer ce qui se produirait non seulement s'il ne fonctionnait pas, mais s'il fonctionnait bel et bien. Pire que de vivre dans un monde marqué par l'incertitude, dans lequel nous ne pouvons jamais être sûrs de qui ment à qui, nous pourrions vivre dans un monde marqué par la certitude: la certitude de savoir où sont les mensonges, nous obligeant à dire aux autres la vérité, et rien que la vérité. (*BASW* 2007)

Le dernier paragraphe peut aussi être une finale qui boucle la boucle, en ramenant le lecteur à un élément que vous aviez judicieusement placé dans l'amorce: un personnage, une phrase choc, un chiffre, une tendance lourde.

Exercice

Parcourez un site Web de nouvelles, pas nécessairement en science, et notez les forces et les faiblesses de leurs amorces et de leurs titres.

Par la suite, concentrez-vous sur les amorces ou les titres que vous avez le moins aimés, et réécrivez-les. Consacrez une dizaine de minutes à chacune.

Après avoir créé l'écriture, il vit que cela était mauvais,
et créa l'écriture journalistique

Avertissement à l'usage des jeunes scientifiques

Aux lecteurs qui arrivent d'une formation scientifique: pour aller plus loin, vous allez devoir faire un effort par vous-même. Vos collègues qui ont déjà étudié en journalisme savaient à peu près tout des deux derniers chapitres, et il y a d'autres trucs qu'ils ont d'ores et déjà appris au fil des cours de journalisme ou de rédaction.

L'écart n'est pas insurmontable, loin de là, puisque plusieurs diplômés de science se sont tournés vers le journalisme, et s'en sont très bien sortis. N'empêche que pour aller plus loin, il n'y a rien comme la pratique. Écrivez. Écrivez pour le journal étudiant. Écrivez sur un blogue. Participez à la Bourse Fernand-Seguin ou à d'autres concours de journalisme. Ce n'est pas grave si vous en savez moins sur l'écriture. Eux en savent moins sur la science: à chacun ses lacunes et ses avantages.

Ce livre ne peut pas vous transformer d'un coup en un vulgarisateur si vous n'en avez jamais fait. Donc, pratiquez-vous. Vous allez faire des erreurs, c'est normal: c'est la meilleure façon d'apprendre.

Chapitre 5

Vulgariser pour la télé

Avant de dire un mot de la télé il importe de se débarrasser du préjugé typique à tous ceux qui n'ont travaillé que pour le papier : *est-ce qu'écrire ne risque pas de me manquer ?*

Eh bien dans le type d'emploi où vous seriez susceptible de faire de la vulgarisation, rassurez-vous : vous ne cesserez jamais d'écrire.

Déjà que le journaliste des nouvelles télé doit écrire lui-même son reportage, et qu'il peut être obligé d'en écrire plus d'un par jour ; en plus de devoir les remanier, pour une rediffusion d'heure en heure à RDI ou à LCN...

Mais le type d'emploi auquel nous pensons dans ce chapitre, permet d'aller plus loin dans l'écriture et la recherche. Quatre types d'emplois nous intéressent ici :

- journaliste à la recherche, ou recherchiste
- journaliste pour une émission d'affaires publiques
- rédacteur ou relationniste contribuant à un vidéo promotionnel
- documentaliste

Recherchiste

Méconnu, c'est le journaliste de l'ombre. C'est pourtant là où il y a le plus grand nombre d'emplois, bien que ceux-ci soient toujours des contrats à durée limitée. Et dans l'énorme palette, il y en a pour les débutants – à condition, toutefois, de connaître quelqu'un qui connaît quelqu'un qui peut vous recommander.

Le recherchiste (souvent «la» recherchiste, la nouvelle génération est majoritairement féminine), c'est celui qui effectue la recherche que le présentateur, l'animateur, ou même le journaliste, ensuite, livrera en ondes. On trouve des recherchistes partout: dans les émissions d'information et d'affaires publiques, mais aussi dans les variétés, où une partie essentielle de leur travail consiste à trouver un maximum d'invités dans un minimum de temps. Le bon recherchiste est rapide et efficace – et le recherchiste d'expérience est doté d'un excellent carnet de numéros de téléphone et d'adresses courriel.

On a coutume de dire qu'à la télé, il faut écrire plus court. C'est vrai des nouvelles, c'est vrai des textes lus en ondes, c'est même vrai des longs métrages documentaires.

Mais en recherche, c'est faux, parce que ce que vous aurez à écrire, c'est un *rapport de recherche*: autrement dit, la synthèse de votre travail. Plus la production à laquelle se destine cette recherche est longue (*chronique de 3 minutes? reportage de 10 minutes? épisode de 28 minutes?*) et plus le rapport est volumineux. La recherchiste d'expérience Lyne Fréchet propose comme barème l'équivalent d'une page à simple interligne par minute.

C'est qu'une fois votre rapport de recherche complété, celui-ci servira d'abord au réalisateur, qui avait déjà une bonne idée de la direction qu'il souhaitait donner à son émission, mais qui trouvera, dans votre recherche, une idée plus juste de ce qui est faisable et ce qui est utopique. C'est pourquoi on retrouve dans un rapport de recherche:

- une liste des personnes qui pourraient faire l'objet d'une entrevue, avec leurs coordonnées et quelques détails pratiques (*passe-t-elle bien à la caméra? Est-elle disponible le mois prochain?*); plus le budget de l'émission est restreint (c'est le cas de toutes les chaînes spécialisées) et plus il est important que les futurs interviewés soient dans un rayon de 50 km;
- des suggestions pour «le visuel»: telle université peut fournir un vidéo gratuit; tel centre de recherche a conçu une animation informatique gratuite; tel local de travail constituerait un bel arrière-plan pour une entrevue;

Le rapport de recherche doit contenir cela en plus, bien sûr, d'une synthèse claire et compréhensible du phénomène scientifique en cause dans le reportage ou l'émission: le réalisateur n'a pas une formation scientifique, il compte sur vous pour tout lui expliquer!

Le rapport peut également inclure une ébauche de scénario: c'est-à-dire ce qui deviendra la structure du reportage. Un autre professionnel, le scénariste, peut être affecté à ce volet.

Peu de gens liront ce rapport de recherche: le réalisateur, les autres recherchistes s'il s'agit d'un travail d'équipe, le scénariste s'il y en a un, le journaliste-animateur si on lui alloue assez de temps pour se préparer, peut-être un infographiste si la nature du reportage l'impose... Le style d'écriture importe donc peu ici: c'est un rapport, pas un article.

Reste qu'en vulgarisation scientifique, c'est un travail fascinant, parce qu'il permet d'approfondir des sujets davantage que ne l'aurait permis une brève pour l'Agence Science-Presse. Par la suite, si votre expérience vous permet d'être appelé à faire des recherches pour une série documentaire ou un long métrage (vous ne pensez quand même pas qu'Al Gore a fait toutes ces recherches tout seul?), on atteint une profondeur inégalée même dans les magazines comme *Québec Science:* pour accoucher de plusieurs heures consacrées aux rivières du Québec (*Exploration Rivières*, 2005), il a fallu lire sur la géographie et l'histoire, l'eau et les poissons, la géologie et l'érosion, la pollution et l'agriculture, les climats et la météo... Il n'y a que l'écriture d'un livre qui permette de fouiller aussi longtemps un même sujet.

Dans quelques circonstances, trop rares hélas, où les budgets sont très élevés, le recherchiste seul ou avec une équipe technique, peut se rendre sur place des mois à l'avance, effectuer les repérages, parler aux gens et mener les premières entrevues – voire, dans certains cas, effectuer toutes les entrevues, tant que son visage n'apparaît pas à l'écran. L'animateur qui se rendra sur les lieux par la suite ne fera que «l'enrobage».

Journaliste pour une émission d'affaires publiques

Il s'agit d'une catégorie fourre-tout, puisqu'elle regroupe autant les journalistes d'une émission généraliste à l'intérieur de laquelle, à l'occasion, se glissent des sujets à teneur scientifique, que les journalistes d'une émission consacrée à la santé (*Une pilule une petite granule*), à l'environnement (elle-même devenue une catégorie très large, en ces années 2000, qui va des émissions à teneur davantage scientifique, comme *La Semaine verte* ou *Cultivé et bien élevé*, jusqu'à celles mettant l'accent sur une consommation plus responsable comme *La vie en vert* ou *Billet$ vert$*), aux technologies (*La Revanche des Nerdz*) ou à la science en général (*Découverte, Le Code Chastenay*). C'est une catégorie aux contours flous : plus les budgets sont réduits, et plus ces journalistes font aussi un travail de recherchistes.

La différence en est plutôt une d'organisation du travail : si le recherchiste est parfois un pigiste qui travaille en solitaire, l'émission d'affaires publiques, elle, est inévitablement travail d'équipe. Il est très rare qu'un journaliste ait une autonomie telle qu'il puisse mener sa recherche, faire ses entrevues et écrire son reportage, dans l'isolement de A à Z – alors que cela n'a rien d'inhabituel dans la presse écrite.

Émission promotionnelle

Le travail d'équipe est encore plus vrai en relations publiques, avec une pression supplémentaire : il est possible que des gens extérieurs à l'équipe s'accordent le droit de regarder par-dessus votre épaule pour s'assurer que le « message » passe comme ils le souhaitent. Ça peut impliquer des tiraillements, entre le désir de faire une production vivante et « jazzée », et celui de « dire les choses » dans un langage plus formel.

La pratique des *Video News Release*, connue des Américains depuis les années 1980, est peu répandue au Québec : bien qu'appelés « communiqués de presse » (*news release*) il s'agit en réalité de productions plus complexes qu'un simple communiqué de presse, et potentiellement plus coûteuses. Cela prend généralement la forme d'un reportage de moins de 2 minutes consacré à un scientifique de l'institution, le but étant de souligner son plus récent bon coup. Mais certaines universités produisent aussi l'équivalent d'émissions d'affaires publiques de 30 minutes, où les invités sont les scientifiques de l'institution.

Or, dans les deux cas, il faut mener un travail préalable de réflexion (identifier les sujets), de recherche, de scénarisation et d'écriture (les trois dernières étapes peuvent fort bien reposer sur une seule personne!). Ce travail se doit d'autant plus d'avoir une «allure journalistique» que l'espoir de ceux qui financent ces produits est qu'ils soient inspirants: pour les équipes de chercheurs, encouragées par le traitement qu'on leur accorde, pour les futurs étudiants, pour d'éventuels investisseurs, et pour les journalistes – puisque ceux-ci pourraient s'en servir comme point de départ à de futures recherches, voire, en réutiliser des fragments pour leurs propres reportages.

Documentariste

Autre catégorie fourre-tout, qui va de Michael Moore jusqu'à l'étudiant qui diffuse son premier court métrage sur *YouTube*. C'est par souci de simplicité que nous les regroupons sous un même chapeau, parce qu'ils ouvrent la porte à des productions au ton plus personnel que les produits précédents.

Certes, on ne devient pas Michael Moore du jour au lendemain. Pas plus qu'on ne réalise en sortant de l'université le documentaire d'auteur *Ceci n'est pas Einstein*, comme la Québécoise Catherine Fol l'a fait en 2003, après plusieurs années de travail.

Mais avec un minimum d'habiletés et beaucoup de patience, aujourd'hui, on peut effectivement créer sa toute première production télé avec une simple caméra numérique, un logiciel gratuit de montage vidéo et une poignée d'amis. La technologie permet de faire ses premiers apprentissages bien plus facilement qu'à l'époque où Michael Moore a fait les siens.

Promenez-vous par exemple sur YouTube, en utilisant pour votre recherche un mot-clef à teneur scientifique. Il y a de bonnes chances pour que vous y trouviez un document créé par un étudiant, quelque part dans le monde, consistant en un collage d'images et de musiques : techniquement, c'est une réalisation à la portée du premier venu, avec un ordinateur courant et un logiciel de montage gratuit. Si, en plus de la technique, l'originalité y est, le résultat est tantôt amusant (www.youtube.com/watch?v=uephBmkupvQ&eurl=), tantôt controversé. Si ces étudiants ont eu la chance d'obtenir un gros budget pour pondre quelque chose de résolument pédagogique, le résultat peut être d'une grande beauté (*The Inner Life of Cell*).

> *The Inner Life of Cell* est une production de l'Université Harvard, et se présente sous plusieurs formes : une, la préférée des usagers de YouTube, comporte uniquement des images et de la musique. Sur les autres, se superpose un commentaire pédagogique sur les différents composants de la cellule :
>
> http://multimedia.mcb.harvard.edu/media.html

Ce n'est pas du matériel hollywoodien, mais c'est un type de court métrage qui, à l'heure d'Internet, ira chercher son public-cible plus facilement que jamais auparavant.

L'écriture narrative

Il y a peu à en dire qui n'ait pas été dit dans le chapitre précédent : une écriture efficace reste ici aussi le maître-mot. Mais il y a un aspect de la création où le choix s'avère encore plus simple qu'avec la presse écrite, et c'est la façon de raconter : dès que ça dépasse deux minutes, il faut *raconter une histoire*. Ce qui prédomine, en radio comme en télé, c'est la narration, comme l'illustrent ces premières lignes d'un épisode de l'émission hebdomadaire *Nova* :

> Narrateur : 1939. Un chimiste, dans une compagnie de peinture du Midwest, fait une étonnante découverte, une qui pourrait améliorer la santé de millions de personnes. La compagnie veut qu'il s'en tienne à produire des peintures, mais cet homme a toujours suivi son propre chemin. Il était le petit-fils d'esclaves de l'Alabama, et il allait devenir un des plus grands scientifiques des États-Unis.

> Helen Printy (chimiste, Laboratoires Julian): Il a dû se battre pour dépasser le fait d'être un homme noir aux États-Unis.
>
> John Kenly Smith (historien): La communauté des chimistes était un club, et les étrangers n'y étaient pas du tout les bienvenus. (*Nova*, «Forgotten Genius», 6 février 2007. Prix de journalisme scientifique 2008 de l'AAAS, catégorie *Télévision*)

- *narration du point de vue du sujet:* plutôt que de décrire la recherche scientifique, on suit un scientifique, comme dans l'exemple ci-haut, à travers sa vie ou, plus fréquemment, à travers les aléas qui ont conduit à une découverte. Ou encore, à travers une controverse: les scientifiques détesteront l'entendre, mais toute forme de controverse est excellente pour la télé: il y a toujours la possibilité de construire une histoire intéressante autour.

  Mais l'individu qu'on suit n'est pas nécessairement un chercheur: ce peut être un patient souffrant d'une grave maladie dont l'espoir sert de moteur à la présentation d'un domaine de recherche, ce peut être une famille victime d'un problème de contamination dans son environnement, ou il peut s'agir de deux personnes illustrant un changement social en cours: deux personnes, parce que l'une devient le symbole de «l'ancien», et l'autre, du «moderne»;
- *narration du point de vue de celui qui raconte:* ici, on suit plutôt «l'auteur» du film ou du reportage à travers ses recherches et les démarches qui l'ont conduit à comprendre le phénomène qu'il nous explique; c'est Al Gore dans *Une vérité qui dérange*; c'est Catherine Fol dans *Ceci n'est pas Einstein*; c'est, plus sobrement, le journaliste qui nous fait (re)passer par les lieux qu'il a visités pour produire son reportage.

Pourquoi la narration? Parce qu'elle seule assure de garder l'attention de l'auditeur – ça vaut aussi pour la radio – ou du téléspectateur. En comparaison, dans un magazine ou un journal, le lecteur qui «décroche» a tout loisir de relire le paragraphe qui lui semble obscur. À la radio ou à la télé, impossible de revenir en arrière, mais grâce au procédé narratif, on ne perd pas le fil: même si on a perdu 10 secondes, on se «raccroche» facilement au récit, qui a un début et une fin facilement identifiables.

La narration facilite aussi la résolution du problème chronique de la télé : trouver du visuel. Chaque plan sur le « personnage principal », c'est une image d'archives de moins à chercher ou une animation informatique de moins à créer.

Évidemment, si on choisit la narration du point de vue de celui qui raconte, il faut que cet individu soit en même temps un excellent vulgarisateur : jamais *Une vérité qui dérange* n'aurait été centré autour d'Al Gore si celui-ci avait été un politicien terne et un mauvais orateur.

Un quart de siècle plus tôt, les 13 épisodes de la série télévisée *Cosmos* ont eu un impact jamais vu pour une série documentaire (les plus hautes cotes d'écoute du réseau public américain PBS), en partie grâce à l'habileté devant la caméra et au charisme de l'astronome Carl Sagan, qui en était le narrateur et le fil conducteur.

Écrire pour l'image

Nous écrivions plus haut que le rédacteur, relationniste ou journaliste de l'écrit devrait aujourd'hui penser en termes visuels. En télé, pas question d'utiliser le conditionnel : il DOIT trouver du visuel. Pas de visuel, pas de sujet.

On n'écrit pas un texte d'abord, pour trouver du visuel ensuite. Tout au long de la recherche, on rassemble tout ce qu'on peut comme éléments visuels, et c'est en fonction de ce qu'on a récolté qu'on rédige le texte. Si on sort du studio pour mener une entrevue, on en profite pour filmer : le bâtiment, le bureau du chercheur, sa bibliothèque, la vue depuis sa fenêtre...

Le visuel peut être, très banalement, votre interlocuteur : c'est l'extrait de l'entrevue qu'il vous a accordé. Mais sur un reportage de 5 à 10 minutes, vous ne pouvez pas abuser de ces extraits, aussi bon vulgarisateur soit-il : le plan fixe d'un individu, qu'il soit assis dans son bureau ou debout sur la banquise, ça devient lassant.

Le visuel, c'est donc un groupe de patients dans un hôpital tandis que vous rappelez l'incidence de maladies cardiaques. C'est un extrait d'une chirurgie cardiaque fourni gratuitement par un hôpital américain tandis que vous évoquez le taux de survie dans les six mois suivant une opération. C'est le plan classique du pharmacien remplissant une bouteille de pilules tandis que vous rappelez le scandale du Vioxx.

Mais en plus de ces plans outrageusement classiques, vous avez tout intérêt à trouver du visuel qui soit original. L'animation informatique originale, le tableau statistique 3-D réalisé par votre infographe pour accompagner votre voix pendant que vous énumérez quelques chiffres, l'image peu ragoûtante d'un cœur défait par une crise cardiaque, ce sont ces plans qui frapperont l'imagination de vos téléspectateurs, et qui feront peut-être la différence entre «un reportage de plus ou de moins» sur les maladies cardiaques, et un reportage qui restera gravé dans les esprits.

Tout cela, sans perdre de vue une contrainte majeure: l'argent. Vous l'aurez compris, si le mot «gratuit» est revenu souvent dans ce chapitre, c'est parce que les productions québécoises bénéficient généralement de budgets limités.

- Chaque élément visuel pour lequel il n'y a pas de droit d'auteur à payer est à privilégier.
- Une animation informatique, c'est beau, mais ça coûte cher.
- Et chaque intervenant doit pouvoir être interviewé en studio, ou bien ne pas nécessiter un trop long déplacement à l'équipe technique, parce qu'elle aussi, elle coûte cher: la majorité des scientifiques interviewés à la télé sont donc dans l'une ou l'autre des universités montréalaises, parce que la majorité des firmes de production télé sont à Montréal.

Tandis que la prestigieuse émission américaine *Nova* se plaint de n'avoir que 15 à 20 jours de tournage par «épisode», c'est-à-dire des journées pendant lesquelles elle peut mobiliser une équipe technique, une émission québécoise typique (excluant *Découverte*) peut n'avoir... qu'un ou deux jours. Et comme la plupart des firmes de production télé sont à Montréal, cela réduit d'autant la visibilité dont peuvent rêver les universitaires situés en dehors de Montréal.

Se relire... à voix haute

On écrit pour être lu à voix haute: ce qui se lit agréablement dans un texte imprimé passe parfois très mal la barrière de l'audition.

- Les «chasseurs sachant chasser» sont à éviter
- Les phrases qui réclament une trop grande capacité pulmonaire sont à raccourcir: 10 mots par phrase, c'est suffisant
- Et le style d'écriture dont vous êtes fier doit céder la place à un «style parlé»: lu à voix haute, il doit donner l'impression d'une conversation, plutôt que d'un texte.

Pensez à une conférence, et à toute la différence du monde qu'il y a entre un conférencier qui lit son texte, et un second qui le lit peut-être – mais avec une telle habileté qu'il donne l'impression de vous parler comme s'il était dans votre salon.

Écrire pour la radio ou la télé, c'est faire en sorte que votre texte soit lu sans que l'auditeur ne s'en rende compte.

Chapitre 6

Le journaliste scientifique, modèle pour la profession

Jusqu'ici, j'ai tenu pour acquis que le journaliste scientifique était un journaliste comme les autres. Ça se discute. Reste qu'à la base, les similitudes sont plus nombreuses que les différences.

- **Il doit avoir une formation en science?** Non. Plusieurs – au moins la moitié, selon mon estimation personnelle, dont Raymond Lemieux, rédacteur en chef de *Québec Science* et Yanick Villedieu des *Années-lumière* – n'ont pas étudié en sciences à l'université et s'en sortent fort bien, voire mieux que d'autres qui ont une formation en science. Avoir une formation en science constitue un atout lorsqu'on est un débutant, parce que ça fournit une longueur d'avance dans la compréhension de sujets plus complexes. Mais le fait d'avoir au Québec plusieurs journalistes sans une telle formation permet d'avoir une plus grande diversité de regards.

  À l'inverse, le fait d'avoir dans la communauté journalistique un grand nombre de détenteurs d'une maîtrise ou d'un doctorat en sciences colore inévitablement la couverture des sujets scientifiques: en comparaison, il y a peu de détenteurs d'un doctorat en sciences politiques parmi les journalistes politiques, ou en études cinématographiques parmi les critiques de cinéma!

  Et en France, c'est encore plus vrai: les débutants en journalisme scientifique arrivent sur le marché du travail avec un bagage universitaire en moyenne plus pesant que le nôtre, ce qui veut dire, fréquemment, un doctorat. Plusieurs des stagiaires français en journalisme scientifique accueillis à l'Agence Science-Presse au fil des ans avaient ainsi un long «tronc commun» en science, achevé par une formation en journalisme.

Est-ce que ça produit de meilleurs journalistes? Rien ne le démontre. Ils sont plus cultivés à leurs débuts parce qu'ils débarquent avec une plus vaste culture scientifique et une plus vaste culture générale. Mais parallèlement, ils éprouvent plus de difficultés avec l'écriture parce qu'ils sont imprégnés de l'écriture scientifique et d'un souci de vouloir en dire trop lorsque la concision s'impose.

- **Il doit vulgariser?** C'est-à-dire **expliquer, synthétiser, traduire**, au bénéfice d'un auditoire plus vaste?

  Certes. Sauf que c'est une fonction de base du journalisme! Celui qui couvre la colline parlementaire peut l'oublier avec le temps, mais il est censé nous expliquer les rouages de la politique, des projets de loi, des comités parlementaires... On ne lui demande pas seulement de rapporter l'événement, on attend de lui qu'il explique, qu'il fasse des liens entre des événements en apparence éloignés, qu'il trie à notre place l'abondance d'information... Bref, tout journaliste est, par définition, vulgarisateur!

  On pourrait rétorquer que l'opportunité de vulgariser se présente plus souvent avec des sujets scientifiques que culturels ou sportifs. Mais que dire du journalisme économique? N'est-ce pas un domaine de l'actualité dont la nature des sujets exige aussi de gros efforts de vulgarisation?

  Et si la différence était là? Non dans le travail du journaliste scientifique, mais dans la nature de ses sujets?

Un modèle à suivre

- **Sujets peu connus, explications plus nombreuses.** Une différence entre le journalisme scientifique et plusieurs de ses collègues découle de la faible place qu'accordent les médias à la science. Parce que cet espace est mince, le lecteur est beaucoup moins souvent confronté à la science qu'à la politique. «Journalistes et politiciens ont besoin les uns des autres», constate le professeur de journalisme Jon Franklin; il y a en effet entre eux une relation de co-dépendance, ce qui n'est nullement le cas avec la science: celle-ci a bien besoin des médias, mais ceux-ci n'ont pas autant besoin de la science pour remplir leurs pages. De sorte que lorsqu'un fait scientifique nouveau surgit dans l'actualité, le lecteur part de plus loin que lorsqu'un fait politique «nouveau» surgit. Le journaliste scientifique est donc plus souvent que ses collègues obligé d'expliquer «la base» et de remettre en contexte.

- **À sujets complexes, journalisme complexe?** Idéalement, il ne faut pas se contenter de traiter de «la découverte de la semaine», pas plus qu'il ne faudrait se contenter d'un traitement simpliste opposant «le pour et le contre». La nature des sujets impose en effet d'aller au-delà de la surface, sans quoi on ne présente qu'une série de découvertes qui se succèdent les unes aux autres, sans liens entre elles: lundi, le vin cause le cancer, et mardi, il le combat.

  Sauf que c'est exactement ce qu'on espère des autres journalistes! Aller au-delà de la surface. Faire des liens. Ne pas se contenter de présenter le pour et le contre, attitude paresseuse par excellence, fréquemment dénoncée dans les congrès de journalisme.

  À dire vrai, peut-être que cette obligation du journaliste scientifique d'aller au-delà de la nouvelle «classique» devrait devenir le mantra de tous les collègues. Le journaliste scientifique est un modèle pour la profession!

Le rythme de l'information scientifique n'est pas le rythme de l'actualité

Mais il y a effectivement une différence dans la nature des sujets traités. Et elle implique une façon différente de travailler. C'est le rythme auquel évolue l'information.

La science n'évolue pas au rythme de l'actualité, malgré ce que laisse croire l'abondance de «découvertes»:

- Une information scientifique se construit lentement, trop lentement pour être adéquatement appréhendée par le rythme des médias.
- Pas d'affrontements pour-contre, où il suffit, comme en politique, de faire parler deux adversaires pour obtenir une information «équilibrée».

– Pas de percées définitives: juste des indices, des hypothèses, des invitations à creuser davantage...

Un exemple. Si vous n'avez pas étudié en science, avez-vous entendu parler récemment de l'ARN? C'est pourtant depuis l'an 2000 qu'une série d'observations ont commencé à s'accumuler, au point de changer la compréhension qu'on avait de ces molécules et de leur rôle fondamental dans notre bagage génétique. Des articles journalistiques dans les revues spécialisées ont suscité encore plus de travaux. À la fin de 2002, *Science* faisait de l'ARN sa «percée de l'année».

Et pourtant, l'ARN reste virtuellement absent de la presse grand public. Pas d'applications pratiques, peu de consensus, difficultés à présenter le concept en un minimum de mots... Même les métaphores sont difficiles à trouver!

Et que dire de l'environnement. «La plupart des grands thèmes environnementaux de ce siècle, écrit le journaliste du *New York Times* Andrew Revkin, concernent des phénomènes compliqués, diffus et pauvrement compris. Les fuites provenant des stationnements, des stations d'essence et des allées de garage, envoient dans les écosystèmes côtiers l'équivalent d'une fois et demi les produits du pétrole de l'*Exxon Valdez* chaque année... Mais essayez d'avoir une photo de ça!»

Certains penseurs vont jusqu'à dire que le rythme de la science et le rythme des médias sont incompatibles, et ces penseurs-là sont plus sévères encore pour la télé: elle recherche l'instantané, les phrases courtes, la personnalisation; des logiques, incompatibles avec le rythme de la recherche scientifique. Le journalisme est fondé sur l'événement subit, inattendu; la science évolue par petits pas, nécessite de longues réflexions et se méfie des chercheurs friands des coups d'éclat.

Nuançons. Des émissions comme *Découverte* ou *Nova* ont démontré depuis longtemps que la télé peut, bien employée, devenir un excellent outil d'éducation populaire. Et Andrew Revkin est parvenu à faire un excellent article avec son histoire de fuites d'essence.

N'empêche que, en général, cette lenteur avec laquelle évolue l'information scientifique ne contribue pas à la faire aimer des médias généralistes: elle s'insère mal parmi les autres actualités.

Et mine de rien, c'est là un facteur qui désavantage les journalistes... face aux relationnistes. Parce que ces derniers ont davantage de temps devant eux, ils peuvent élaborer des stratégies pour engendrer des événements médiatiques qui « s'insèrent » mieux dans l'actualité, événements que les journalistes auront ensuite d'autant plus de chances de couvrir... qu'ils ont de moins en moins de temps pour regarder ailleurs!

Qui sont-ils?

Les journalistes scientifiques sont trop peu nombreux pour avoir fait l'objet de beaucoup d'études. En France, Françoise Tristanni-Poteaux a publié en 1997 une étude qui révélait entre autres choses:

> Françoise Tristani-Potteaux, *Les Journalistes scientifiques*. Paris, Économica, 1997, 109 p.

- le nombre de journalistes scientifiques travaillant à la pige était en progression constante; ce qui correspond à l'évolution du marché des communications en général;
- ces pigistes étaient en majorité **incapables de vivre exclusivement du journalisme scientifique**; plus de la moitié écrivaient, parfois ou souvent, sur d'autres sujets;
- et ces pigistes **ne faisaient pas que du journalisme**; nombreux étaient ceux qui n'avaient d'autre choix que d'arrondir leurs fins de mois avec des contrats de communication d'entreprise ou de rédaction; sur ces deux derniers points, la situation a continué de se détériorer depuis 1997;
- il y aurait une distance entre les sujets traités par les femmes (environnement, de même que santé et biologie, avec ses variantes: bioéthique, biotechnologies, génétique) et les hommes (espace, énergie, sciences de la Terre);
- ils étaient plus enclins à vouloir garder leur secteur; alors que plusieurs journalistes ne demandent qu'à le quitter (politique, sports, culture, etc.) après trois ou quatre ans, pour explorer de nouveaux horizons, 26% des femmes et 39% des hommes n'avaient aucune envie de quitter la rubrique scientifique.

Les journalistes scientifiques: surtout des pigistes

En France en 1997, le quart des hommes et la moitié des femmes étaient pigistes. C'est sûrement plus élevé aujourd'hui. Aux États-Unis, en 2002, la moitié des journalistes membres de la National Association of Science Writers étaient des pigistes. Et au Québec, c'est plus élevé encore: la France et les États-Unis comptent, proportionnellement, moins de pigistes qu'ici parce qu'ils disposent de plus de revues de vulgarisation ayant les moyens d'employer des salariés.

Ceci dit, sur ce point, l'étude française est très certainement obsolète: une décennie, c'est énorme, considérant la vitesse à laquelle le marché des médias a continué de glisser vers le travail précaire et les conditions de travail se sont détériorées.

Ce dernier point, des études américaines l'ont constaté aussi, et une étude québécoise publiée en 2006 l'a confirmé: comme si les journalistes scientifiques retiraient davantage de valorisation de leurs sujets. Ou, du moins, ils avaient le sentiment qu'ils ne retireraient pas la même valorisation s'ils couvraient autre chose. Est-ce la possibilité d'apprendre des choses nouvelles? D'approfondir des sujets différents de l'actualité? Ou l'autonomie que cela leur procure?

Selon les chercheurs de l'Université Laval, 85% des répondants (qui incluaient journalistes scientifiques, «communicateurs» et «hybrides») disent jouir d'une autonomie «presque complète» ou de «beaucoup d'autonomie». Cela signifie qu'ils sont plus nombreux que leurs collègues des médias à choisir leurs sujets et à les couvrir de la façon qui leur plaît, sans ingérence d'un supérieur. Ce qui, quand on est pigiste, pèse dans la balance: les conditions de travail sont difficiles, le sentiment d'être un journaliste de seconde zone provoque des frustrations... Mais la perspective d'une plus grande liberté constitue un atout pour lequel on est prêt à sacrifier beaucoup.

Philippe Marcotte et Florian Sauvageau, «Les journalistes scientifiques: des éducateurs?», *Les Cahiers du journalisme* n° 15, hiver 2006.

Journalistes et communicateurs scientifiques vivent dans une bulle à part

Dernier détail : ces gens vivent dans une bulle à part, presque séparée du reste de l'univers du journalisme ou des communications.

Ça tient peut-être à la nature des sujets, à la faible place de l'information scientifique dans notre société... Reste que les journalistes scientifiques sont souvent les premiers à s'être regroupés dans une association distincte et à s'être dotés de congrès, d'activités sociales et de prix de journalisme bien à eux.

Au Québec, c'est l'Association des communicateurs scientifiques (ACS), en France, l'Association des journalistes scientifiques de la presse d'information, au Canada anglais la Canadian Science Writers Association, inspirée de la National Science Writers Association des États-Unis, la plus ancienne de toutes, née en 1934. Nombreux sont ceux qui iront au congrès annuel d'une association spécialisée, mais jamais au congrès des journalistes « généralistes ».

Peut-être grâce à cela, ces journalistes sont plus prompts à s'entraider. Il faut dire qu'il est rare qu'il y ait une course au scoop, dans un univers où se publient un million de recherches par mois ! Même lorsque deux journalistes scientifiques couvrent le même sujet en même temps, ce n'est pas un scoop : c'est un sujet qui fait la Une de tous les médias du pays et pour lequel on réclame de meilleures explications. Résultat, si un collègue vous demande le numéro de téléphone d'une source, n'hésitez pas à lui rendre ce service : il pourrait bien vous rendre la pareille un de ces jours.

Ces associations ont beaucoup changé : les journalistes scientifiques y sont surclassés par les communicateurs. L'ACS était une association de journalistes lors de sa création en 1976. Elle est aujourd'hui une association de professionnels des relations publiques, au milieu desquels subsiste un noyau dur de journalistes. C'est là le résultat de l'évolution du marché de la communication, qui a été favorable aux relations publiques et dévastateur pour le journalisme, et dont nous allons à présent parler.

Chapitre 7

Sauter la clôture : du journalisme aux relations publiques

On distingue classiquement ainsi journalisme et relations publiques: le relationniste travaille à améliorer l'image d'un client; le journaliste travaille pour le public.

Cela n'empêche pas l'existence de points communs: on attend de tous les deux qu'ils posent, à la place du lecteur ou du citoyen, les bonnes questions afin de mieux faire comprendre un sujet. Mais on attend, en plus, du journaliste, quelque chose d'assez difficile: qu'il soit critique devant l'information. Quelque chose qui, de plus, n'est pas valorisé dans notre société à en juger par la dégradation des conditions de travail des journalistes.

Cette distinction prend toute son importance quand on se place du point de vue du scientifique. Parce qu'aux yeux d'un scientifique, le vulgarisateur, c'est celui qui va l'aider à faire passer son message. C'est l'intermédiaire entre le public et lui. C'est effectivement votre rôle si vous êtes relationniste – ce sera l'objet du chapitre suivant. Mais si vous êtes journaliste, votre rôle est d'observer le scientifique avec les yeux et les oreilles du public. De porter à l'attention du public des faits ou des questions, que ce soient ou non les faits ou les questions que le scientifique aurait aimé qu'on lui pose.

Journalisme et relations publiques: danser sur un fil

Présenté ainsi, ça semble simple, mais qu'en est-il réellement? Où passe la ligne entre les deux professions?

Il y a 30 ans, vous auriez posé la question à un professeur de journalisme, et il vous aurait répondu par ce schéma : il y a deux types de publications, le journal d'information (« l'indépendant ») et le journal d'entreprise (« au service de »).

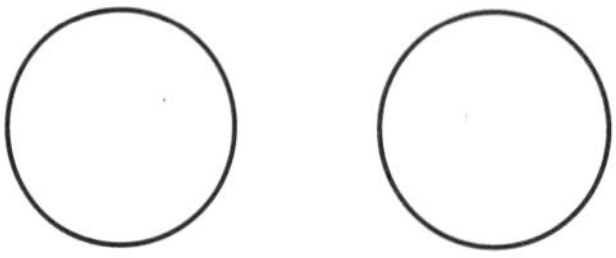

Aujourd'hui, posez la même question à un professeur de la génération suivante, et il sera bien embêté, parce qu'il sait que la distinction n'est plus aussi claire. Le *Fil des événements*, journal de l'Université Laval, contient depuis deux décennies des articles indéniablement journalistiques, qui pourraient être publiés tels quels dans *Le Soleil* (c'est d'ailleurs déjà arrivé). Les gens qui y travaillent choisissent leurs sujets, effectuent les recherches qu'ils jugent bon et rédigent des articles, de la même façon que les journalistes qui travaillent pour un hebdomadaire de quartier.

Pourtant, diront les puristes, c'est un journal publié par l'université : on n'a pas dû y publier beaucoup d'articles critiques à l'égard de l'institution ? C'est vrai, mais d'un autre côté, on y publie chaque semaine davantage de textes de vulgarisation scientifique que dans *Le Soleil* pendant un mois. C'est un journal dont le travail s'apparente à celui qu'on attendait, il y a 20 ans, d'un journal de quartier (qui rapportait ce qui se passait dans sa communauté), davantage que ce à quoi on s'attendait, il y a 20 ans, d'un journal d'entreprise (qui ne contenait que les discours du président et quelques brèves sympathiques sur les activités sociales).

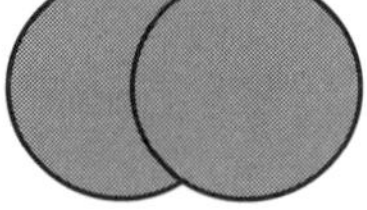

Autrement dit, au cours des trois dernières décennies, les frontières se sont diluées et les zones grises entre les deux univers ont pris de l'importance. Pour le meilleur et pour le pire :

- cela pose d'épineux problèmes pour une information que l'on voudrait indépendante des pressions de l'employeur.

– mais cela entraîne l'existence d'un excellent travail dans des médias comme le *Fil des événements, Forum* ou le *McGill Reporter.*

Une bulle qui grossit...

Qu'est-ce qui s'est passé pour qu'on assiste à cette évolution? Eh bien pendant ces décennies, les budgets alloués aux relations publiques dans l'ensemble de notre société ont considérablement grossi. Des compagnies, des ministères, des organismes publics et parapublics qui n'y dépensaient pas un sou il y a 30 ans, ont maintenant un service des communications, émettent des communiqués de presse, impriment des pochettes de presse sur papier glacé 4 couleurs, et produisent des vidéos promotionnels de qualité.

Il y a un siècle, les relations publiques, ça n'existait pas. Des historiens situent «l'invention» du communiqué de presse en 1907. Un nommé Edward Bernays pose les bases du futur métier dans les années 1910 et 1920. La Société américaine de chimie devient la première, en 1919, à se doter d'un «news service». En 1937, l'Association médicale américaine crée un service de relations de presse ayant pour but d'aider les journalistes à contrer les informations des charlatans. Et c'est après la Deuxième Guerre mondiale que la profession explose. Le traumatisme que provoque chez les Américains le lancement du Spoutnik par les Soviétiques, en 1957, déclenche une vague d'investissements en science – et par la bande, dans la promotion des sciences.

Aujourd'hui, le communiqué est devenu le matériau de base de l'industrie de la communication... et le point de départ d'au moins la moitié des nouvelles publiées dans les journaux. Certaines études disent les deux tiers.

Si vous êtes étudiant en science, imprégnez-vous bien de ce que cela signifie: entre la moitié et les deux tiers de ce que vous lisez dans un journal est né d'un communiqué de presse: soit parce qu'un journaliste l'a reçu et a décidé de couvrir l'événement (en y ajoutant sa touche personnelle, en faisant des recherches supplémentaires, en menant des entrevues), soit parce qu'il a simplement réécrit le communiqué.

Aux États-Unis, des années 1970 aux années 1990, les budgets de communication ont été multipliés par 10. Les effectifs aussi.

Selon Bernard Schiele et Réal Jantzen, les États-Unis comptaient, au début des années 1990, 122000 journalistes et 162000 relationnistes. En l'an 2000, les relationnistes dépassaient les 200000.

... l'autre qui rétrécit

Mais pendant tout ce temps, le journalisme, lui, recule. Depuis 30 à 40 ans, alors que ces investissements croissent dans la communication institutionnelle, la sphère médiatique régresse:

- coupures de postes dans toutes les salles de rédaction;
- fusions ou fermetures de médias par les conglomérats devenus propriétaires de dizaines, puis de centaines de journaux; dans les plus petits médias, «le» journaliste encore en place n'a d'autre choix que d'écrire à la chaîne, en retouchant les communiqués ou en téléphonant, sans jamais quitter son bureau;
- précarisation de la profession: c'est-à-dire le passage d'emplois solides à des contrats à durée limitée: en télévision, le journaliste à la recherche qui travaillait 12 mois par année n'est plus embauché que pour quelques semaines ou quelques mois.

Or, un employé précaire (contractuel ou pigiste), a moins de temps pour suivre un dossier à long terme, moins de ressources pour mener une enquête de longue haleine et moins d'appuis du média qui l'embauche.

Autrement dit, s'il fallait redessiner nos deux bulles, il faudrait plutôt leur donner l'allure suivante:

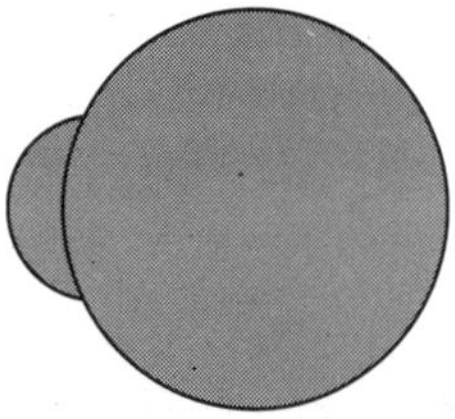

Où une des deux bulles, celle des communications, a considérablement grossi, et l'autre, celle du journalisme, a considérablement rétréci, jusqu'à s'occulter derrière sa grande sœur...

La crise du journalisme scientifique

C'est la raison pour laquelle les relationnistes ont le pouvoir de décider de ce qui sera dans le journal: ils ont de plus en plus de temps et de ressources, tandis que les journalistes en ont de moins en moins.

En Allemagne, en 1991, une étude a conclu que 60% de la couverture totale des médias, tous sujets confondus, provenait d'un matériau de relations publiques. En science, cette proportion atteignait les deux tiers.

Aux États-Unis, Carola Pahl, en 1997, a évalué que 450 des 1 200 articles sur des sujets médicaux avaient pour source un journal scientifique: par exemple, une recherche dans le *New England Journal of Medicine*. Encourageant, sauf que ça nous renvoie à une prédominance de «la découverte de la semaine» – et que, de surcroît, un bon nombre de ces 450 sujets ont été choisis... par le relationniste du *New England Journal of Medicine*!

Et dans l'univers Internet, ça empire, avec le grand nombre de sites qui se contentent de reprendre les nouvelles des autres.

En Grande-Bretagne, Jane Gregory et Martin Bauer appellent cela «une relation symbiotique/parasitaire/dominante» entre relations publiques d'entreprise et journalisme. On est loin du mythe du journaliste d'enquête...

Les scientifiques participent à leur tour à cette infiltration: encouragés à communiquer par les gouvernements et par leurs universités, ils sont plus nombreux à utiliser les médias pour faire passer leur message. Ici et là, des cours de communication s'insèrent dans leur cursus. Des formations leur sont offertes pour être plus à l'aise devant la caméra.

En Grande-Bretagne:

Jane Gregory et Martin Bauer, «PUS inc.: l'avenir de la communication de la science», dans Bernard Schiele et Réal Jantzen, *Les Territoires de la culture scientifique*. 2003, p. 41-65.

En Allemagne et en Europe:

Winfried Göpfert, «Faiblesse du journalisme et force des relations publiques», dans Schiele et Jentzen, p. 67-78.

Influencés par les partenariats universités-entreprises qui introduisent des valeurs jadis réservées au monde des affaires, craintifs face aux menaces des gouvernements de sabrer dans les budgets publics, quelques-uns prennent en main leur marketing et font leur propre lobby. Parfois avec des résultats maladroits ; parfois en devenant des vedettes médiatiques, comme l'Américain Craig J. Venter, qui fut tantôt honni, mais incroyablement efficace.

Résultat, les journalistes sont encore un peu plus poussés dans les câbles : des médias peuvent plus facilement faire appel à des scientifiques pour commenter une actualité, voire leur offrir une chronique.

De sorte que s'il fallait redessiner nos deux bulles ci-haut, il faudrait en ajouter une troisième, toute petite pour l'instant, mais promise à un brillant avenir, la bulle des scientifiques qui communiquent eux-mêmes.

Les journalistes scientifiques surclassés ou en voie de disparition ?

C'en est au point où, si des journalistes refusent d'admettre qu'ils sont surclassés, pour certains chercheurs en communications, la lutte est depuis longtemps finie, et le journaliste a perdu.

Certes, il conservera des bastions, tant qu'il subsistera des télévisions publiques ou des mécènes de l'information scientifique : émissions-phares comme *Découverte* à Radio-Canada, magazines-phares comme *Québec Science* ou *Les Débrouillards*, quelques journalistes dont l'expérience est si unique qu'ils sont indélogeables, comme Yanick Villedieu ou Louis-Gilles Francoeur...

Mais ces bastions constituent des exceptions. Le milieu n'est plus celui des années 1960 et 1970 où un journalisme scientifique neutre commençait à se dessiner. Exprimé par Gregory et Bauer :

> Nous soutenons qu'après la crise du milieu des années 1970, la représentation publique de la science a subi une reconstruction totale : cette représentation est maintenant une activité d'entreprise. Les modes de reportage et les façons de structurer l'attention publique s'apparentent davantage aux relations publiques professionnelles qu'aux principes

journalistiques... L'expression «compréhension publique de la science» a changé de sens: elle désigne de nos jours des activités qui relèvent en grande partie de la promotion de la science.

Peut-on inverser la tendance? On y reviendra plus loin.

JUSQU'OÙ...

ira la dévalorisation du journalisme scientifique?

Beaucoup de journaux ou de magazines économiques publient désormais des cahiers spéciaux sur l'industrie pharmaceutique, financés par la publicité de cette industrie. Dans certains cas, les cahiers sont rédigés par les pigistes de la publication, ce qui garantit une certaine neutralité, mais dans d'autres, c'est le client qui arrive avec un produit clés en main: en Allemagne au début années 2000, le *TZ Health Magazine* était encarté comme supplément dans plus de 60 quotidiens régionaux: 5 millions d'exemplaires. Quel journal a besoin de se payer un cahier journalistique «santé», après ça?

Le *Bädische Zeitung*, de Freiburg, Allemagne, a suivi cette voie en publiant, une fois par semaine, des reportages sur la science rédigés par l'université locale. Formule similaire implantée au *Soleil* de Québec à la fin des années 1990, après entente avec l'Université Laval: le *Fil des événements* crée, à partir de ses articles de la semaine, une page pour Le *Soleil.*

La page science du *Vancouver Sun* a été un temps préparée par le H.R. Macmillan Space Center. Elle était montée comme les autres pages du journal et portait le logo du centre des sciences.

Enfin, l'agence *L'Édition nouvelle*, au Québec, publie des articles en fonction des contrats qu'elle décroche: votre PME paie, et son nom est mentionné dans l'article. Articles qui ont été plusieurs fois repris au cours des années 2000 dans des hebdomadaires régionaux comme *Accès Laurentides*, et des quotidiens, comme *Le Soleil.*

Exercice

Si votre rêve, en dépit de ces constats déprimants, est de faire du journalisme scientifique, il existe une échappatoire à cette grisaille, injustement négligée par les étudiants et les débutants : les concours de journalisme.

La **Bourse Fernand-Seguin**, est l'une des plus grosses bourses de journalisme au Québec... et c'est du journalisme scientifique ! Elle revient chaque année au cours de l'hiver : surveillez les annonces de l'Association des communicateurs scientifiques. (www.acs.qc.ca)

Gardez un œil aussi sur les concours récurrents : **bourse Nord-Sud** gérée par la FPJQ (www.fpjq.org), **stage AJIQ-Le Devoir** gérée par l'AJIQ (www.ajiq.qc.ca), **bourse CRDI-Agence Science-Presse**... Il y en a bien d'autres, annoncées par les bulletins électroniques des associations (FPJQ, AJIQ, ACS). Ce sont de formidables portes d'entrée pour des débutants, et comme trop peu de journalistes y participent, votre chance de gagner quelque chose est bien plus élevée qu'à la loto.

Si vous justifiez votre non-participation par le manque de temps, c'est une mauvaise décision. Vous n'aurez jamais le temps ; quand vos études seront finies, vous aurez des contrats, et quand vous aurez plus de contrats que vous ne pourrez en prendre, vous aurez peut-être une famille... Le temps pour participer à un concours, c'est comme le temps pour mener un projet qui nous tient à cœur : il faut le prendre maintenant, parce que certaines opportunités ne se représenteront plus (la Bourse Fernand-Seguin est réservée aux moins de 30 ans).

Même si vous ne gagnez pas, ça n'aura pas été du temps perdu : vous aurez appris quelque chose de votre recherche, de vos entrevues et de vos démarches en général, qui pourra servir plus tard.

Chapitre 8

Et le roi créa les relations publiques

En dépit de ce qui peut s'apparenter à une guerre larvée, journalistes scientifiques et relationnistes scientifiques s'entendent pourtant très bien. Un relationniste efficace peut être une bénédiction pour un journaliste à la recherche d'une source. Le relationniste n'est jamais tant efficace que lorsqu'il a développé assez d'expérience pour connaître une institution sur le bout de ses doigts : un coup de fil, et le voilà qui déniche «le» spécialiste de la génomique des abeilles ou de la résonance magnétique.

Et si ce relationniste possède le talent nécessaire pour écrire un communiqué de presse qui ne donne pas l'impression de ne chercher qu'à vendre quelque chose, il gagnera à la fois le respect de ses pairs et des journalistes.

Au-delà du communiqué de presse

Mais le travail du relationniste, même là où on ne l'appelle que «rédacteur», va largement au-delà du communiqué de presse – à la base, une «nouvelle» classique, qui suit le modèle des 5W et contient les coordonnées du chercheur ou de l'individu dont il est question dans le communiqué. Parce que les équipes de communications sont généralement très petites, parce que dans certains cas il n'y a même pas d'équipe de communications mais un seul relationniste ou un seul «consultant en communications» embauché à contrat, cette personne peut être amenée à écrire :

– le résumé d'une recherche parue ou à paraître, en collaboration avec le chercheur concerné, au bénéfice d'une revue (*Recherche en santé*) ou d'un rapport d'activités destiné aux administrateurs ;

- des articles de type journalistique pour le journal ou le magazine de l'institution ;
- le journal de l'institution au complet, s'il s'agit d'un simple bulletin (surtout les bulletins électroniques) ;
- des présentations de l'institution, de ses centres de recherche, ou des politiques institutionnelles, pour le site Web ;
- la conférence d'un des administrateurs ;
- une série de documents brefs, dont chacun résume une partie d'un congrès à venir (ateliers, séminaires, conférences, invités spéciaux, etc.) et dont l'ensemble formera une pochette de presse à l'intention des journalistes ;
- des dépliants promotionnels ou des textes promotionnels pour le site Web ou pour des événements spéciaux (expositions, salons, festivals, etc.) ;
- des textes à diverses fins corporatives (la municipalité publie un document léché sur les nouvelles technologies et veut y insérer un texte émanant de l'université ; une association professionnelle qui tient son congrès sur le campus a besoin d'un « mot de bienvenue » de l'université).

Certains services des communications héritent en plus d'une mission pédagogique. Les plus grandes agences gouvernementales américaines, comme les National Institutes of Health (NIH), produisent des dépliants, des livrets, des expositions, des feuilles volantes, à l'intention des écoles, des cliniques et des bibliothèques. Ces documents, sur le cancer, le sida, les maladies cardiaques, le diabète, l'arthrite, l'Alzheimer, sont libres de droits et peuvent être réutilisés et copiés à l'infini.

La NASA est la championne des agences gouvernementales pour la production de matériel scolaire de qualité. Mais la NASA a les moyens de ses ambitions : jusqu'à récemment, elle comptait 350 employés aux communications ! C'est une force de frappe hors du commun, qui explique pourquoi elle est à ce point présente dans les médias, dans les écoles et sur Internet.

Dans les plus grandes institutions américaines – c'est rare au Québec – le relationniste-rédacteur peut aussi contribuer à la conception de produits multimédia, comme ces Video News Release mentionnés plus haut, qui existaient bien avant Internet. Plusieurs télés régionales en manque de moyens les utilisent pour meubler leurs bulletins de nouvelles.

> Cas extrême des relations publiques, la NASA est parfois décrite comme étant une agence de communications... avant d'être une agence spatiale!
>
> À titre de comparaison, l'Agence spatiale européenne emploie 10 fois moins de gens. Avec pour résultat que bien des missions européennes, d'un intérêt scientifique élevé, ont eu moins de retentissement que des missions de la NASA d'un intérêt moindre. Amusez-vous à faire la recension des communiqués publiés par la NASA pendant une mission spatiale récente: le moindre petit événement a droit à une mention, spécialement si ça peut remplir une journée creuse.

Inévitablement, ce relationniste-rédacteur touchera à tous les sujets: dans les plus grandes universités québécoises, la science n'est qu'un des volets dont doit s'occuper une (petite) équipe de communications. Un des communicateurs peut être spécialiste des questions administratives et de l'organisation d'événements, un autre responsable de la coordination du journal... et un troisième est «en charge» de la science!

À l'instar du journaliste qui, à lui tout seul, «couvre» toute la science, cette personne se retrouve donc occupée à vulgariser l'astronomie un jour et la génétique le lendemain. S'il apprend que deux chercheurs de l'institution publient jeudi prochain, l'un dans *Science* et l'autre dans *Nature*, l'un en génétique et l'autre en astronomie, cela lui fait deux communiqués à écrire, après avoir lu le résumé des revues et avoir parlé aux chercheurs en question. Pour qui a une vocation de touche-à-tout, c'est le rêve. Suivant l'expression de la relationniste américaine Earle Holland (et ancienne journaliste), «si l'institution est sérieuse envers ses chercheurs, vous êtes comme un enfant dans un magasin de bonbons».

Au-delà de l'écriture

Et la définition de tâches ne s'arrête pas là. Le travail du relationniste, en particulier celui qui est salarié au sein d'une institution ou d'une compagnie, va bien au-delà de la rédaction. À court terme, il se préoccupe de la visibilité de son employeur. À long terme, il doit aplanir les perceptions négatives du public, prévoir les crises, améliorer l'image de marque. Concrètement, cela peut prendre plusieurs formes:

- sensibiliser les médias à ce que l'institution juge être la nouvelle la plus importante du jour, de la semaine ou du mois; si le relationniste juge que cet événement, c'est la publication dans *Nature* mentionnée plus haut, cela veut dire que son communiqué doit être envoyé à l'avance aux journalistes, avec interdiction de leur part de publier cette information avant telle date (on dit alors que l'information est sous embargo); ce faisant, le relationniste espère que le journaliste profitera du délai pour interviewer à l'avance le chercheur et à ce titre, son rôle peut être de rappeler quelques journalistes-clés pour leur souligner que le chercheur en question est disponible pour une entrevue, et d'effectuer ensuite un suivi de la presse, pour mesurer les éventuelles retombées de son communiqué; dans une grande institution, le débutant profite normalement de listes de médias et de journalistes amassées au fil des ans par ses prédécesseurs; s'il est embauché par un organisme qui n'a jamais fait de relations de presse auparavant, il vaut mieux pour lui avoir déjà une connaissance minimale des médias de la région!
- maîtriser l'événement en cas de crise, et désamorcer la crise; c'est-à-dire s'assurer que l'image de l'institution en ressorte le moins écorchée possible;
- créer un événement: un congrès annuel, un championnat sportif universitaire ou un événement culturel, peuvent prendre une importance qu'ils n'auraient pas eu, s'il n'y avait pas eu un effort de promotion ciblé (auprès de la presse régionale, par exemple).

Les relationnistes réussissent d'autant mieux dans leurs efforts que plusieurs sont d'anciens journalistes, donc bien au fait des «trucs» de leur ancien métier.

Il y a 20 ans, l'Université McGill, l'Université de Montréal et l'Université Laval étaient déjà assez présentes dans les médias, mais d'autres ont émergé depuis, dont l'UQAM. Cette université, qui produisait déjà une revue sur papier glacé (*Inter*), met désormais spécifiquement en valeur les productions de ses chercheurs (le bulletin électronique *Sciences Express*), et dans le cadre de la construction du Cœur des sciences, ce grand bâtiment du centre-ville de Montréal, au cœur du scandale financier des dernières années, elle a réservé un espace à la diffusion: conférences, projections de films, et autres événements.

L'Université de Sherbrooke s'est également démarquée par ses efforts pour promouvoir la science produite dans ses murs: le courriel nos «spécialistes de la semaine» et le magazine *UdeS* (2008).

C'est jusqu'à certains départements au sein des universités qui s'y sont mis, émettant leurs propres communiqués, et payant des communicateurs pour des contrats à durée limitée.

Des universités ont par ailleurs dépensé beaucoup pour se donner une identité visuelle: logo, slogan, campagne d'affichage, présence dans les salons internationaux, actions auprès des jeunes. Lorsque surgissent de tels efforts, une partie de ce travail vous retombe inévitablement sur les épaules si vous êtes de l'équipe des communications: préparer le texte de ces affiches et des panneaux d'exposition, coordonner votre présence, celle de vos collègues et peut-être celle des chercheurs aux salons... Plus l'équipe est grosse et plus celui ou celle qui développe des talents particuliers – à l'aise devant une foule, habile pour diriger une équipe – peut évoluer vers des tâches de plus en plus éloignées de la vulgarisation proprement dite.

JUSQU'OÙ...

va la liberté d'écriture?

Même quand les textes sont d'allure journalistique, la liberté peut être «encadrée», à travers le choix des sujets. Une université n'aime pas beaucoup parler de ce que fait sa concurrente. Une association de psychologues peut être plus critique envers les psychiatres qu'envers ses propres membres. Un groupe environnemental peut être réticent à parler d'une recherche qui conclut que les OGM n'ont pas d'impact négatif.

L'orientation éditoriale peut être plus subtile. Nature Conservancy est un groupe américain de conservation de la nature qui se définit par sa volonté d'éviter la confrontation (par opposition à Greenpeace, par exemple). Là où un journal mettrait l'accent sur la chasse intensive qui a conduit à la quasi-extinction des chiens de prairie, la revue *Nature Conservancy* explore les études sur le mode de vie de cet animal et sa place dans l'écosystème du Midwest.

Vous rêvez de vous spécialiser dans l'organisation de tels événements? Certains y arrivent, mais à travers la pige ou le travail autonome: au sein d'une université ou d'une agence gouvernementale, «l'équipe de communications» est trop petite pour un tel cloisonnement. En revanche, le marché des micro-entreprises ou des travailleurs autonomes portant le titre de «consultants en communication», continue de croître.

Même en écriture, il est possible de se spécialiser, du moins, par les temps qui courent, en environnement. C'est un secteur de l'économie qui s'est suffisamment développé pour alimenter des rédacteurs pigistes avec des contrats provenant tantôt d'organismes de défense de l'environnement (rédaction de bulletins et de communiqués), tantôt de compagnies engagées dans la promotion de leurs technologies vertes (dépliants destinés à un salon, communiqués, sites Web, etc.).

Mais écrire pour une université et écrire pour une compagnie, ce n'est pas la même chose: la compagnie est bien plus frileuse quant aux informations qui peuvent sortir. De sorte que ses communiqués sont rarement appréciés des médias, tant leur contenu est terne – les résultats financiers trimestriels, un investissement, une embauche. Une petite poignée de compagnies investit dans la commandite d'activités de communication scientifique ou d'éducation populaire (comme les Expo-sciences), et c'est plutôt là que le vulgarisateur pourra donner sa pleine mesure, à travers des dépliants promotionnels sur les réalisations scientifiques ou techniques passées de l'entreprise.

Où déniche-t-on ces contrats? Petit à petit, en s'insérant dans le monde de la vulgarisation scientifique: ils ne sont pas annoncés dans les journaux ni les magazines, mais circulent par le bouche-à-oreille ou par l'intermédiaire des associations spécialisées. Sans compter que, plus vous vous faites connaître, plus vous avez de chances qu'on fasse appel à vos services.

Gestion de crise

La gestion d'une crise est, à elle seule, un art. On souhaite à peu de débutants d'y être confrontés, parce que le risque d'erreur et de dérapage est plus élevé que dans tout autre type d'événement. Pourtant, lorsque l'employeur est si petit que vous en êtes le seul employé aux communications, en cas de crise, c'est sur votre dos que tomberont les médias.

Les professionnels de la communication s'entendent pour dire qu'en cas de crise, il faut d'abord et avant tout communiquer, y compris les mauvaises nouvelles, parce que les journalistes finiront de toutes façons par lever la petite bête. Mais il n'est pas toujours facile d'en convaincre les supérieurs, spécialement s'ils ne proviennent pas eux-mêmes des communications. En cas de telles difficultés, le meilleur conseil des vétérans de la crise est d'être ferme: écrivez le communiqué que vous jugez opportun, et insistez, encore et encore, sur la nécessité de transparence. Les supérieurs se sentiront en confiance s'ils peuvent y ajouter leur grain de sel, mais au moins, l'information sortira, et plus tôt elle sortira, mieux ce sera pour tout le monde.

Une crise peut émerger de façon prévisible:

- un chercheur dont on connaît le ressentiment s'ouvre aux journalistes;
- un secteur de recherche controversé, comme les cellules souches ou les manipulations génétiques, attire tôt ou tard l'attention;

- un party d'étudiants trop arrosé génère des plaintes.

Mais en général, la crise est imprévisible :

- un patient meurt sur la table d'opération ;
- un journaliste découvre des malversations dans la gestion de l'institution ;
- un chercheur est accusé de conflits d'intérêt ;
- un accident se produit ; de la voiture qui a manqué un virage mal balisé sur le campus, jusqu'à une fuite dans une centrale nucléaire.

> En cas de crise, « accrochez-vous à votre mantra de donner les mauvaises nouvelles d'abord, rapidement, et en totalité ».
>
> - Soyez fermes ; insistez pour avoir un siège au sein du comité de gestion de crise.
> - Posez des questions aux responsables, sur tous les sujets, même les plus délicats ; soyez sceptique, parce que les journalistes, eux, le seront.
> - Soyez rejoignable 24 heures sur 24.
> - Ne travestissez jamais la vérité parce qu'en bout de ligne, c'est vous qui en serez tenu responsable, autant par vos patrons que par les journalistes.
>
> Joann Ellison Rodgers, « Institutional Communications During Crisis », *A Field Guide for Science Writers*, 2006, chapitre 38.

Dilemmes moraux : quelle est votre marge de manœuvre ?

Rien de plus agréable, pour un relationniste ou un rédacteur, que de vulgariser des sujets sans controverses, avec une liberté d'action assez large.

Mais comment réagir quand les pressions « d'en haut » deviennent plus lourdes ? Dans les agences gouvernementales, se superpose une réalité qui provoque des grincements de dents : la volonté de « contrôler le message » au point d'interdire aux scientifiques de parler aux journalistes sans la présence d'un membre de l'équipe des communications.

Aux États-Unis, sous le gouvernement Bush, les ingérences de la Maison-Blanche dans la recherche scientifique – manipulation des conclusions, réécriture de rapports d'agences, nominations politiques – ont été à ce point critiquées, par des journalistes (Andrew Revkin, Chris Mooney, Daniel Greenberg) et des scientifiques (Union of Concerned Scientists, AAAS, Société des physiciens), qu'on peut espérer assister, dans la décennie à venir, à un retour du balancier en faveur d'une plus grande liberté de parole.

> Suivez les hyperliens contenus dans ces textes pour en savoir plus:
>
> *Bush et la science: la protestation vient de haut* (juillet 2007): www.sciencepresse.qc.ca/node/17935
>
> *Quand un président se mêle de science* (août 2003): www.sciencepresse.qc.ca/archives/2003/man180803.html

N'empêche que dès qu'on touche à un dossier controversé, la pression politique est inévitable: comment le vulgarisateur à l'emploi d'un ministère de l'Environnement doit-il naviguer si le gouvernement en place nie la gravité du réchauffement climatique?

Après une crise comme celle de l'eau contaminée à Walkerton, Ontario (2000), la pression est grande pour écrire des textes vantant la qualité de l'eau dans la municipalité ou la province, avec l'objectif avoué de rassurer, **avant** de vulgariser. Est-ce la meilleure stratégie pour rehausser la confiance du public? Les résultats permettent d'en douter. Est-ce que la confiance du public dans la science ou dans la vulgarisation y gagne?

L'expérience de la NASA dit le contraire: aussi efficace qu'elle ait été, aussi flamboyants et spectaculaires qu'aient été les sujets que ses communicateurs vulgarisaient, cela n'a pas empêché l'Agence spatiale américaine d'être discréditée lorsqu'après la catastrophe de la navette Challenger en 1986, le public a réalisé qu'il y avait eu quantité de signes avant-coureurs, mais que personne n'avait daigné en parler.

Sans doute est-ce naïf de croire qu'un communicateur puisse faire valoir son opinion face à une lourde hiérarchie, spécialement lorsque s'y mêlent des intérêts politiques. Et pourtant, il faudra en passer par là: si la vulgarisation scientifique souhaite se donner un maximum de chances pour son avenir, si les communicateurs scientifiques veulent espérer remplir le vide laissé par les journalistes, ils devront apprendre à faire de la résistance.

D'autant plus que la perte de confiance à l'égard de la science « gouvernementale » – les scientifiques à l'emploi des agences et des ministères – n'est rien à côté de celle que vit la science « privée ». Les industries pharmaceutiques et des biotechnologies sont perçues comme les « méchants », une pente bien difficile à remonter pour un vulgarisateur qui serait à leur emploi. Or, les prédécesseurs de ce vulgarisateur ont leur part de responsabilité : qu'on pense aux 40 ans de controverses autour du tabac. Si cette industrie a réussi à retarder aussi longtemps des réglementations antitabac, c'est parce que des campagnes de relations publiques très efficaces, utilisant des arguments et un langage indéniablement scientifiques, sont parvenues à maintenir dans l'esprit du public et des politiciens l'impression qu'il subsistait une incertitude, un « doute » sur les liens entre tabac et cancer.

Un mémo de 1969 le reconnaissait candidement : « le doute est notre produit, parce que c'est notre meilleure façon de concurrencer le corpus de faits qui existe dans l'esprit du grand public. »

> Ce mémo est devenu le titre d'un récent ouvrage de vulgarisation mêlant science, économie et politique : *Doubt is Their Product. How Industry's Assault on Science Threatens your Health*, par David Michaels, 2008.

Eh bien c'est exactement la même stratégie de communication qui est employée depuis le début des années 1990 pour créer l'illusion qu'il subsiste un débat scientifique sur le rôle de l'homme dans le réchauffement planétaire.

Parmi les stratèges : des firmes américaines de relations publiques, qui manipulent avec brio les outils de la vulgarisation scientifique, et jouent avec habileté sur la pauvreté de l'information scientifique dans les médias et sur le manque de temps des journalistes scientifiques. À court terme c'est, malheureusement, un succès garanti. À long terme, les dommages sont impossibles à prévoir.

Chapitre 9

Le marché de la précarité

La précarité est une importante dimension du marché du travail en communications, et qui implique des façons de travailler dont on parle fort peu dans les formations en journalisme et en relations publiques. À tort, parce que la précarité implique de développer des talents inédits, par rapport au salariat. Au point où ceux qui parviennent à vivre de la pige ou de la précarité ont fait la démonstration qu'ils sont des professionnels plus «complets» – avec plus de cordes à leur arc.

Qu'entend-on par travail précaire?

Si le marché de la communication scientifique est marqué par le travail précaire, c'est parce que le marché de la communication en général est de plus en plus précaire.

On entend par précaire toute forme de travail qui n'est pas «stable», comme un emploi salarié à long terme: un individu embauché pour un contrat de 6 mois – la durée d'une saison de télé – ou quelques semaines – un remplacement – ou qui passe d'un journal de quartier à l'autre – en fonction des congés de maladie ou de maternité – ou qui est payé à la pige – c'est-à-dire pour chaque texte rendu.

Au Québec, vers 1995, ces travailleurs «atypiques» formaient 30% des travailleurs. En 2000, 35 à 40%. D'où la boutade: bientôt, ce seront les travailleurs à temps plein qui seront «atypiques».

Jean Bernier *et al.*, *Les Besoins de protection sociale des personnes en situation de travail non traditionnelle.* Québec, 2003, 807 p. C'est «la» brique pour tout savoir sur l'état du travail précaire au Québec et ailleurs, de même que les recommandations pour améliorer les conditions de travail.

Pour en savoir plus sur la pige, consultez le site de l'AJIQ: www.ajiq.qc.cq

Dans l'univers qui nous intéresse, ça se traduit comment?

La TV: la majeure partie des émissions diffusées par les grands réseaux ne sont plus produites par eux. Il en coûte moins cher de payer une firme externe pendant quelques mois qu'un salarié à l'année (comme le sont encore les journalistes de *Découverte* et des *Années-lumière*). Quant aux émissions des chaînes spécialisées, elles sont toutes produites de cette façon. Ceci a eu pour effet de créer davantage d'emplois mais des emplois systématiquement précaires. *Le Code Chastenay* à Télé-Québec, les émissions du canal Z comme *La Revanche des Nerdz* et presque toutes les émissions d'affaires publiques comme *La Facture* ou *L'Épicerie*, sont dans cette situation.

Les quotidiens: ont été relativement épargnés parce qu'ils ont besoin d'un personnel sur place, au jour le jour. Mais ils coupent tout de même: depuis 20 ans, à mesure que les journalistes partent à la retraite, des postes ne sont pas comblés. Et les journalistes scientifiques furent parmi les premiers à écoper.

Les magazines: ont toujours été rédigés par des pigistes. À deux ou trois exceptions près, aucun magazine au Québec n'a les budgets nécessaires pour entretenir une équipe de salariés.

La presse d'entreprise. Domaine aux contours flous, elle oscille entre le bulletin réalisé par une seule personne – salariée ou pigiste – et le magazine de belle facture qui fait appel à des pigistes. Toutes les revues des associations de diplômés (*Contact, Les Diplômes, Sommet*, etc.) présentent un contenu fait en partie «à l'interne» (par des salariés jouissant généralement d'excellentes conditions d'emploi) et «à l'externe» (par des pigistes, généralement mieux payés que ceux des magazines «traditionnels»).

L'industrie pharmaceutique paie également des rédacteurs pour alimenter des cahiers spéciaux dans les publications spécialisées ou économiques, par exemple dans le cadre de congrès médicaux.

Être payé à la pige

Un pigiste est payé en fonction de la longueur de son texte. Au Québec, on paie au feuillet; dans l'univers anglophone, au mot. Un feuillet est l'équivalent d'une page à double interligne: 1 500 caractères, ou environ 300 mots.

> Dans une autre vie, l'auteur de ces lignes est également le co-auteur du seul manuel sur le journalisme à la pige au Québec: *Les nouveaux journalistes: le guide*, PUL, 2006, 340 p.

C'est la portion la plus mal payée et, à maints égards, la plus scandaleuse du travail journalistique.

En gros, un article de 2 feuillets ne devrait pas prendre plus que l'équivalent d'une journée de travail; un article de 6 ou 8 feuillets, pour un magazine comme *Québec Science*, peut se traduire par une semaine à temps plein (ou plus exactement, une semaine de travail étalée sur deux semaines, voire un mois, au milieu d'autres contrats).

Mais ce sont des moyennes. Un résumé d'entrevue téléphonique que l'on doit ramasser en un feuillet peut s'écrire en 15 minutes, lorsqu'on en a l'expérience. À l'inverse, même un journaliste d'expérience peut s'éreinter pendant des heures à tenter d'expliquer en un feuillet un concept difficile. Enfin, certaines publications d'entreprise fourniront une recherche, d'autres non.

Question de taille

Un article de 2 feuillets, c'est la longueur moyenne dans un quotidien. Avec 4 feuillets, vous remplissez une page complète de *La Presse*, si votre article est accompagné d'une grosse photo.

Dans un magazine par contre, 4 feuillets ne remplissent qu'une page (serrée) ou deux (avec des photos ou de la publicité); c'est court pour les articles «de fond».

À 8 feuillets, on parle d'un dossier où vous êtes en devoir de faire plusieurs entrevues, de lire pas mal de choses, et où vous avez assez d'espace pour une **narration** – et c'est pourquoi ça peut se traduire par plusieurs jours de travail.

Les honorables 100 $ et plus du feuillet	**Les tolérables 60 à 100 $ le feuillet**	**Les moins bons 60 $ le feuillet et moins**
Châtelaine, L'actualité, Elle Québec, Commerce, Affaires Plus, Madame, Protégez-vous, l'Agence Science-Presse, etc. Et plusieurs spécialisés : *Perspectives CSN, Finance et investissement,* etc.	*Québec Science, La Gazette des femmes, Jobboom, Option Retraite, Découvrir, Le Bel Âge, La Terre de chez nous,* etc.	*Voir, La Presse* (50 $), *Le Soleil, Le Devoir, 7 Jours, Dernière heure, Le Lundi,* et la plupart des hebdomadaires...
Étonnamment, s'entremêlent dans cette catégorie des organismes sans but lucratif et des magazines qui ne manquent pas de moyens. Il n'existe en effet aucune corrélation entre les revenus d'un magazine et ses tarifs au feuillet.	Dans cet entre-deux, on trouve des publications semi-spécialisées où les tarifs sont encore acceptables, bien qu'il faille, à ce stade, commencer à se demander combien de temps nécessitera la réalisation de l'article.	Ici, il y a très peu d'articles que vous pourrez rentabiliser, à moins que la recherche ne soit fournie, ou que vous ne maîtrisez le sujet sur le bout de vos doigts. Si vous y mettez l'équivalent de deux jours pour 2 feuillets, vous êtes en dessous du salaire minimum.

Et le pire : dans certains cas, ces tarifs de pige n'ont pas augmenté depuis 30 ans !

C'est « LE » plus grand scandale du journalisme à la pige, celui que dénoncent *ad nauseam* les quelques associations qui se soucient du sort des pigistes, comme l'AJIQ (www.ajiq.qc.ca) au Québec, la PWAC au Canada anglais l'ASJA aux États-Unis... Mais ils prêchent dans le désert parce que :

- les salariés en ont déjà plein les bras avec leurs propres problèmes et ne réalisent pas à quel point la situation des pigistes est dramatique ;
- les associations professionnelles comme la FPJQ considèrent que ce problème en est un de relations de travail, donc concerne les syndicats ;
- les pigistes restent dispersés ; il n'existe pas entre eux de solidarité comme il en naît entre des gens qui se côtoient autour de la machine à café ;
- les débutants arrivent nourris d'un idéal biaisé : on leur a enseigné ce qu'il y a de plus beau dans le journalisme sans les préparer à ce qui les attend.

La TV paie mieux: les tarifs pour un journaliste à la recherche peuvent osciller entre 200 et 400$ par jour. C'est pourquoi beaucoup de pigistes fuient la presse écrite: à la télé, ils ont encore moins de chances de faire de la vulgarisation scientifique, mais ils se retrouvent avec des contrats plus lucratifs.

Le mythe de l'entrepreneur

Un autre facteur contribue à faire stagner les conditions des pigistes: la vision rose qui veut que le travailleur autonome qui saura se tenir debout réussira immanquablement à négocier de meilleurs tarifs et, qu'en bout de ligne, le problème se résumera à créer un rapport de force égalitaire entre le pigiste et son «client».

- *Le rapport de force égalitaire* relève de la pensée magique. Si la seule force de négociation était le facteur déterminant pour la survie à la pige, la sélection naturelle aurait fait son œuvre: seuls les «meilleurs» journalistes-entrepreneurs auraient survécu, et les tarifs auraient été tirés vers le haut.
- *Il y a plus de travailleurs que le marché ne peut en absorber.* Il y a même des débutants qui offrent de travailler gratuitement! Chaque année, il sort des universités québécoises bien plus de journalistes qu'il n'y a de places disponibles, y compris à la pige. Dans toutes les sociétés, un surplus de travailleurs a toujours été synonyme de dégradation des conditions de travail.
- *Le pouvoir de votre vis-à-vis peut être limité.* Dans les organismes sans but lucratif (et en journalisme scientifique, ils sont majoritaires), les rédacteurs en chef jonglent avec des revenus limités.
- *La liberté.* Il est vrai que ceux qui choisissent de faire de la vulgarisation sont rarement des gens qui espèrent faire beaucoup d'argent. Il en est de même de beaucoup de pigistes «généralistes», qui vont souvent choisir des sujets moins lucratifs, mais stimulants. C'est la liberté dont jouit le pigiste, et c'est souvent son attribut le plus précieux, celui pour lequel il est prêt à sacrifier un salaire plus élevé.

Une bulle qui grossit, l'autre qui rétrécit...

Le travail précaire est la plus déprimante des illustrations du journalisme en déclin. Un pigiste a moins de moyens pour suivre des dossiers à long terme, il ne sera pas payé s'il choisit de consacrer du temps à une recherche de longue haleine et il n'a pas nécessairement le soutien de son média s'il met les pieds dans un terrain miné. Pas étonnant que beaucoup de jeunes journalistes scientifiques deviennent avec le temps des «communicateurs scientifiques», passant de la bulle malade à la bulle en santé.

Beaucoup d'analystes du journalisme ont dénoncé ce glissement, mais il est intéressant de le retrouver sous la plume d'un auteur préoccupé de vulgarisation scientifique:

> Les cachets minables qui sont payés aux journalistes indépendants (les obligent) à élargir leur champ d'action vers le domaine des relations publiques, de façon à gonfler leur revenu insuffisant... À cause de la mauvaise situation financière (des journalistes), la couverture des sciences dégénère lentement et devient presque du journalisme de propagande. Au lieu d'explorer leurs propres pistes et de trouver leurs sujets d'articles, les journalistes réécrivent des communiqués de presse et «font» les congrès. C'est ce mélange qui met en péril l'indépendance du journalisme scientifique.
>
> (Winfried Göpfert, «Faiblesse du journalisme et force des relations publiques», 2003).

La journaliste scientifique Barbara Ritzert écrit pour sa part:

> Le journaliste pigiste est forcé de faire un double calcul. Il n'y a rien comme d'être l'hôte ou l'hôtesse d'une conférence de relations publiques ou encore, l'organisateur d'une équipe d'attachés de presse d'un congrès pour décrocher des articles dans des journaux renommés, mais affamés... Même les médias «honorables» dépendent de l'industrie. Parce que c'est l'industrie qui fournit les fonds permettant de financer les pigistes qui passent des nuits devant un ordinateur à écrire des articles pour lesquels ils ne seront pas équitablement payés.

Autres analystes de la vulgarisation, Jane Gregory et Martin Bauer montrent une connaissance étonnante de la pige, supérieure à celle qu'en ont plusieurs journalistes:

> La situation professionnelle du journaliste est de plus en plus incertaine, voire précaire. Le nombre de vecteurs d'information se disputant l'attention du public ne cesse de croître, alors même qu'augmente la vitesse de production de ces informations. Les journaux, comme d'autres médias de masse, réagissent à cette concurrence en réduisant leurs coûts... Entre 1984 et 1994, la production quotidienne de la presse écrite au Royaume-Uni a presque doublé, mais les effectifs des journaux ont à peine augmenté... Les relations publiques, par contre, forment un domaine des plus prometteurs. C'est un secteur en pleine croissance, qui offre de bons salaires et un milieu privilégié de réinsertion professionnelle pour d'anciens journalistes... Subissant ces pressions, les journalistes deviennent de plus en plus dépendants de sources d'information pré-élaborées, limitant ainsi leur propre apport à la rédaction, au résumé et à la personnalisation...

Chapitre 10

Comment dégager le vrai du faux

Ou comment poser les bonnes questions?

Revenons à présent au travail pratique. J'ai beaucoup insisté, depuis le début de ce livre, sur le fait que quelqu'un qui n'a pas étudié en science peut faire du journalisme scientifique. Se pose tout de même une question importante. LA question, qui inquiète tous les débutants: comment puis-je dégager le vrai du faux, si je n'ai pas étudié en science?

Comment saurai-je quelles questions poser à un scientifique, lui si intelligent, lui si supérieur à moi, pauvre mortel?

Exercice: décodage de texte

Voici un texte émanant de deux pontes du milieu universitaire français. Un cas doublement intéressant parce que c'est un texte qui, pour une rare fois, émane des sciences sociales. Et que les auteurs veulent jeter un pont entre sciences sociales et sciences «exactes».

Essayons donc de le décoder.

«La philosophie demande comment garder les vitesses infinies tout en gagnant de la consistance, en donnant une *connaissance propre au virtuel.* Le crible philosophique, comme plan d'immanence qui recoupe le chaos, sélectionne des mouvements infinis de la pensée, et se meuble de concepts formés comme de particules consistantes allant aussi vite que la pensée. La science a une tout autre manière d'aborder le chaos, presque inverse: elle renonce à l'infini, à la vitesse infinie, pour gagner *une référence capable d'actualiser le virtuel.* Gardant l'infini, la philosophie donne une consistance au virtuel par concepts; renonçant à l'infini, la science donne au virtuel une référence qui l'actualise, par fonctions. La philosophie procède avec un plan d'immanence ou de consistance; la science, avec un plan de référence [...] C'est un fantastique *ralentissement* et c'est par ralentissement que la matière s'actualise, mais aussi la pensée scientifique capable de la pénétrer par propositions. Une fonction est une Ralentie. Certes, la science ne cesse de promouvoir des accélérations, non seulement dans les catalyses, mais dans les accélérateurs de particules, dans les expansions qui éloignent les galaxies.»

«Il arrive que la constante-limite apparaisse elle-même comme un rapport dans l'ensemble de l'univers auquel toutes les parties sont soumises sous une condition finie (quantité de mouvement, de force, d'énergie...). Encore faut-il que des systèmes de coordonnées existent, auxquels renvoient les termes du rapport: c'est donc un second sens de la limite, un cadrage externe ou une exo-référence.

Car les proto-limites, hors de toutes coordonnées, engendrent d'abord des abscisses de vitesses sur lesquelles se dresseront les axes coordonnables. Une particule aura une position, une énergie, une masse, une valeur de spin, mais à condition de recevoir une existence ou une actualité physique, ou «d'atterrir» dans des trajectoires que des systèmes de coordonnées pourront saisir. Ce sont ces limites premières qui constituent le ralentissement dans le chaos ou le seuil de suspension de l'infini, qui servent d'endo-références et opèrent un comptage: ce ne sont pas des rapports, mais des nombres, et toute la théorie des fonctions dépend de nombres. On invoquera la vitesse de la lumière, le zéro absolu, le quantum d'action, le Big Bang [...] De telles limites ne valent pas par la valeur empirique qu'elles prennent seulement dans des systèmes de coordonnées, elles agissent d'abord comme la condition de ralentissement primordial qui s'étend par rapport à l'infini sur toute l'échelle des vitesses correspondantes, sur leurs accélérations ou ralentissements conditionnés.

Et ce n'est pas seulement la diversité de ces limites qui autorise à douter de la vocation unitaire de la science; c'est chacune en effet qui engendre pour son compte des systèmes de coordonnées hétérogènes irréductibles, et impose des seuils de discontinuité, suivant la proximité ou l'éloignement de la variable (par exemple, l'éloignement des galaxies). La science n'est pas hantée par sa propre unité, mais par le plan de référence constitué par toutes les limites ou bordures sous lesquelles elle affronte le chaos. Ce sont ces bordures qui donnent au plan ses références; quant aux systèmes de coordonnées, ils peuplent ou meublent le plan de référence lui-même.»

Vous avez tout lu? Vous sentiriez-vous capable de le vulgariser?

Pour qu'il n'y ait pas de confusion: les deux auteurs sont des sommités dans leurs domaines respectifs. Ils ont écrit beaucoup de livres et ont acquis une crédibilité auprès d'un large pan du milieu académique. Gilles Deleuze, décédé au milieu des années 1990, est réputé être l'un des plus grands philosophes français du 20e siècle.

Et pourtant... ce texte ne veut rien dire.

L'auteur est une sommité de la philosophie. En France, on dit même à la blague qu'il est un produit d'exportation puisque depuis les années 1960, il est une vedette des départements de philosophie aux États-Unis.

Dans ce texte et dans plusieurs autres au fil des années, il a utilisé abondamment un vocabulaire scientifique. Or, le jour où des scientifiques ont pour la première fois analysé la valeur scientifique de ces propos, ils n'y ont rien trouvé. Les termes scientifiques, tels qu'ils sont utilisés, ne veulent rien dire. La critique la plus dure est venue des physiciens Alan Sokal et Jean Bricmont, *Impostures intellectuelles* (1999).

Ce sont là des erreurs traditionnelles à ceux qui abusent du vocabulaire scientifique pour «faire savant»:

- Ils utilisent des termes spécialisés, mais parce qu'ils les sortent de leur contexte, ils leur attribuent un sens qu'ils n'ont plus.
- Ils utilisent des termes spécialisés dans le bon contexte, mais n'ont manifestement pas compris ce qu'ils veulent dire.

Cessez d'avoir peur de la science et posez des questions

La science fait peur. On le sait. Je fais régulièrement affaire avec des finissants en journalisme qui sentent dès le premier contact le besoin de dire: «Moi, je ne connais rien aux sciences» comme pour s'excuser à l'avance d'une maladie honteuse.

Ceux-là font partie de la masse de gens, peut-être la majorité, qui considère encore le scientifique comme un Grand Sage, celui qui connaît plein de choses que nous, pauvres mortels, ne pouvons pas comprendre.

Eh bien après avoir lu le texte ci-haut, vous devriez apprendre à poser des questions! Si vous ne posez jamais de questions, vous allez vous faire manipuler à tous les coups.

Cette peur de la science, c'est votre plus gros handicap. Vous DEVEZ demander des explications. Vous DEVEZ poser des questions. Votre DEVEZ cultiver le DOUTE. Pas seulement si vous êtes journaliste : comme relationniste, vous avez tout intérêt à poser les questions qui vous brûlent la langue, sinon ça vous retombera tôt ou tard sur le nez : « tu avais compris ce qu'il disait, toi? »

Lecture complémentaire : K.C. Cole, « Why editors must dare to be dumb », *Columbia Journalism Review*, mai 2006 : cjrarchives.org/issues/2006/4/cole.asp

Anecdote. Yvonne Rebeyrol est entrée au journal *Le Monde* en 1956 comme cartographe (on dirait aujourd'hui : infographiste, en charge des cartes!). Elle a commencé à faire des articles, comme elle dit, « parce que j'étais là ». Des sujets qu'on considère d'intérêt secondaire : les tremblements de terre à l'étranger. Puis, de fil en aiguille, les séismes, les volcans, les cyclones, les inondations. Et tranquillement, au hasard des circonstances de l'actualité, elle élargit son spectre : les techniques d'exploitation pétrolière, l'océanographie, l'archéologie, la paléontologie, la préhistoire, les régions polaires... De raconter Françoise Tristanni-Poteaux : un jour qu'Yvonne Rebeyrol assiste « à la présentation des plans d'une plate-forme de production pétrolière qui doit être construite sur des flotteurs avant d'être amenée sur le lieu de la production pour être partiellement immergée, elle s'inquiète du volume de ces flotteurs. L'ingénieur esquive sa question, finit par lui répondre n'importe quoi. Elle observe : *le principe d'Archimède est clair, le nombre de mètres cubes de vide doit être au moins égal à celui des tonnes : votre plate-forme ne flottera pas.* Rires dans la salle, stupeur de l'entreprise... qui reverra ses volumes à la hausse! »

L'échelle de la crédibilité

Comment distinguer le vrai du faux? Comment distinguer un scientifique sérieux d'un philosophe qui ne sait pas de quoi il parle? Ou pire, d'un charlatan qui sait habilement manipuler le langage savant et donne l'impression de savoir de quoi il parle?

Des centaines d'auteurs se sont penchés sur cette question. Une des illustrations les plus simples est l'échelle de la crédibilité.

Solide — Absurde

À une extrémité, ce qui est solide comme le roc. Ce pour quoi on a une absolue certitude. À l'autre extrémité, ce qui est complètement absurde et qu'on peut rejeter d'emblée.

La Terre plate	L'électron possède une charge négative
Le Père Noël	L'eau gèle à 0 degré
Le créationnisme	

Pour les affirmations les plus évidentes, un placement à une extrémité ou l'autre du spectre est assez facile.

Mais où placer le reste? Où placer, par exemple, l'Atlantide?

Pour les uns, la cause est entendue: l'Atlantide est une légende qui n'a aucun fondement, et mérite d'être placée à l'extrémité «absurde». Pour beaucoup d'autres, la légende s'appuie sur une base historique.

Comment trancher? Si vous interrogez des «spécialistes de l'Atlantide», vous allez tôt ou tard tomber sur une personne qui en sait 1000 fois plus que vous – et qui saura même d'avance quelles questions vous allez lui poser! Doit-on se contenter, dans la bonne vieille tradition journalistique, de présenter le «pour» et le «contre», et de laisser le lecteur décider?

Oublier le schéma classique du pour et du contre

La réponse est Non. Ce serait pervertir la notion d'objectivité. Deux opinions n'ont pas TOUJOURS valeur égale.

Ainsi, les Américains sont empêtrés depuis des décennies dans un débat qui empuantit l'atmosphère des cours de biologie des écoles: faut-il enseigner le créationnisme – sous son étiquette plus «noble» de dessein intelligent – sur un pied d'égalité avec l'évolution? Le tiers des Américains croit que l'humain a été créé sous sa forme actuelle il y a 10000 ans ou moins. Au nom de l'équité envers ces nombreuses personnes, ne devrait-on pas écrire tous nos articles en mettant évolution et création sur un pied d'égalité?

La réponse, encore là, est Non. Ça ne signifie pas que leurs propos doivent être étouffés, au contraire: il faut trouver des moyens par lesquels les propos de ces derniers doivent être compris, étudiés, décortiqués, remis en contexte. Mais cela signifie que leurs propos n'ont pas la même valeur, tout comme ceux d'un astrologue n'ont pas la même valeur que ceux d'un astronome. On peut en dire autant de l'éventualité d'accorder un temps de parole **égal** à ceux qui prétendent que le VIH ne cause pas le sida, que l'homme n'a pas marché sur la Lune, ou que le réchauffement climatique n'est pas prouvé: ce sont des cas où l'attitude consistant à bâtir un article «équilibré» serait erronée. Pire qu'erronée, dangereuse, va jusqu'à écrire le journaliste du *New York Times* Andrew Revkin, qui couvre l'environnement depuis deux décennies:

> Comme béquille et raccourci, les journalistes ont longtemps compté sur la bonne vieille méthode consistant à trouver quelqu'un qui dit Oui, et quelqu'un qui dit Non, pour encadrer n'importe quel sujet, de l'avortement au zonage. Pour le journaliste, c'est une façon rapide et facile de montrer qu'il n'est pas biaisé. Mais c'est aussi une façon facile, devant un sujet environnemental complexe, de perpétuer la confusion dans l'esprit du lecteur et de le convaincre que les médias ne jouent pas un rôle vraiment utile.
>
> Lorsque cette forme est surutilisée, elle tend inévitablement à braquer les projecteurs sur les gens qui sont aux extrêmes du débat, plutôt que dans la zone grise, beaucoup plus large, où le consensus réside probablement.

J'entends les objections au fond de la salle, de ceux qui, pour un, croient que le réchauffement climatique a été monté en épingle pour des raisons politiques ou idéologiques, pour l'autre, croient que le dessein intelligent mérite considération.

À vos objections, il y a une réponse: **toute connaissance doit être validée**.

Très bien, direz-vous, mais comment savoir ce qui est valide? Tout croyant en l'Atlantide, par définition, **croit** dur comme fer que sa connaissance est valide. Alors comment, en tant que vulgarisateur, pouvez-vous trancher? Deux outils: les **sources primaires**, et le **processus de validation de l'information scientifique**.

Développer le réflexe d'aller aux sources primaires

Un politicien déclare que d'après une étude de son ministère, la situation aux urgences s'est améliorée: source secondaire. *L'étude de son ministère*: source primaire.

Un communiqué de presse affirme qu'un nouveau médicament améliore la mémoire des patients souffrant d'Alzheimer: source secondaire. *L'étude, qui dit que le médicament améliore la mémoire des patients de moins de 60 ans souffrant d'Alzheimer précoce*: source primaire.

Un blogueur qui cite un blogueur qui cite un article de journal affirmant que..: source quaternaire!

Inutile d'expliquer pourquoi il faut autant que possible remonter à la source primaire: ceux qui ont rapporté une information avant vous peuvent avoir commis des erreurs, en toute bonne foi, ou avoir manipulé les faits à leur avantage.

Il est parfois étonnant de constater combien on se contente de l'homme qui a vu l'homme qui a vu l'homme qui a vu l'ours. Sur l'Atlantide, des milliers de livres ont été écrits. Leurs sources se divisent en deux catégories:

1) l'auteur A cite l'auteur B qui citait l'auteur C qui avait cité l'auteur D…
2) Platon.

La seule source primaire, c'est en effet Platon, ce philosophe grec d'il y a 2500 ans. Que disait-il de l'Atlantide? Qu'une civilisation située «au-delà des colonnes d'Hercule» – le détroit de Gibraltar – ayant atteint un haut niveau de développement, aurait été engloutie sous l'Atlantique – d'où son nom – des milliers d'années plus tôt.

Et c'est tout. Juste quelques paragraphes – que les experts en littérature grecque, de surcroît, considèrent être une allégorie sur la société idéale, et non un récit historique. Tous les auteurs du XXe siècle ont brodé des milliers de pages à partir de cette minuscule mention dans un écrit de Platon.

Et pourtant, c'est une recette qui fonctionne allègrement et engendre des best-sellers.

Question subsidiaire

En plus de rechercher les sources, vous pouvez utiliser votre imagination pour tester des questions originales. Les plaques tectoniques constituent par exemple un savoir solide comme le béton; à présent qu'elles sont cartographiées, on peut affirmer qu'un continent n'a jamais existé entre deux d'entre elles, dans l'Atlantique.

L'archéologie peut aussi venir à la rescousse: on découvre des outils de pierre vieux d'un million d'années, mais on n'aurait jamais retrouvé un bout de plastique ou de métal vieux de seulement 10000 ans? Un livre? Un dépotoir de pneus?

La «remontée» jusqu'à Platon n'est qu'une variante de la plus importante des questions que vous devrez immanquablement poser, au chercheur, à vous-même ou à celui qui émet une opinion, lorsque vous serez en face d'une recherche ou d'argumentaire à saveur scientifique, que vous soyez journaliste ou relationniste:

- *Comment le savez-vous?*
- *Comment en êtes-vous arrivé à cette conclusion?*
- Ou encore: *Quelles sont vos sources?*

Et si vous développez le réflexe de rechercher la source primaire, vous n'êtes plus très loin de la deuxième méthode pour dégager le vrai du faux: le processus par lequel, depuis plus d'un siècle, se valide l'information scientifique.

Connaître le processus de validation de l'information scientifique

Sciences et pseudo-sciences sont plus voisines qu'on ne veut bien l'admettre. Carl Sagan a souvent écrit que la science nous apprend le sens du merveilleux. Mais les pseudo-sciences en ont aussi la prétention : la plupart des théories qui alimentent le discours *New Age* sont de nature à faire rêver, tant le monde qu'elles promettent semble agréable.

Ce qui différencie sciences et pseudo-sciences, c'est **le processus de validation**.

Si la façon dont les connaissances sont *validées* en science était plus largement connue, si la connaissance de ce qui définit une « preuve solide » était répandue, il resterait beaucoup moins d'espace pour les croyances farfelues.

Si journalistes et éditeurs tombent si souvent dans le panneau d'une affirmation qui se révèle par la suite sans fondements, c'est parce qu'ils ont une conception très naïve de la science : si un scientifique le dit, ça doit être vrai. Si ça provient d'une université, ça doit être sérieux.

Quant à ceux qui veulent à tout prix croire, ils ne peuvent faire autrement que de trouver la science rebutante : son processus de validation est sévère et pour accepter une nouvelle conclusion, il faut du temps... Alors que le seuil d'acceptation est beaucoup plus « relax » avec les pseudo-sciences, ce qui les rend bien plus attrayantes...

Et là-dessus, la vulgarisation a sa part de responsabilité : à ne se concentrer que sur la « découverte de la semaine », à donner l'illusion que la science progresse par bonds spectaculaires, le public ne peut pas distinguer science et pseudo-science. Les deux se valent, puisqu'elles ont toujours des annonces spectaculaires à offrir !

Avertissement à ceux qui ont étudié en communications, mais pas en science : les scientifiques commettent beaucoup d'erreurs. En fait, la science se nourrit surtout d'erreurs. Elle les décortique une par une et bâtit à partir de là, au fur et à mesure. Des hypothèses sont continuellement testées. Une hypothèse qui se révèle fausse n'est pas un échec: c'est un article dans une revue scientifique et une brique de plus dans l'édifice des connaissances.

À l'inverse, connaissez-vous des praticiens des pseudos qui remettent en question leurs présupposés? Non, parce que leurs hypothèses sont construites de telle façon qu'elles sont invulnérables. Leurs praticiens sont prompts à attaquer «la science» si elle n'accrédite pas leur hypothèse et dans les cas extrêmes, invoquent la théorie du complot: si la science ne confirme pas mon hypothèse, c'est parce qu'elle a peur de changer.

Pourtant, le mécanisme d'essais et d'erreurs n'a rien de mystérieux: c'est celui que nous employons dès l'enfance. Chaque fois que nous nous posons des questions, que nous touchons le poêle pour vérifier s'il est chaud, que nous comparons deux produits pour leurs rapports qualité-prix, que nous observons un oiseau qui semble étranger, nous avançons des hypothèses et nous cherchons une façon de les valider.

Qui sait jusqu'où cela peut conduire. Saviez-vous par exemple que des notes compilées par des amateurs britanniques d'oiseaux au 19e siècle ont servi de base à une étude, au 21e siècle, sur le déplacement des dates d'arrivée et de départ des oiseaux migrateurs?

Première étape du processus de validation: la publication

Après des mois (voire des années...) passés à collecter des données et à les analyser, un groupe de scientifiques en arrive à une conclusion. Sa recherche prend la forme d'un article – écrit, lui, suivant les règles *introduction, développement conclusion* – qui est soumis à une revue.

Les plus prestigieuses de ces revues sont dotées d'un **comité de révision par les pairs** (en anglais, *peer-review*): ce sont des scientifiques de la même discipline, dont le mandat est d'examiner cet article. La méthodologie a-t-elle été respectée? L'échantillon est-il significatif? Quelles sont les faiblesses? Ces résultats ont-ils déjà été énoncés ailleurs?

PUBLICATION

Revues avec comité de révision

Revues sans comité de révision

Voyez cela comme un blogue qui serait hyper-spécialisé : vous déposez votre billet – cette recherche qui vous a pris des milliers d'heures – et deux ou trois lecteurs, qui eux seuls ont l'autorisation de le faire – et peuvent même rester anonymes – viennent déposer leurs commentaires.

C'est la forme de dialogue la plus pointue qu'on puisse imaginer. Mais c'est aussi ce qui accroît la crédibilité d'une certaine information scientifique : chaque mois, parmi le million de recherches publiées, *celles parues dans une revue dotée d'un comité de révision ont plus de poids* que les autres.

Et même parmi les revues dotées d'un tel comité, certaines ont encore plus de poids : les deux géants, *Nature* et *Science*, qui sont multidisciplinaires, le *New England Journal of Medicine* et le *Journal de l'Association médicale américaine*, incontournables sources de la recherche bio-médicale. Se sont également détachées du lot *Cell* (biologie), *Neuron* (neurologie) et les *Proceedings of the National Academy of Sciences* (multidisciplinaire). Souvent citées : *Annals of Internal Medicine, Circulation* et, en dehors des sciences de la vie, *Physical Review Letters* (physique), *Astrophysical Journal, Geology et Geophysical Research Letters.*

Un journaliste scientifique qui veut précéder l'actualité ou se tenir à jour, se doit d'éplucher quelques-unes d'entre elles. Et par « précéder l'actualité », on ne pense pas à ceux qui veulent battre de vitesse leurs concurrents de quelques heures : tout pigiste, même s'il ne travaille que pour l'édition du mois prochain, se doit de sortir de sa manche des idées originales, sans quoi il est à la remorque des commandes des rédacteurs en chef (si commandes on lui offre) ou à la remorque des idées pas nécessairement originales.

Le poids supérieur d'une revue dotée d'un comité de révision ne signifie pas que, pour un scientifique, une publication dans une revue « sans comité » soit sans importance : au contraire, la publication est essentielle à la recherche scientifique et c'est pourquoi une recherche parue quelque part, où que ce soit, acquiert d'emblée un poids supérieur à une recherche dont on ne fait que vous parler: au moins, les résultats sont sur la table, où d'autres chercheurs peuvent les lire, les commenter, les critiquer.

Si vous vous retrouvez devant un scientifique qui annonce une percée phénoménale, mais qu'il n'a pas réussi à publier, méfiez-vous. Avant d'en parler, peut-être devriez-vous attendre qu'il ait réussi à coucher ses idées sur papier.

JUSQU'OÙ...
réviser la révision?

La révision par les pairs est le meilleur des systèmes que la science ait à offrir pour sa crédibilité, mais il n'est pas sans failles. Il se heurte à deux limites, de plus en plus épineuses à l'heure d'Internet:

- *le temps:* il peut s'écouler de six mois à un an entre le moment où une recherche est soumise à *Nature* ou *Science* et celui où elle est publiée.
- *l'étroitesse de l'échange:* ce comité de révision peut dire où vous avez erré, mais sa décision est sans appel.

Depuis 2000, plusieurs publications ont commencé à expérimenter *une révision par les pairs ouverte (open peer review).* Un genre de forum auquel sont conviés soit les abonnés de la revue, soit un nombre élargi d'experts. L'éditeur indépendant PLOS (*Public Library of Science*) fut d'abord le navire-amiral d'une campagne politique visant à rendre la recherche accessible gratuitement. Depuis 2007, sur le site de *PLoS One*, les articles sont d'abord filtrés par la rédaction, avant d'être mis en ligne, là où la révision par les pairs est destinée à se faire par les commentaires des visiteurs. *PLoS One* a même embauché un «gestionnaire de contenu en ligne», dont la tâche est de motiver les visiteurs à commenter. Cet étudiant au doctorat en biologie était déjà au préalable, et ce n'est pas une coïncidence, un blogueur prolifique, bien connu des blogueurs scientifiques: ce choix symbolise combien pourrait se développer un lien étroit, naturel, entre les blogues en science et l'évolution du processus de révision par les pairs.

Un congrès peut, exceptionnellement, être un lieu de première publication, en autant que les données soient mises sur la table, et qu'on ne se contente pas juste d'une vague annonce de succès.

PUBLICATION
Revues avec comité de révision
Revues sans comité de révision
↑
Congrès

Ça fait beaucoup de choses à lire!

Un journaliste qui n'aime pas lire n'a pas choisi le bon métier. Beaucoup de journalistes lisent deux journaux par jour, ou plus, et bien que j'aie investi Internet depuis 1993, je ne suis toujours pas convaincu qu'il remplace adéquatement le fait de tourner les pages d'un journal, d'un bout à l'autre.

Dans le cas d'un journaliste scientifique, la lecture de quelques revues scientifiques anglophones s'impose:

- anglophones, parce qu'elles ont, toutes, plusieurs longueurs d'avance sur leurs comparses francophones (plus d'argent, donc plus de pages, plus d'articles de fond et plus de nouvelles);
- revues de vulgarisation (*New Scientist, Scientific American, Science News, Discover*, etc.) parce que, du fait de ces moyens supérieurs, elles peuvent coller de très près, sur leur site, à l'actualité et aux dernières recherches parues dans les publications dotées d'un comité de révision;
- revues de chercheurs enfin, de temps en temps; mais si vous n'avez pas étudié en science, pas de panique! Personne ne s'attend à ce que vous décodiez les recherches que, dans *Nature* ou *Science*, la majorité des chercheurs n'arrivent pas eux-mêmes à lire couramment! Il faut plutôt se tourner vers les pages de vulgarisation qu'offrent toutes ces revues: actualités, dossiers et «perspectives» rédigés par des journalistes.
- Cette abondance vous procure à la longue un aperçu des frontières qu'atteint la science – où en sont-ils – et de la façon dont elle fonctionne: ses essais, ses erreurs, ses tendances, ses contraintes.

Feuilleter *Nature, Science,* le *New Scientist* ou le *Scientific American,* c'est feuilleter la science en train de se construire. Si vous êtes journaliste à la recherche d'idées pour le mois prochain ou la prochaine saison, il est impossible que ça ne finisse pas par vous inspirer.

Les lieux de validation de la recherche

Mythe : le scientifique qui travaille tout seul dans son sous-sol (ou, version moderne, dans son laboratoire). Réalité : la recherche est inter-universités, voire internationale. Regardez la liste des signataires des recherches parues dans une des revues ci-haut : rarement sont-ils moins de trois. Et dès qu'ils sont 4 ou 5, rarement sont-ils tous au même endroit.

Ils peuvent même être divisés en deux équipes menant le même travail, mais de manière indépendante, dans le but de s'assurer qu'ils arriveront aux mêmes résultats, ou pour tester deux technologies distinctes (en ciblage génétique, par exemple).

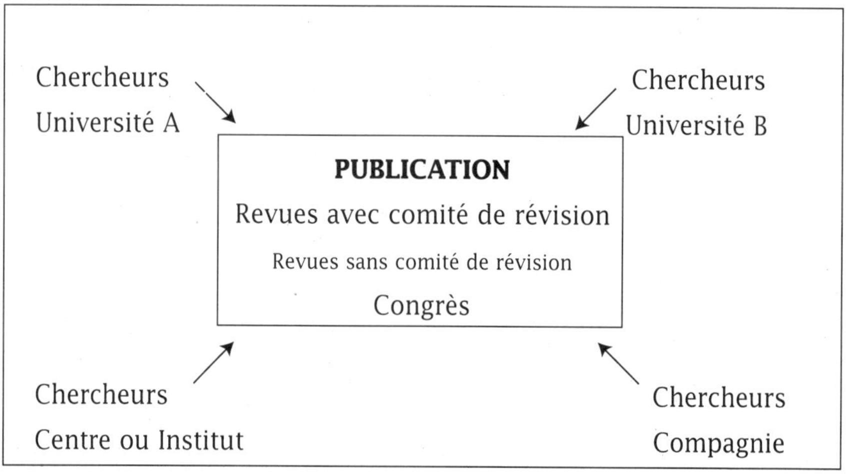

Quant au laboratoire lui-même, il ne se trouvera évidemment pas dans un de ces entrepôts obscurs dont raffolent les films de science-fiction, mais à l'intérieur des murs d'une université. Généralement à deux pas des salles de cours ou des bureaux des professeurs.

Certains centres de recherche ont acquis une autonomie ou un prestige suffisant – traduction: des budgets suffisants – pour occuper des locaux distincts.

Une partie de la recherche bio-médicale se fait dans des hôpitaux universitaires. Et enfin, il y a le secteur privé: la recherche menée à l'intérieur des murs de compagnies privées: pharmacologie, biotechnologies, mais aussi aéronautique, génie et tout ce qui est technologique.

Un lieu distinct pour la recherche: invention récente

Ce n'est qu'au milieu des années 1800 qu'apparaît l'institut de recherche comme on le connaît aujourd'hui: un lieu uniquement consacré à la recherche. Avant cela, le mythe du savant isolé, qui travaille chez lui, n'était donc pas un mythe.

En lui donnant un lieu physique, l'université reconnaît l'importance d'assurer à la recherche un financement continu, appuyé sur des équipes régulières. À l'Université Cambridge, en Angleterre, c'est en 1870 qu'est créé le Cavendish Laboratory. À sa tête, James Maxwell, qui va découvrir l'électromagnétisme et lord Kelvin, qui donnera son nom aux degrés Kelvin.

Certaines compagnies y voient leur intérêt et c'est ainsi qu'apparaissent les premiers laboratoires industriels. Les brevets qu'on dépose sur une invention, ou sur un procédé qu'on *espère* inventer, c'est de là que ça vient, à partir de la fin du 19e siècle. En peu de temps, il se crée un véritable marché des brevets. De ces laboratoires industriels émerge une industrie de la technologie: le caoutchouc, le verre, le pétrole, la métallurgie, les transports. Et aujourd'hui, l'aérospatiale, l'informatique, le pharmaceutique et les biotechnologies.

Le financement de la recherche

Tout cela nécessite de l'argent. D'où vient-il?

Eh bien, de vous.

Ce sont vos impôts qui financent la majeure partie de la recherche scientifique, partout sur la planète. Les gouvernements donnent de l'argent à des organismes subventionnaires, qui la redistribuent ensuite.

Ces organismes portent des acronymes que vous apprendrez à reconnaître: au Québec, le FRSQ (Fonds de recherche en santé du Québec, le FQRNT (Fonds québécois de recherche sur la nature et les technologies), au Canada le CRSNG (Conseil de recherches en sciences naturelles et génie), le CRSH (Conseil de recherches en sciences humaines), l'IRSC (Instituts de recherche en santé du Canada) et la FCI (Fondation canadienne pour l'innovation), aux États-Unis la NSF (National Science Foundation) et le NIH (National Institutes of Health). Ce dernier est souvent cité dans les journaux, vu son poids dans la recherche en médecine et santé – et vu la domination des recherches en médecine et santé dans les médias.

Comment ces organismes subventionnaires redistribuent-ils leurs sous? Si vous êtes chercheur, vous remplissez une demande de subvention, expliquant pourquoi vous croyez que votre projet est si important. Un comité examine votre demande – et des milliers d'autres – et lui octroie des sous, ou non. Pour un an, parfois trois ans, rarement plus.

C'est toutefois plus compliqué que ça en a l'air. Chaque organisme a ses critères. Les projets de recherche ne cadrent pas toujours avec un plan de trois ans. Ils sont souvent financés par plus d'une subvention, qui se chevauchent dans le temps. En conséquence, une évolution méconnue du métier de chercheur depuis 20 ans… c'est la place croissante prise par l'écriture de demandes de subventions!

$$$
Organismes subventionnaires
FRSQ, CRSNG, NIH, NSF, etc.

Chercheurs Université A	Chercheurs Université B
Chercheurs Centre ou Institut	Chercheurs Compagnie

Le financement par le privé

Et le financement par le secteur privé, qu'on a tendance à tant dénigrer? Évidemment, il est davantage présent que voici quelques décennies, puisque dans certains secteurs-clés (pharmaceutique, biotechnologies, aérospatial), des compagnies financent de la recherche à l'intérieur de leurs murs, mais aussi à l'intérieur des universités.

Il faut toutefois souligner que, contrairement à certaines croyances bien répandues, l'industrie finance *beaucoup plus* de recherches à l'intérieur de ses murs: en 2005, aux États-Unis, selon la National Science Foundation, les compagnies ont dépensé pour la recherche menée chez elles, 191 milliards $... et 2,3 milliards $ dans les universités. En comparaison, le gouvernement, via ses organismes subventionnaires, a fourni à la recherche universitaire 29,2 milliards $ et les universités elles-mêmes ont dépensé 45,8 milliards $.

Mais lorsque des controverses surgissent, c'est immanquablement à cause du financement privé: une recherche sur le médicament X, menée par l'Université Y mais financée par le fabricant du médicament, est-elle digne de confiance?

La recherche n'est plus ce qu'elle était il y a un siècle ou deux. Les universités ont considérablement grossi: plusieurs sont désormais des villes dans la ville, avec leurs journaux, leurs quartiers résidentiels, leurs policiers. Avec cela s'accompagnent des besoins financiers eux aussi considérables. Les spécialisations scientifiques de plus en plus pointues s'accompagnent d'une concurrence féroce pour attirer les meilleurs d'une discipline et se maintenir à la fine pointe de la technologie. Il existe donc une pression pour aller chercher des revenus supplémentaires, et là où le mécénat atteint ses limites, le secteur privé est un soupirant auquel les universités ont du mal à résister.

C'est indéniable, l'argent du secteur privé peut provoquer des accointances douteuses. Mais le financement privé peut prendre des formes bien plus subtiles qu'un chèque versé à une université. Le cas du tabac est à cet égard exemplaire. Après la publication en 1964 du rapport *US Smoking and Health: Report of the Advisory Committee of the Surgeon general of the Public Health Service*, qui a lancé la guerre au tabac, les compagnies se sont mises à dépenser des fortunes, en relations publiques (chapitre 8), mais aussi pour financer des recommandations, des avis et des recherches, dont plusieurs sous le couvert d'organismes «indépendants» – ni liés à une université, ni liés, officiellement, à une compagnie de tabac. Plus subtil encore: l'objectif n'était pas de démontrer que le tabac ne cause pas le cancer, juste de semer le doute: *la science est complexe, le cancer est complexe, ses causes sont multiples, pointer du doigt un seul coupable est impossible*... Cette stratégie a duré des décennies.

Ceux de ces financements qui allaient directement aux universités sont devenus gênants, et plusieurs institutions s'en sont départies. Mais d'autres accointances, avec d'autres secteurs de l'industrie, sont nées, plus discrètes, en apparence moins contraignantes, mais tout aussi dangereuses, à long terme, pour la crédibilité des universités.

Un nom: Jesse Gelsinger. Un lieu: l'Université de Pennsylvanie, où des pressions pour obtenir des résultats plus vite, ont causé mort d'homme.

Au milieu des années 1990, l'Institut de thérapie génique de cette université était l'un des meneurs d'une course mondiale au développement d'applications de la recherche en génétique. La thérapie génique était alors vue comme la nouvelle frontière de la pharmacologie, et l'université qui détiendrait le brevet sur les premiers traitements décrocherait le gros lot. James Wilson, expert mondial de la thérapie génique récemment recruté par l'Université de Pennsylvanie, était également propriétaire de 30% de la firme de biotechnologie Genova Inc., qui avait investi 4 millions $ en cinq ans dans l'Institut, en plus d'accorder à l'université une participation de 5%.

Une telle entente université-entreprise n'était pas inhabituelle. Ce qui l'était, c'était que James Wilson prenne part aux essais cliniques qui allaient suivre: plusieurs établissements, déjà à cette époque, interdisaient formellement à tout chercheur possédant des intérêts financiers dans un traitement de prendre part, de près ou de loin, aux essais cliniques de ce médicament pour des raisons évidentes de conflit d'intérêt.

Il arriva ce qui devait arriver: en septembre 1999, Jesse Gelsinger, 18 ans, meurt des suites d'un traitement génique expérimental. L'enquête révèle que l'université n'a pas été transparente sur les effets secondaires subis par d'autres patients avant Gelsinger et que le rôle de Wilson et de ses collaborateurs violait les règles d'éthique. Le bilan est celui d'une course effrénée aux profits, aux médicaments miracles et à la gloire, qui a conduit à la mort de ce jeune homme.

Les réactions indignées ont au moins eu un impact positif: un début de contre-réaction. Les revues sont désormais plus nombreuses à exiger des chercheurs qu'ils dévoilent leurs sources de financement. Les organismes subventionnaires américains comme le NIH ont quant à eux resserré leurs règles de surveillance.

De tout cela, les chercheurs seront rarement à l'aise pour vous en parler, parce qu'ils sont souvent convaincus d'être au-dessus de ces basses considérations matérielles. Mais ce sont des questions qu'on ne peut plus écarter – et ça vaut aussi pour les relationnistes. L'évolution de la vulgarisation vers un regard plus «social», tend depuis les années 2000 à inclure les questions économiques et financières, comme l'a fait le journaliste Daniel S. Greenberg avec un ouvrage au titre limpide: *Science for sale* (2007).

> Il fut un temps, il n'y a pas si longtemps, où la commercialisation des universités était mal vue, tendant vers quelque chose de sale. Ce n'est plus le cas. La course à l'argent est au cœur des administrations universitaires modernes. Les présidents sont jugés sur leurs prouesses dans la collecte de fonds. Rares sont aujourd'hui, parmi eux, les hommes d'État ou les philosophes de l'éducation supérieure.

La réglementation de la recherche

De qui dépendent les organismes subventionnaires? Du gouvernement. En général, la science est tout entière sous l'égide d'un ministère: au Québec, c'était, en 2008, le ministère du Développement économique, Innovation et exportation. Certains gouvernements ont leur propre ministère de la Science (mais généralement un tout petit ministère, doté d'un budget mineur à côté de ceux des Finances, de l'Intérieur, de l'Industrie ou de l'Agriculture).

Mais les gens qui ont un pouvoir décisionnel ne travaillent pas tous dans les ministères ou les organismes subventionnaires. Il existe une nébuleuse d'organismes publics ou parapublics qui a grossi tout au long du 20e siècle, à mesure que la science acquérait un poids politique et économique.

Ce sont les organismes de régulation: ceux qui sont chargés d'homologuer les produits pharmaceutiques (Foods and Drug Administration, aux États-Unis) et les nouveaux aliments, de tester les véhicules et d'évaluer les impacts en environnement (Bureau d'audiences publiques sur l'environnement) ou en santé et sécurité. Les commissions des brevets constituent les plus anciens de ces organismes de régulation liés à la science.

Les gouvernements ont aussi fondé des laboratoires nationaux, comme le CNRS en France, qui a servi d'inspiration à l'INRS au Québec, genre de fédérations de laboratoires et d'institutions dans des disciplines souvent disparates.

Tout cela commence à faire énormément de monde. Très tôt s'est donc manifesté l'intérêt de regroupements: les corporations professionnelles (ingénieurs et médecins) qui ont le pouvoir juridique de dresser des critères d'accès à leur profession. Et les associations professionnelles: elles sont plus souples, mais plus l'association est grosse, plus ses prises de position sont investies d'un poids moral (et sont répercutées par les médias).

Ces associations organisent des congrès, et les plus importants sont des lieux de «première publication», ce qui nous renvoie au début du processus.

Les vulgarisateurs de la recherche

Parmi ces associations, certaines essaient de parler au grand public: l'AAAS (Association américaine pour l'avancement des sciences, dont l'existence remonte au XIXe siècle) et son équivalent québécois, l'ACFAS, née en 1923 (d'où son nom jusqu'aux années 1990, *Association canadienne française pour l'avancement des sciences*) ont toutes deux, parmi leurs missions originelles, un mandat de vulgarisation. Mais après la Deuxième Guerre mondiale, des organismes plus spécialisés sont apparus, créant petit à petit une nébuleuse distincte, composée uniquement de professionnels de la vulgarisation.

C'est en effet à partir des années 1950, et plus encore 1960, que les gouvernements occidentaux ont senti une pression de l'opinion publique pour qu'on explique la justification de tous ces milliards dépensés en science ; parallèlement, la croissance du secteur scientifique créait un besoin de relève. Ces deux facteurs ont conduit à créer des organismes d'un genre inédit, financés par les fonds publics et voués à la communication – ou à la **sensibilisation** à la science : concours nationaux pour encourager les jeunes à faire de la science (Expo-sciences), festivals de la science, institutions muséales spécialisées, médias…

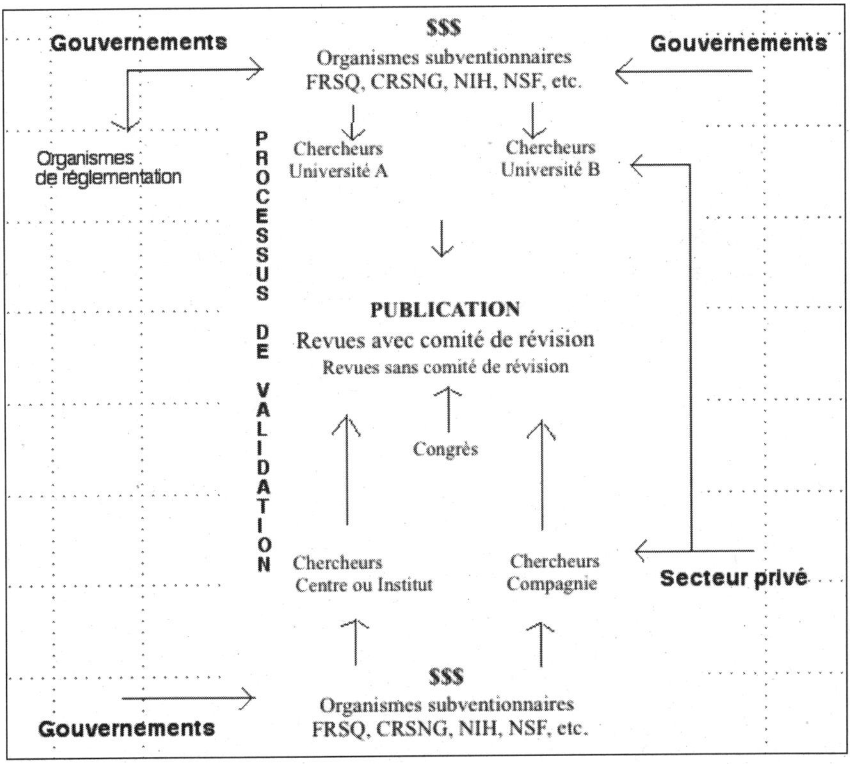

Au Québec, tous ces organismes ont pu naître parce que le gouvernement y a contribué. Parfois le même ministère qui distribue des sous pour la recherche en distribue une petite partie pour la vulgarisation – et aujourd'hui encore, certains de ces organismes ne survivent que grâce à cette aide gouvernementale, tandis que les autres seraient en mauvaise posture si elle devait s'interrompre.

Un ensemble hétéroclite mais facile à comprendre

Cet immense ensemble est, inutile de le dire, hétéroclite. Il ne parle pas d'une seule voix. Au contraire, il est traversé de contradictions et même de conflits. Mais c'est justement son énormité qui garantit sa crédibilité : quelle que soit la question qu'on se pose, même celle qui semble la plus farfelue, il y a toujours un groupe de gens prêt à prendre du temps pour l'examiner, proposer des méthodes ou des technologies pour creuser...

Même si on n'a pas étudié en science, cet univers ne nous est pas étranger. Un comité de révision, un organisme subventionnaire, un processus de validation, la publication, rien de tout cela n'est difficile à appréhender, spécialement pour des gens familiers avec l'univers de la culture et des communications.

La vulgarisation scientifique DEVRAIT, mais ne le fait pas assez, expliquer tout cela. Tenir compte du processus de validation permet de :

- comprendre pourquoi les journalistes écrivent si souvent au conditionnel ; en science, encore plus que dans les autres domaines de l'actualité, rien n'est jamais définitif, toute connaissance est évolutive ; même une recherche parue dans *Nature* peut être nuancée, corrigée, altérée, par une future recherche ;
- replacer la découverte de la semaine dans son contexte et la relativiser ; pour le vulgarisateur, il est moins nécessaire de réciter une liste de protéines que de saisir à quel niveau se situe la nouvelle recherche sur les protéines : parue ou non ? Petite équipe, grande équipe ? Projet au début ou à la fin de ses trois années de financement ?

- lutter contre les stéréotypes, celui du Grand Sage ou celui de «l'establishment scientifique», comme s'il s'agissait d'un bloc monolithique;
- dégager le bon grain – la recherche sérieuse – du truc farfelu qui n'aurait jamais dû obtenir de visibilité. Un cas d'espèce: la fusion froide.

Exercice: la fusion froide

Mise en situation. Nous sommes le mercredi 22 mars 1989. L'Université de l'Utah envoie un communiqué aux journalistes annonçant une conférence de presse pour le lendemain. Deux chimistes de chez elle, Stanley Pons et Martin Fleishman, ont découvert «une source d'énergie illimitée et non polluante»: ils ont réussi une fusion à froid dans leur laboratoire.

Le matin du 23 mars, avant la conférence de presse, deux journaux ont déjà cette nouvelle à la Une. Le *Financial Times* de Londres et le *Wall Street Journal* de New York; ils en avaient obtenu l'exclusivité. Les articles ne donnent pas de détails sur l'expérience, sinon que cette fusion nucléaire se serait réalisée à la température de la pièce, avec un équipement très simple. Et les articles de ces deux journaux économiques ouvrent sur les perspectives économiques: car si cette histoire devait se révéler vraie, ce serait la plus grande découverte scientifique du siècle.

Qu'est-ce que la fusion nucléaire? C'est ce qui se passe au cœur du Soleil, à des températures dépassant le milliard de degrés. Et en permanence, puisque notre Soleil brille en permanence. La fusion froide, ce serait donc l'énergie du soleil – mais dans un bocal.

Un scientifique réagit traditionnellement avec scepticisme à l'annonce d'une source d'énergie illimitée et non polluante: il en surgit quelques-unes par année, généralement d'illustres inconnus qui croient avoir réécrit les lois de l'Univers depuis leur garage. C'est ainsi que d'innombrables inventeurs, depuis plus d'un siècle, ont cru avoir inventé une machine à mouvement perpétuel.

Sauf qu'ici, on n'a pas affaire à deux obscurs inventeurs: Stanley Pons est professeur de chimie et a plusieurs publications derrière lui; Martin Fleishman est professeur invité à l'Université de l'Utah, détaché de l'Université de Southampton. Et le communiqué de presse est envoyé par le service des communications de l'Université de l'Utah, une institution sérieuse.

Imaginons donc une mise en situation. Vous êtes dans la salle de rédaction du *New York Times*, un journal qui dispose de gros moyens. Vous avez ce communiqué en main. Que choisissez-vous de faire:

- Vous envoyez un journaliste à la conférence de presse.
- Vous l'envoyez et en plus, vous mobilisez d'autres journalistes – entrevues avec d'autres experts de la fusion, biographies des deux chercheurs, etc. – pour avoir un dossier encore plus consistant le lendemain.
- Vous laissez dormir l'histoire, le temps de voir si elle se révélera sérieuse.

Incidemment, si vous allez vous-même à la conférence de presse, quelles «bonnes questions» allez-vous poser? Réponse un peu plus bas.

***

Le 24 mars, la nouvelle fait la Une du *New York Times* – ils ont choisi la deuxième option – et de plusieurs journaux. Dans les jours suivants, le *Wall Street Journal* y reviendra régulièrement, chaque fois avec le même optimisme.

Problème: il y a très peu d'informations à se mettre sous la dent. Dès le lendemain, nombre de scientifiques sont devant leurs tableaux noirs, et aimeraient bien tenter de reproduire cet exploit, mais ils en sont réduits à tenter de lire entre les lignes des articles journalistiques et des communiqués.

À la conférence de presse, avez-vous pensé à demander: «vos résultats sont-ils parus?» Si oui, Pons et Fleishman ne vous ont parlé que d'une promesse de publication.

Ils ont en effet court-circuité le processus de validation. Ils ont fait leur présentation directement aux médias, pas aux scientifiques. À deux journaux économiques, les meilleurs vecteurs pour attirer l'attention des investisseurs sur l'Université de l'Utah.

Certes, il y a ici et là, dans les articles journalistiques, des détails techno-scientifiques. Des mots-clés: *électrolyse, eau lourde, libération d'énergie.* Un langage avec lequel chimistes et physiciens sont familiers. Ils savent qu'une libération d'énergie, peu importe qu'elle se produise à la température de la pièce ou à des milliards de degrés, laisse des traces sur le métal des appareils. *Quel type de traces? En quelle quantité?* Ces détails sont primordiaux pour valider ce qui s'est passé.

Comme vulgarisateur, vous n'êtes pas taillé pour poser ces questions. Mais si vous avez eu le (bon) réflexe d'appeler d'autres experts pour obtenir une contre-opinion, ils vous auront nécessairement mis sur cette piste. Bien que la presse «généraliste» ait été plus tard critiquée pour être tombée dans le panneau, les spécialisés, eux, ont flairé le piège.

Choix douloureux: en parler ou ne pas en parler? Si toute la presse nationale y fait écho, l'ignorer est une erreur. Ça vous oblige donc à être plus prudent dans votre façon de rédiger. Vous devez:

- donner du poids aux scientifiques qui expriment des doutes, ne pas juste les citer pour la forme;
- remettre en contexte: expliquer ce qu'est la fusion, expliquer pourquoi d'innombrables efforts pour la réaliser depuis 60 ans ont échoué ou donné des résultats décevants, et expliquer le processus de validation de l'information scientifique pour que le lecteur comprenne que l'étiquette «université prestigieuse, scientifiques renommés» n'est pas suffisante comme critère de validation.

Suite de l'exercice: froides retombées de la fusion froide

Ceci dit, il ne faut pas se leurrer: dans l'histoire de la fusion froide, les reportages prudents, sceptiques, qui remettaient en contexte, n'ont pas suffi. L'essentiel de la couverture journalistique, pendant les premières semaines, fut optimiste, bien que chaotique, faute de confirmations officielles, et encouragea en retour d'autres reportages optimistes. Tout le monde, y compris les vulgarisateurs, aime croire aux histoires extraordinaires.

Pendant les premières semaines, les deux «découvreurs» vécurent (presque) reclus. Fin d'avril enfin, première apparition dans un congrès scientifique, celui de la Société d'électrochimie. Les vilaines langues disent que c'est parce qu'on leur a promis une assemblée sympathique. Mais l'occasion est trop belle et, pour la première fois, les deux hommes sont confrontés à des questions pointues. Trop pointues pour les journalistes locaux couvrant pour la première fois ce sujet. Mais les journalistes qui suivent ce dossier depuis un mois – et ont parlé à d'autres scientifiques – peuvent saisir ce qui se passe.

Par exemple, Pons et Fleishman, conciliants, admettent qu'une émission de neutrons qu'ils ont rapportée ait pu être mal mesurée. Ils promettent de répéter l'expérience en utilisant un appareillage plus sensible. D'autres chercheurs ont eu, depuis un mois, le temps de faire leurs calculs, et de pointer que si une fusion a pris place, des neutrons caractéristiques de deutérium doivent avoir «imprégné» les instruments.

C'est pointu: mais un bon journaliste est capable de voir que c'est une «bonne question». Une question-clé pour déterminer si la fusion froide a eu lieu ou non. D'autant que les deux hommes admettent qu'ils essaient de mesurer cette empreinte. Plusieurs laboratoires ont offert de mener la mesure, à leurs frais: tout ce dont ils ont besoin c'est d'une petite pièce de métal des instruments. Pons et Fleishman refusent.

Rendez-vous suivant: le congrès international de physique à Santa Fe, du 23 au 25 mai, doit réunir un millier de personnes. À la Maison-Blanche, le Secrétaire à l'énergie a chargé un Prix Nobel de s'assurer que tous les points de vue y soient représentés.

Quelques jours avant le congrès, le vice-président à la recherche de l'Université de l'Utah, James Brophy, fait état d'un accident malheureux: une panne d'électricité à l'Université a endommagé l'expérience. Pons et Fleishman doivent reprendre à zéro, et ils ne pourront pas être à Santa Fe.

C'est le coup de grâce. Les derniers partisans sérieux de la fusion froide de l'Utah lèvent les bras en signe d'indignation.

Pons et Fleishman ont-ils cru en toute bonne foi avoir réussi une fusion à froid? C'est possible. Mais à quel moment ont-ils cessé d'y croire sans le dire tout haut? Nul n'a jamais pu corroborer leurs résultats et après quelques années, c'est jusqu'au mot «fusion froide» qui a cessé d'être employé par ceux qui, à travers le monde, continuent de suivre cette piste.

Le dérapage? On a bondi directement d'une annonce de «découverte extraordinaire» aux médias, sans filtres, sans contre-vérifications, sans révisions par d'autres yeux.

Les premiers journalistes n'ont pas posé les bonnes questions. Pas plus que les relationnistes de l'Université de l'Utah. Peut-être ceux-ci se sont-ils simplement réjouis de la visibilité que cela allait apporter à leur institution. Sauf que 20 ans plus tard, l'Université de l'Utah s'en mord encore les doigts.

Chapitre 11

Posez les bonnes questions

Rien de plus trompeur qu'un fait évident.
Sherlock Holmes,
dans *Le Mystère du Val Boscombe.*

Que sont donc ces fameuses «bonnes questions» que tout bon journaliste, communicateur ou vulgarisateur scientifique devrait poser, qu'il soit au service de l'institution ou du public?

La première, c'est LA question fondamentale posée au chapitre précédent: **quelles sont les sources?**

Cette question peut être déclinée de bien des façons. On peut se la poser à soi-même: *quelles sont ses sources*, et tenter de remonter à l'origine de l'information, fut-ce Platon. Comme disait en substance Hubert Beuve-Méry, fondateur du *Monde*: si quelqu'un vous dit que votre mère vous aime, vérifiez cette information.

Les incontournables

On peut aussi varier les termes, dépendamment du contexte: *comment le savez-vous? Vos résultats sont-ils parus? Quel est votre échantillon? Quel type d'étude avez-vous mené?*

Comment le savez-vous?

S'agit-il de quelque chose dont vous êtes «sûr», ou bien l'avez-vous observé? Observé sur combien de personnes (ou d'animaux)? Question élémentaire, surtout pour les prétentions extraordinaires.

Vos résultats sont-ils parus?

Si oui, où. Si non, pourquoi. Si la réponse est «non», méfiance. À l'heure d'Internet, il est impossible de ne pas publier quelque part. Si la réponse est oui, la parution dans une revue dotée d'un comité de révision accorde tout de suite des points de crédibilité supplémentaires.

Quel est votre échantillon?

Un échantillon de 80 personnes et un échantillon de 80 000 personnes, ça n'a pas évidemment pas la même valeur dans une étude médicale.

Au-delà du nombre «d'individus» testés (humains ou animaux), il y a aussi la question du temps: pendant combien de temps a duré l'expérience. Si l'étude est parue, la description de l'échantillon doit s'y trouver.

Variante de cette question: *Quelles sont vos données, vos chiffres, vos statistiques?* Dans une étude climatique, il peut s'agir de la quantité de données prises en compte (en années, en nombre de stations météo, en relevés, etc.). Dans une étude biologique, le nombre d'années d'observation, le nombre d'espèces suivies, de lieux examinés, etc.

Quel type d'étude avez-vous mené?

L'observation, tout d'abord, qui coule de source dans les études du comportement animal (pensez à Jane Gooddall au milieu des chimpanzés), mais peu utile dans le domaine médical.

La méta-analyse, où on remonte en arrière, dans les dossiers cliniques, de quelques années, voire plusieurs années, à la recherche de tendances qui nous auraient jusque-là échappé.

Le suivi, où un groupe de gens est suivi de semaine en semaine ou de mois en mois, à la recherche de corrélations: ceux qui boivent du lait le matin sont-ils plus en santé, ceux qui augmentent leur consommation de fruits sont-ils plus actifs sexuellement, etc.

L'étude clinique proprement dite: c'est le moment où un médicament, après avoir été testé sur des animaux, l'est sur des humains.

...avec groupe de contrôle: 1 000 personnes testent le médicament, et 1 000 personnes ne le reçoivent pas: on compare l'évolution des deux groupes sur six mois, un an, deux ans...

...en double aveugle: c'est la catégorie supérieure. 1 000 personnes reçoivent le médicament mais, à leur insu, 500 d'entre elles reçoivent un faux médicament – le fameux placebo. Afin d'éviter tout biais, personne ne sait qui a quoi, ni le patient, ni celui qui lui remet le produit. Après six mois, ou plus, on compare : si les deux groupes ont évolué aussi favorablement l'un que l'autre, le médicament ne vaut pas plus qu'une pilule de farine et de sucre.

Ces études sont tout aussi valables les unes que les autres, tout dépendant de l'objectif à atteindre. Et des budgets : on ne peut pas avoir à tous les coups une étude clinique avec groupe de contrôle en double aveugle.

En médecine alternative, c'est ici que ça dérape, parce que le praticien désireux de vanter son produit ou son traitement, se contente généralement d'énumérer des noms de gens (idéalement, des célébrités) ayant été «guéris». Ou bien un chiffre : des milliers de personnes guéries! Mais impossible de savoir combien de ceux qui ont suivi le même traitement n'ont, eux, subi aucun effet.

Avez-vous tenu compte des biais possibles?

Il arrive qu'un médicament soit efficace chez les femmes, mais pas chez les hommes. Sans cette distinction, on peut avoir l'impression que le médicament est, «en moyenne», efficace. Le biais peut être idéologique : celui qui est absolument convaincu de l'existence d'un lien entre champs électromagnétiques et cancer peut fort bien en «voir» un là où d'autres ne concluront qu'à des résultats non significatifs.

Êtes-vous sûr de leur fiabilité?

Peuvent-ils être reproduits? Autrement dit, est-ce que quelqu'un peut analyser vos données et tenter de refaire votre parcours? Si vous êtes très calé en maths (ou que vous voulez prétendre l'être), doublez cette question d'une deuxième : *quel est le facteur de probabilité, ou facteur p?*

Qui n'est pas d'accord avec vous? Et pourquoi?

Étonnamment, beaucoup de scientifiques n'auront aucun problème à vous diriger vers un chercheur qui est en désaccord.

D'abord parce que les désaccords sont rarement aussi tranchés qu'en politique. Ensuite, parce qu'ils savent bien que le monde est petit: si vous cherchez juste un peu, vous trouverez tôt ou tard quelqu'un qui est critique face à ce sujet. Votre interlocuteur préfère peut-être que vous parliez à quelqu'un de bien informé, aussi critique soit-il, plutôt qu'à un obscur inconnu qui en parlerait à travers son chapeau.

Sûr de leur validité?

... ou deux exemples de biais

Fin des années 1980. Un journal du Delaware, un des plus petits États américains, publie une étude inquiétante: Dover, la capitale, présente le plus haut taux de mortalité infantile de l'État. Plus élevé que dans les quartiers pauvres des autres villes. Sur le coup, on n'a pas d'explications.

Et pourtant, l'explication jaillit après la publication de la recherche. L'hôpital de Dover est le seul hôpital à 60 km à la ronde. Il accueille tous les cas des localités rurales. Donc, l'hôpital de Dover, à lui seul, fait monter la moyenne de mortalité infantile pour toute la ville de Dover.

Années 1990. Le végétarisme commence à intéresser les chercheurs, et parmi eux, un groupe arrive à la conclusion que les végétariens vivent plus longtemps. L'étude semble inattaquable: gros échantillon, pas financée par l'industrie du végétarisme. On est remonté de 20 ans en arrière, moment où commence à apparaître un échantillon suffisant de gens qui suivaient une diète végétarienne, et on n'a pris en compte que les plus de 50 ans. Vingt ans plus tard, 70% des gens qui ne mangent que végétarien sont encore en vie, contre 30% des autres. Est-ce que c'est convaincant?

Vous pouvez poser toutes les questions ci-haut. Mais vous devrez réfléchir pour découvrir le biais: le végétarisme ne surgit pas tout seul. Il s'accompagne souvent d'une hygiène de vie supérieure à la moyenne, d'activités physiques, bref, de gens plus soigneux de leur santé. S'ils vivent plus longtemps, ce n'est pas seulement parce qu'ils sont végétariens...

Est-ce fiable?

... ou le facteur p

La probabilité d'avoir raison se calcule, dans certaines circonstances. Sitôt que l'étude est statistique, il y a de bonnes chances pour qu'il existe quelque part un secret bien gardé de la recherche: le facteur p. Nul besoin d'être calé en mathématiques, il suffit de savoir qu'il existe.

Aux nouvelles, on vous dit que «le sondage a une marge d'erreur de 3%, 19 fois sur 20. Ça veut dire qu'il y a une chance sur 20 que le sondage ne soit pas fondé – entendre par là, que sa marge d'erreur soit de plus de 3%. C'est peu, mais dans une campagne électorale, c'est juste assez pour créer de l'émoi parmi les partis politiques... jusqu'à la parution du sondage suivant.

Le facteur p, c'est ça. La probabilité qu'un résultat soit juste. P est toujours désigné par un chiffre entre 0 et 1. Plus le chiffre est bas, et plus l'enquête est solide, mais il faut qu'il soit vraiment bas: traditionnellement, on place la limite à P=0,05. Ce qui veut dire 0,05 chance, ou si vous préférez, 5% de chances que les résultats soient erronés. En général, plus l'échantillon est grand (nombre de souris ou d'humains testés), et plus le facteur P est bas, donc satisfaisant.

Si P est supérieur à 0,05, la tradition veut qu'on considère que l'étude n'est pas significative. Les résultats peuvent avoir une valeur utilitaire. Mais on ne commercialisera pas un médicament avec ça.

Le facteur P, hélas, peut être manipulé. Imaginons qu'une équipe mène une enquête sur un traitement contre le cancer du sein. Au final, les résultats sont peu convaincants. Mais en observant ses données, elle observe que chez les femmes urbaines dans la trentaine, les résultats favorables sont plus élevés.

L'équipe a-t-elle le droit de changer son hypothèse de départ, et de conclure que le médicament serait efficace chez les femmes urbaines dans la trentaine? Non. Ce serait comme jouer aux cartes et changer les règles du jeu en cours de route pour qu'elles soient favorables aux cartes que nous avons tout à coup en main. L'échantillon initial avait été préparé en fonction de toute la population du Québec, rien ne garantit qu'il soit encore représentatif, si vous ne prenez en compte que les femmes urbaines dans la trentaine.

Quel est votre échantillon?

Dans un sondage électoral, ça doit être d'au moins 1 000 personnes. Mais une étude visant à tester un nouveau médicament? Idéalement, des dizaines de milliers de personnes, si la chose est humainement réalisable. Plus important encore, il faut que ces personnes soient dispersées dans plusieurs villes, voire plusieurs pays. Si on vous parle d'un médicament qui n'a été testé que dans une seule métropole, méfiez-vous: c'est probablement une étude préliminaire.

Certes, s'il s'agit d'une maladie rare qui n'affecte qu'une personne sur un million, réussir à trouver 100 patients pour tester le médicament relève déjà de l'exploit. Mais ça suppose des problèmes inédits pour l'approbation de ce médicament. Car en général, pour tout ce qui touche à la médecine, il faut un gros échantillon. Plus gros que ce que tout médecin ou promoteur de médecines alternatives peut invoquer avec son expérience personnelle.

Pourquoi souligner ce dernier point? Parce que souvent, en santé, bien des patients auront tendance à croire que, sur la base des observations d'un professionnel – l'observation des gens qui sont passés dans son cabinet – on peut savoir si un traitement est efficace ou non. Cet argument est particulièrement invoqué dans les médecines alternatives, où le «témoignage personnel» prend une valeur démesurée.

Or, le nombre total de patients souffrant d'une maladie et ayant suivi le traitement Y, se mesure en centaines, pour un médecin ou un thérapeute donné. C'est non seulement un échantillon trop petit pour être valide, mais en plus, il est certainement biaisé: les gens proviennent d'un groupe socio-économique précis, ou du même quartier, ils sont plus nombreux à être sympathiques au traitement...

Qui vous paye?

Cette question tranche avec les autres. Mais comme on l'a vu au chapitre précédent, on ne peut plus l'écarter. En fait, elle brûle les lèvres, particulièrement depuis une décennie, au point où on commence à tomber dans l'autre extrême.

Cette compagnie a payé, donc la recherche est biaisée: ce serait bien si on pouvait bâtir nos articles à partir de ce seul raisonnement. Or, rappelons quelques faits:

- ce n'est pas parce qu'une compagnie a financé une partie d'une recherche que cette recherche s'en trouve invalidée; comme on l'a dit, plusieurs subventions peuvent s'entrecroiser à l'intérieur d'un même projet de recherche;
- dans bien des secteurs, le privé a beau être plus présent, il n'en demeure pas moins un acteur mineur, quand on le compare aux subventions gouvernementales;
- si on se retrouve devant une recherche où l'argent du privé a joué un rôle majeur, il se peut, malgré tout, que ce soit une percée qui vaille vraiment la peine d'être traitée: le médicament contre la nouvelle génération de tuberculose sortira peut-être des laboratoires d'une compagnie pharmaceutique;
- à l'inverse, même quand l'argent du privé domine, il n'apporte pas le pactole: «en dépit de statistiques impressionnantes, écrit Daniel Greenberg, la plupart des universités, sinon toutes, couvrent à peine leurs dépenses salariales et légales avant de réussir à identifier des découvertes commercialisables et brevetables, puis d'en vendre la licence à une firme industrielle ou une compagnie qui, née sur le campus, pourrait produire quelque chose à vendre».

Bref, bien que ceux qui critiquent la commercialisation de la science n'aient pas tort – le cas Jesse Gelsinger constituera pour longtemps une métaphore des dérapages –, il faudra se garder de tomber dans l'autre extrême, et d'en faire une cible trop facile.

Les questions financières doivent simplement s'ajouter aux questions à poser, parce qu'elles représentent désormais une réalité incontournable, qui fut trop longtemps balayée sous le tapis.

Ce sont des questions plus délicates à poser que «quel est votre échantillon» ou «quelles sont vos sources». Les chercheurs sont rarement à l'aise pour en parler, parce qu'ils sont encore nombreux à se croire neutres et libres de toute pression. Mais vous n'y échapperez pas parce que si vous ne posez pas ces questions, d'autres le feront:

- si les fonds proviennent du privé, *qui a été l'initiateur de cette recherche*: le chercheur ou la compagnie? Autrement dit, c'était l'idée de qui?
- *quel contrôle la compagnie a-t-elle eu* sur le choix de l'échantillon, du dosage des médicaments s'il y a lieu, ou du traitement des données une fois celles-ci récoltées?
- *avez-vous des liens financiers avec cette compagnie?* À l'heure des partenariats universités-entreprises, beaucoup de petites firmes sont en fait des créatures nées des suites d'une recherche préliminaire: devant les résultats encourageants, le chercheur ou ses collaborateurs sont allés chercher des investisseurs, grâce auxquels ils ont mis sur pied une compagnie, indépendante de l'université mais hébergée par elle en échange d'une part sur les éventuels profits; le chercheur lui aussi doit s'être réservé dans ce montage financier une part des éventuels profits. Rien de mal à ça, sauf que c'est un conflit d'intérêt possible, dont on ne peut pas ne pas tenir compte.

La hantise de l'entrevue

Si vous avez étudié en journalisme, vous avez probablement déjà eu l'occasion de mener des entrevues, ne serait-ce que par téléphone. Si vous avez étudié en science, le concept ne vous est pas étranger, ne serait-ce que parce que tout le monde a vu des journalistes interviewer des gens à la télé.

Pour certains, c'est un moment difficile à passer. C'est le moment où on quitte le cocon de son ordinateur pour affronter une vraie personne – et si cette personne est une scientifique, le complexe d'infériorité peut resurgir. Avec lui, les risques de manipulation.

L'entrevue n'est pas une occasion pour faire ami-ami avec le scientifique. Établissez une distance: **vous n'êtes pas à son service.** Si vous êtes en admiration devant ce scientifique si sa recherche constitue pour vous un idéal à atteindre, vous n'êtes pas en meilleure position pour poser des questions intelligentes que l'individu qui a une peur bleue de la science. La fascination est aussi dangereuse que le complexe d'infériorité.

Vous venez chercher de l'information pour écrire un texte. Peu importe que ce texte soit destiné au *Devoir* ou au bulletin de l'Association des chimistes, au journal étudiant ou au journal de l'université, à *L'actualité* ou à un magazine corporatif, peu importe qu'il s'agisse d'un rapport de recherche pour la télé ou des premiers pas d'un futur documentaire, les prémisses sont les mêmes.

- Vous avez besoin d'informations: pour compléter ce que vous avez déjà lu, pour mieux comprendre des points restés obscurs, pour obtenir une citation ou un bout d'entrevue filmé.
- Et cette personne peut vous fournir ces informations.

Ce n'est pas le scientifique qui décide de ce qui est important et de ce qui ne l'est pas dans votre texte.

On n'arrive pas à une entrevue sans s'y être préparé. S'il s'agit d'un chercheur qui s'apprête à publier, vous avez préalablement demandé qu'il vous envoie son texte par courriel. S'il s'agit d'un reportage plus approfondi sur une thématique dont ce chercheur peut vous fournir le contexte ou vous raconter une anecdote, vous avez parcouru sa biographie et lu sur Internet ce qui s'est récemment dit à son sujet.

- Cela vous permet de mieux le situer par rapport à votre thématique.
- Et cela vous inspirera peut-être quelques questions.

En général, un chercheur n'est que trop heureux d'avoir au bout du fil quelqu'un qui s'intéresse à ce qu'il a fait. Mais si ce quelqu'un montre dès les premières secondes qu'il n'a rien lu et qu'il n'a qu'une vague idée du sujet, ça commence mal. Ayez au moins la décence de vous documenter minimalement – en plus, ça vous fera gagner du temps à tous les deux pendant l'entrevue.

Vous devriez aussi arriver à l'entrevue avec des questions déjà préparées. Sans aller jusqu'à préparer un canevas d'entrevue trop serré : il faut laisser place à l'improvisation. Mais pas trop (et encore moins en télé) : les chercheurs ont tendance à donner énormément de détails dont vous n'aurez que faire, faute d'espace. Si vous savez déjà dans quelle direction vous voulez aller, cela vous permettra, en cours de route, de le ramener sur les rails lorsqu'il s'en écartera trop.

En radio et en télé, vous aurez de toutes façons probablement déjà fait une pré-entrevue : quelques questions, généralement au téléphone, qui vous permettent de jauger son talent de vulgarisateur, son débit, sa maîtrise du français s'il est anglophone... Pour les productions plus ambitieuses, comme un documentaire, ça peut aller jusqu'à une rencontre en personne avec le chercheur pour le préparer, et repérer les lieux : son bureau ? La salle de conférence ? L'extérieur ? N'oubliez jamais combien la caméra peut être intimidante pour quelqu'un qui n'en a pas l'habitude : cette pré-entrevue sert aussi bien à vous mettre en confiance sur la qualité de votre interlocuteur qu'à mettre celui-ci en confiance sur ce à quoi il doit s'attendre.

Faire relire son texte ?

À la fin de l'entrevue, certains scientifiques demanderont à relire votre texte avant publication. En journalisme, c'est à déconseiller... encore que cela ne vous dispense pas de lui faire relire les passages où il est cité, si vous le sentez nécessaire. En relations publiques ou en rédaction corporative, cela dépend de la politique maison : mais même là, établir une distance entre lui et vous est de mise. Si le scientifique en profite pour réviser votre copie en y ajoutant des détails qu'il juge importants mais qui alourdissent le texte, il faut lui faire comprendre, poliment, qu'on ne peut pas tout dire dans un texte de vulgarisation.

Enfin, ne perdez jamais de vue l'importance de s'éloigner de « la découverte de la semaine ». Il est sûr et certain que ce dont le scientifique voudra vous parler, s'il vient tout juste de publier, c'est de cette recherche. C'est à vous d'imaginer des questions pertinentes pour mettre cette découverte en contexte et prendre un recul critique.

Poser les bonnes questions… à d'autres chercheurs!

Pour cela, les lectures vous aideront. Ainsi que le temps dont vous disposez: plus vous pouvez vous distancer du moment de la publication de cette recherche, mieux c'est. Dans l'intervalle, vous allez trouver des reportages, des analyses et peut-être des blogues susceptibles de vous inspirer de nouvelles questions ou une direction originale à donner à votre texte. Mais rien ne vaut la deuxième, troisième ou quatrième entrevue, avec des gens n'ayant pas participé à cette recherche, et qui peuvent fournir une contre-opinion.

Un chercheur n'est en effet jamais complètement seul dans son domaine, il y a toujours quelqu'un, quelque part, capable de donner une contre-opinion argumentée. Ce quelqu'un n'a pas encore lu la recherche? Envoyez-la-lui. Si vous avez bien choisi cette personne, elle sera curieuse.

L'idée ici n'est pas de démolir le premier chercheur: juste d'obtenir un regard extérieur. Un second chercheur va rarement pointer des erreurs flagrantes; plutôt des zones laissées dans l'ombre, des pistes non explorées, des questions non résolues, qui nuancent les conclusions.

Poser des questions: ça vaut aussi pour les relationnistes

Et si vous croyez que tout ce qui précède ne concerne que les journalistes, parce qu'ils sont toujours à la recherche de la petite bête, détrompez-vous. Ce n'est pas parce que le relationniste est au service de l'institution qu'il doit être moins sceptique. Ni même moins inquisiteur: aucune des questions posées dans ce chapitre ne devrait être l'apanage des journalistes. Le relationniste qui monte en épingle une recherche et s'aperçoit, après coup, qu'elle était basée sur un échantillon de 10 personnes, a l'air fou.

«Qui vous paye?» est d'ores et déjà devenue une question que, dans certaines institutions américaines, tous les *public information officers* (les relationnistes) ont l'obligation de poser à un chercheur avant d'écrire un communiqué ou un article: notamment à l'École de médecine Johns Hopkins de Baltimore et à l'Université de l'Indiana.

Anecdote. Au début des années 1980, le sida commence tout juste à faire parler de lui que, à l'Université d'État de l'Ohio, le journal étudiant rapporte qu'un chercheur du campus affirme avoir trouvé la cause de cette mystérieuse maladie : un virus originaire des Antilles ou d'Afrique qu'il dit avoir fait croître dans un échantillon de facteur VIII, la substance qui provoque la coagulation du sang. Le chercheur s'attriste de ne pas pouvoir poursuivre cette piste, parce que sa subvention est épuisée.

En moins d'une heure, des journalistes commencent à téléphoner ; CNN annonce qu'elle envoie une équipe par avion.

> Earle Holland, « Universities », dans *A Field Guide for Science Writers*, Oxford University Press, 2006, chapitre 37.

Le directeur des communications s'enthousiasme de la visibilité que cela apportera à l'université. Earle Holland, qui se souvient encore de cette histoire 20 ans plus tard, lui enjoint plutôt la prudence : la recherche n'a été publiée nulle part et le chercheur a refusé de fournir ses données à l'agence d'homologation des médicaments (FDA).

Elle suggère un communiqué soulignant que l'annonce du chercheur est prématurée, celle-ci n'ayant encore été soumise à aucun comité de révision. Son avis l'emporte. La couverture médiatique se fait plus prudente. Et comme l'histoire le démontrera, il n'y a pas eu de découvertes spectaculaires, cette année-là, à l'Université d'État de l'Ohio.

Si vous vous retrouvez dans une telle situation, rappelez-vous que votre travail est de défendre l'intégrité de l'information scientifique. Pas de capitaliser sur la plus grande visibilité médiatique.

« J'ai appris, ajoute son collègue John D. Toon, de l'Institut de technologie de Georgie, que je pouvais mieux servir mon institution en remettant en question ceux qui veulent faire une annonce précipitée. » Et là-dessus, le relationniste peut se le permettre, bien plus que le journaliste : il a du temps. Il peut travailler à long terme : l'image d'une institution, ça se bâtit à long terme... mais ça peut être ébranlé pas mal plus vite.

Dans cet esprit – au risque de paraître encore une fois utopiste – on ne peut qu'espérer que les communications institutionnelles évolueront vers une vision davantage critique et davantage « science et société » que « découverte de la semaine ». Parce que pour l'instant, ce n'est pas ce qui se passe : la domination croissante des relations publiques sur le journalisme contribue au contraire à nous ramener vers une domination de « la découverte de la semaine ». Les promesses de guérisons miraculeuses, de « révolutions » technologiques, de « nouvelles frontières » sont beaucoup plus alléchantes, du point de vue d'un service des communications, qu'un dossier social.

La vulgarisation scientifique mérite mieux et, à long terme, il n'est pas certain que les institutions en ressortent grandies.

Exercice 1

Posez les bonnes questions : une difficile

Allons-y d'un sujet difficile, et rassurez-vous, jamais un novice en journalisme scientifique ne se verrait confier celui-là. En revanche, si vous êtes chargé des relations publiques au sein de la compagnie, vous aurez la lourde responsabilité d'expliquer ce qu'il en retourne et vous pourriez recevoir comme mandat de votre employeur de pondre un communiqué qui lance comme message : « wow ». Jusqu'où irez-vous ?

Nous sommes le dimanche 25 novembre 2001. Une petite compagnie du Massachussetts, Advanced Cell Technology, un des chefs de file dans le domaine des cellules souches, annonce avoir réussi à cloner le premier embryon humain.

Il s'agit d'un embryon non viable, de seulement cinq jours : une source potentielle de cellules souches, c'est-à-dire ces cellules capables, en théorie, d'être transformées en n'importe quel des organes de notre corps. La compagnie souligne à gros traits rouges que l'objectif ultime de telles recherches n'est pas de faire du clonage humain, mais de produire éventuellement des cellules-souches à des fins médicales. Et leur réussite, aujourd'hui, c'est d'avoir réussi à amener ces cellules clonées à se diviser – par une technique dite de parthénogénèse – comme tout embryon l'aurait fait après la rencontre du spermatozoïde et de l'ovule.

La plupart des 22 tentatives se sont soldées par des échecs mais six ont réussi : après cinq jours, les chercheurs avaient sous la main des «embryons» composés de six à huit cellules, qui ont alors cessé de se diviser. C'est une première mondiale, un exploit scientifique et une réussite complète, se réjouit le communiqué de presse.

Vous voilà donc avec cette information en main. Ce jour-là, en plus du communiqué, l'information est répercutée par l'hebdomadaire *US News and World Report*, qui en a obtenu l'exclusivité, et le PDG de la compagnie ACT est invité à l'émission d'information *Meet the Press.* De votre côté, quelles questions poserez-vous, et à qui?

- *La recherche est-elle parue?* Oui, aujourd'hui, 25 novembre (quoique pas dans une revue dotée d'un comité de révision).
- *L'échantillon est-il significatif?* Six réussites sur les 22 échecs, ça ne serait pas énorme dans d'autres domaines, mais dans celui des cellules-souches et du clonage de cellules, c'est une première.
- *Êtes-vous sûr de vos résultats?* Oui, mais comme toutes les données sont à présent publiées, sans nul doute, d'autres chercheurs doivent déjà être en train de les réexaminer.

Quoi d'autre? Je vous avais prévenu, le sujet n'est pas facile. On peut difficilement blâmer les médias, le 25 novembre 2001, d'avoir accordé un large espace à cette nouvelle.

Réfléchissez-y quelques minutes, avant de lire la suite.

Voici la réponse. Il n'y avait ni fraude ni mensonge. En revanche, un certain tordage de la réalité. Et cela, les experts en embryologie et en cellules souches – c'est vers l'un d'eux qu'il fallait immédiatement vous tourner – allaient l'expliquer aussitôt qu'on penserait le leur demander. Cinq jours après la première division cellulaire (ou après la rencontre du spermatozoïde et de l'ovule), un «embryon» devrait normalement être composé d'une soixantaine de cellules. Pas de seulement six à huit cellules. S'il en était ainsi, cela voulait dire que quelque chose *n'avait pas fonctionné du tout* dans cette expérience. Et que les cellules souches étaient encore très loin de la portée de ces chercheurs. De ce point de vue, on pouvait même parler d'un «échec complet» et d'une «expérience dysfonctionnelle», ont répliqué plusieurs scientifiques dès le lendemain.

Advanced Cell Technology a peut-être fait un tout petit pas, du point de vue très étroit de la technologie des cellules souches et encore, même cela resterait sujet à débat. Mais en tout cas, rien qui ne justifiait une pareille visibilité médiatique. Par contre, cette visibilité a eu pour effet, pendant les premières 24 heures, de faire grimper sa valeur sur le marché des investisseurs. Ceci explique peut-être cela...

> Lire le récit plus complet:
>
> Science-Presse, «Le clone, la cellule et les dollars», 26 novembre 2001: www.sciencepresse.qc.ca/archives/2000/man261101.html

Exercice 2

Posez les bonnes questions: une facile

Transposons à présent nos questions dans un sujet plus facile. Dans le champ des médecines alternatives, il existe une théorie qui a le dos large: celle du champ d'énergie. Cette théorie dit, en gros, que chaque être vivant serait entouré d'un champ d'énergie. Celui-ci aurait une influence sur notre état de santé, son dysfonctionnement serait responsable d'une foule de maladies (certains disent TOUTES les maladies) et il influencerait jusqu'à nos humeurs. De sorte que nombre de praticiens des médecines alternatives prétendent qu'avec des techniques appropriées, on peut «rebalancer» ce champ d'énergie (les chakras), en réaligner les lignes de force (l'acupuncture) ou le masser (le toucher thérapeutique).

C'est une théorie séduisante. Chaque année, de nombreux journaux publient un article sur un ou l'autre de ces praticiens, en répétant mécaniquement leurs propos sans aller plus loin (ou en interviewant pour la forme le sceptique de service, donnant l'illusion d'un débat «pour ou contre»).

Eh bien pourquoi ne pas poser les mêmes «bonnes questions»: *comment savez-vous* que ce champ existe? *Vos résultats sont-ils parus? Quel est votre échantillon? Votre échantillon est-il fiable? Quel type d'étude avez-vous mené?*

Pour peu que vous posiez ces questions à plusieurs praticiens, vous aurez alors la surprise d'entendre des réponses qui ne correspondent pas du tout à vos questions:

- des explications «techniques» sur ce qu'est censé être le champ d'énergie, des théories sur son origine et son influence, des témoignages...
- des chiffres sur le nombre d'universités qui enseignent telle ou telle technique (le toucher thérapeutique est enseigné dans au moins

80 écoles et universités de 70 pays et est pratiqué dans des dizaines d'hôpitaux américains), comme si cela remplaçait les études que vous avez demandées.

Imaginons que, un peu frustré par cette absence de faits concrets, vous décidiez de suivre la piste que vous proposent vos interlocuteurs, et que vous exploriez la théorie du champ d'énergie. Vous aurez une autre surprise:

- pour les uns, le champ d'énergie est invisible, inodore et impalpable;
- mais pour les praticiens américains du toucher thérapeutique, c'est «un champ lumineux ovoïde multicolore»;
- pour les promoteurs de l'orgone, il est bleu;
- et pour les croyants en l'aura, sa couleur varie suivant l'individu.

Comment le détecter? Même obstacle:

- pour les promoteurs du toucher thérapeutique, toute personne dotée des aptitudes nécessaires peut le «sentir»;
- pour les promoteurs de la radionique (années 1920-1940), seul leur appareil permettait de diagnostiquer une maladie à partir de l'analyse du champ d'une personne;
- pour les promoteurs de l'énergie bioplasmique, le champ est en lien avec la présence de fantômes;
- pour les promoteurs du Kundalinik, c'est une énergie qui converge vers la base de la colonne vertébrale;
- pour les promoteurs du champ morphogénique, c'est une mémoire qui imprègne le vivant et le non-vivant;
- pour les promoteurs de l'effet Kirlian, un champ apparaît sur certaines photos; avertissement: les photographes connaissent ce phénomène depuis des décennies, c'est une simple question d'électricité statique et d'humidité;
- pour les promoteurs des Fleurs de Bach, les propriétés de ces fleurs sur notre champ d'énergie sont définies en fonction de critères linguistiques;
- pour Martha Rogers, «le champ est un concept unificateur» et «l'énergie désigne la nature dynamique du champ», ce qui est bien joli, mais ne nous avance pas beaucoup... Martha Rogers fut directrice du département de soins infirmiers à l'Université de New York de 1954 à 1975.

Voyez-vous une façon – une question imparable? – par laquelle vous pourriez faire avancer le dossier? Bonne chance!

Chapitre 12

Posez les bonnes questions : Ah, les damnées maths...

Prononcez le mot *mathématiques*, et les journalistes se sauvent en courant.

Pas juste eux. Déjà qu'avec la science, on se sent intimidé, avec les maths, c'est comme si un virus figeait d'un seul coup nos neurones. Pour les uns, c'est une voix intérieure qui répète de manière lancinante : *t'es pas capable*. Pour les autres, c'est *on peux-tu finir au plus vite.*

Comment se faire avoir en une leçon

Si on se laisse manipuler, c'est bien parce qu'on tourne la page le plus vite possible : on laisse notre esprit critique au vestiaire, et les vendeurs de voitures usagées ont tout le terrain à eux tout seuls.

Exemple. Lisez le paragraphe qui suit. Juste un petit effort, ça ne fait pas mal, promis.

> Les 129 employés d'entretien sont en lock-out depuis le 16 mai dernier. Ils réclament la semaine de 4 jours, un régime de retraite bonifié et une saison de travail allongée de 26 à 36 semaines pour les travailleurs à statut précaire. Le syndicat compte 72 employés à statut saisonnier. (Radio-Canada, 10 juillet 2007)

Question : combien gagnent les employés ?

Allez-y, relisez. Vous pouvez même faire une recherche Google pour lire cet article au complet, ou le suivant :

> Les employés d'entretien demandent des hausses salariales de 2 pour cent par année pour un contrat de trois ans. Selon le syndicat, la STM veut geler les salaires la première année et offre 2 pour cent pour les quatre années suivantes, pour un contrat qui lierait les parties jusqu'en 2012. (*La Presse*, 6 mai 2007)

Trois jours plus tard, toujours rien:

> Du côté salarial, le budget 2007 de la STM ne prévoit aucune augmentation de la rémunération. Le syndicat réclame la protection de son pouvoir d'achat, plus une augmentation salariale de 2 pour cent, soit une augmentation totale de 3,6 pour cent par année, selon la partie patronale. À cela s'ajouterait une prime de rattrapage salarial applicable à tous les employés.

Le journaliste indépendant Claude Marcil, à qui j'ai emprunté ces exemples dans son *Kiosque médias* (http://kiosquemedias.com/), aime bien souligner cette cruelle réalité: vous pouvez passer en revue des tas d'articles où il est question de salaires, sans jamais savoir quel est le salaire! Ces journalistes ont reçu un communiqué de presse où l'information, pour des raisons stratégiques, n'apparaît pas, et ils n'ont pas pensé poser la question. Ou ils n'ont pas osé. Parce qu'ils détestent les chiffres et qu'ils s'empressent de penser à autre chose, ou par négligence, ou les deux.

> Une histoire à la Une du *New York Times* «m'apprend que les travailleurs des édifices de New York subissent le plus haut taux de décès dû à un manque de sécurité, des 35 plus grandes villes du pays... (Mais) combien de travailleurs sont morts? Il me faut lire le 14e paragraphe pour apprendre que de 1979 à 1985, le nombre de décès varie de 7 à 15 par année. Il faut que j'atteigne le 25e paragraphe pour découvrir le **taux** de décès mentionné dans le premier paragraphe: 7,61 morts par milliard de dollars de construction, beaucoup plus que la moyenne de 3,3 décès dans les 35 villes. Pourquoi l'amorce ne pouvait-elle pas le dire?»
>
> Victor Cohn, *News and Numbers*, p. 144.

Parfois les chiffres sont là, mais tellement loin, enfouis à l'intérieur de l'article, qu'il en devient difficile de suivre le fil. Avertissement: si ça vous arrive, pensez à insérer un tableau ou un graphique!

D'autant plus que les chiffres «oubliés» peuvent avoir des conséquences plus graves qu'une hausse de salaire. En 2007, Mattel a rappelé un million et demi de jouets fabriqués en Chine en raison d'un risque d'empoisonnement causé par du plomb dans la peinture de ces jouets.

Question: quel est ce pourcentage de risque?

Et si jamais vous le trouvez, profitez-en pour demander:

- sur quoi se base-t-il? Car ce pourcentage de risque, c'est une norme, décrétée par les autorités nationales ou internationales. Cela signifie qu'au-dessus du chiffre fatidique, le produit est interdit d'entrée. D'où provient cette norme? Une étude? Est-ce que quelqu'un s'est donné la peine d'aller la consulter?
- Même sans l'étude, si vous obtenez ce pourcentage de risque, faites un petit calcul – ou demandez à un mathématicien de le faire pour vous, ils adorent ça. Quelle est la probabilité qu'un enfant ayant léché ce jouet attrape le cancer? Une sur un million de plus que l'enfant qui n'a pas léché? Sur 10 millions?

On a mentionné l'importance des analogies dans un précédent chapitre, eh bien puisqu'une chance sur 10 millions, ça ne dit pas grand-chose, essayons cette comparaison: quelle est la probabilité que le même enfant, à Montréal, se fasse frapper par une voiture?

En général, dans ces histoires, on finit par s'apercevoir que le risque de se faire frapper par une voiture à Montréal, par rapport à l'Île Verte, est beaucoup plus élevé que le risque d'attraper le cancer à cause d'un produit toxique et pourtant, personne ne réclame d'interdire les voitures à Montréal.

Posez les bonnes questions (bis)

Un chercheur nous annonce qu'un traitement contre l'Alzheimer, encore expérimental, améliore la mémoire des gens.

Fort bien, alors revenons à nos «bonnes questions». *Quel est l'échantillon? Quel type d'étude a été mené?* C'est que ça n'est pas facile à mesurer, la mémoire! Est-ce que vous vous souvenez de ce que vous avez mangé mardi dernier? Comment évalue-t-on si votre mémoire s'est améliorée? Par ailleurs, ceux qui ont eu de vieux parents ont entendu parler d'Alzheimer précoce, et d'Alzheimer avancé. Duquel des deux parle cette étude? Ça peut introduire un très gros biais dans les résultats.

En 2004, des reportages nous apprennent que les antidépresseurs pourraient accroître le risque de suicide chez les adolescents. Ce que ces reportages ont souvent oublié de dire, c'est qu'il est démontré que l'usage d'antidépresseurs contribue à réduire le nombre total de suicides chez les adolescents.

Tout cela pour dire qu'il n'est pas nécessaire d'être un expert en maths pour imaginer de bonnes questions à poser. Mais il faut un certain courage pour les poser, et un peu d'imagination.

Un politicien dit qu'il ne croit pas aux sondages, puis dit que la majorité des gens ont confiance en lui. On flaire tout de suite le piège.

Pourtant, si c'est un médecin qui parle d'un nouveau traitement prometteur, on ne se soucie pas de lui demander ses chiffres. Problème.

Une question suggérée jadis par le rédacteur en chef du *Journal de l'Association médicale américaine*, une des plus prestigieuses revues de chercheurs: «Demandez au médecin combien de fois il demande à un patient d'enlever sa chemise.»

Ce qu'il veut dire par là: aucun examen physique n'est complet à moins qu'un patient n'enlève une partie de ses vêtements. Pas besoin d'être un expert en statistiques pour y avoir pensé!

Qu'est-ce qu'un échantillon représentatif

Imaginons qu'on sache qu'un type de cancer du rein touche 3 personnes sur 2000. Et qu'un chercheur soupçonne que chez les hommes exposés à une nouvelle substance toxique, le taux de cancer est trois fois plus élevé. Donc, 9 sur 2000.

Il lui faudra étudier au moins 4000 personnes pour confirmer cette hypothèse: 2000 exposées à la substance toxique et 2000 non exposées. S'il a raison, parmi le groupe de 2000 non exposées, il y aura donc 3 cancers du rein, et parmi les exposées, il y en aura 9.

Mais s'il se contente d'un échantillon de 2000 personnes, il risque d'avoir des résultats peu significatifs: faites le calcul vous-même.

Un exemple de méga-échantillon: entre 1952 et 1955, pour évaluer s'il était vrai que la cigarette pouvait être associée au cancer du poumon, la Société américaine du cancer a suivi 187753 hommes de 50 à 69 ans. C'est cette étude qui a établi pour la première fois une forte corrélation entre cigarette et cancer.

Un exemple de minuscule échantillon, et pourtant significatif: en juin 1981, le Centre de contrôle des maladies d'Atlanta publie un rapport, envoyé à tous les hôpitaux des États-Unis et à la presse, disant que 5 jeunes hommes, gays et sexuellement actifs, ont été traités pour une forme très rare de pneumonie dans trois hôpitaux distincts de Los Angeles. C'était, bien sûr, le premier signal d'alerte de ce qui deviendrait le sida.

***

Les sondeurs ont coutume de dire que sur les intentions de vote, un échantillon représentatif doit compter au moins 1000 personnes, réparties équitablement.

Or, le critère de représentativité est encore plus subtil. Si vous appelez 1000 personnes au hasard dans l'annuaire téléphonique, avez-vous un échantillon représentatif? Non, si vous appelez uniquement de jour: vous aurez une surreprésentation des gens qui travaillent à la maison et des retraités.

Question: cet échantillon est-il représentatif?

Au terme des tests de notre nouveau médicament contre la grippe aviaire, 33% des poulets étudiés ont guéri, 33% sont morts, et l'autre s'est sauvé.

Et même lorsque l'échantillon est représentatif, il peut encore se glisser des biais, tout dépendant de la façon dont on a posé la question!

- *Êtes-vous en faveur de coupes dans la fonction publique?*
- *Êtes-vous en faveur de coupes dans la fonction publique si cela se traduit par une hausse du taux de chômage et une diminution du pouvoir d'achat de la population?*

Formuler une question de manière à obtenir des résultats juste assez différents pour qu'ils vous soient favorables, c'est très courant pour les partis politiques et les groupes de pression.

– Pensez-vous qu'il devrait y avoir un amendement à la Constitution interdisant les avortements?
– Pensez-vous qu'il devrait y avoir un amendement à la Constitution protégeant la vie de l'enfant à naître?

À la première question, 29% des gens ont répondu Oui. À la deuxième... 50%.

Lequel de ces deux traitements est le plus sécuritaire: un traitement qui tue 10 patients sur 100, ou un traitement avec un taux de survie de 90%?

Pas de surprise: la majorité des gens ont voté pour le deuxième.

Attention à ce qui semble trop évident

En êtes-vous sûr, est-ce que c'est solide, combien de patients ont été guéris, tout ça s'exprime en pourcentages. Les mêmes pourcentages qu'on utilise pour l'augmentation des salaires, les coupures budgétaires, le taux d'inflation...

Les mêmes pourcentages, donc, qui vous font fuir à toutes jambes. Alors peut-être vaudrait-il mieux que vous vous remémoriez quelques faits élémentaires.

Si je dis: *un produit coûtait 40$, et il a augmenté de 200%.* Combien coûte-t-il à présent?

Si vous avez répondu 80$, vous avez perdu. 100%, c'est le double, donc une augmentation de 100% nous amènerait déjà à 80$. À 200%, on triple.

Si je dis: *le revenu de sa compagnie est de 100000$ la première année et il vise une augmentation de 20% par année. Combien d'années lui faudra-t-il pour doubler son revenu?*

Puisque 20%, c'est un cinquième, le bon sens dicte: cinq ans!

Eh bien non, puisque, au bout d'un an, on est passé à 120000$ (100000$ + 20%). La deuxième année, il faudra calculer 20% de

120000$, avec pour résultat qu'il ne lui faudra que quatre ans pour doubler ses revenus. C'est contre-intuitif, et pourtant facile à calculer.

En matière d'exemple contre-intuitif, il y a mieux encore.

Faites l'addition suivante dans votre tête

1000
40
1000
30
1000
20
1000
10

Quel est le total?

Vous avez dit 5000? Recommencez (la réponse est à la fin du chapitre).

***

Un habile manipulateur est parfaitement conscient de ces pièges. Il lui est facile de sortir des chiffres de sa manche, parce qu'il sait que la majorité de la population ne vérifiera pas.

Vous voulez vraiment vulgariser? Sortez votre calculatrice. Ou posez à votre interlocuteur des questions de base. Ne vous satisfaites jamais d'une réponse qui contiendrait une montagne de chiffres que vous ne comprenez pas.

Que nous sommes faciles à manipuler!

Une annonce de votre compagnie d'électricité

96% des rues sont mal éclairées

Et 88% des crimes prennent place dans des rues mal éclairées.

Pour la sécurité de vos enfants... Parlez à votre député.

Que dites-vous de cette publicité? Elle semble diablement efficace, en tout cas. Car rien de mieux, pour toucher une corde sensible, que d'invoquer la sécurité des enfants.

Relisez à présent cette publicité et répondez à la question suivante : quel est le pourcentage de crimes commis dans des rues **bien éclairées** ?

En effet, c'est 12%. Et quel est le pourcentage des rues bien éclairées ?

Seulement 4%.

Ça veut donc dire, si on retourne ces chiffres à l'envers, que 12% des crimes prennent place dans seulement 4% des rues… les rues bien éclairées ! Vous courez davantage de risques d'être attaqué si vous êtes dans une rue bien éclairée !

***

Dans l'exemple suivant (tout à fait fictif), on n'essaie pas de vous manipuler de la même façon, mais le résultat final est le même.

20% des accidents mortels sont causés par la cocaïne, selon l'Agence de lutte contre les drogues.

50% des accidents mortels sont causés par l'alcool, selon le Programme de lutte contre l'alcool au volant.

35% des accidents mortels sont causés par un conducteur qui s'est endormi au volant, selon le ministère des Transports.

85% des accidents mortels sont causés par la vitesse excessive, selon la Sûreté du Québec.

15% des accidents mortels sont causés par un acte suicidaire, selon la Société d'aide aux personnes suicidaires.

20% des accidents mortels sont causés par un problème mécanique, selon le Bureau du coroner.

Ils exagèrent ? Pas vraiment. Chaque organisme travaille peut-être à partir d'échantillons différents. Mais chose certaine, ils ne les utilisent pas de la même façon : le groupe qui veut combattre l'alcool au volant, placé devant un accident où l'alcool n'est qu'une des causes, l'inclura tout de même dans « ses » statistiques.

Pensez à toutes les pubs qui ressemblent à ceci :

Des études démontrent que les céréales à forte teneur en fibres réduisent les risques de cancer du colon.

«Des études»: n'a-t-on retenu que les études qui faisaient notre affaire? «Réduire le cancer» ... par rapport à quoi? Par rapport au fait de ne pas manger de céréales à forte teneur en fibre, ou par rapport au fait de manger trois Big Mac par jour? On peut prendre n'importe quelle substance comestible, et dire qu'elle réduit les probabilités d'attraper le cancer, si on ne dit pas par rapport à quoi!

Ivory: Savon pur à 99,4%.

Avec la décimale, c'est un vieux truc de marketing. Ça fait sérieux. Mais 99,4%... de quoi? Le savon ne pousse pas dans les arbres: ce serait quoi, un hypothétique savon pur à 100%?

Un extracteur à jus qui extrait 26% plus de jus. Plus que quoi?
Que tous les autres sur le marché?
Ou qu'un seul, le pire de tous?

23% moins de caries avec notre dentifrice.
Mais quel était l'échantillon?

Les probabilités

Dans plusieurs de ces publicités, comme dans toute déclaration alarmiste, on glisse une probabilité. C'est l'argument-choc par lequel on va tenter de vous convaincre que vous devez acheter ou changer vos habitudes.

Une probabilité, c'est un pourcentage (*50% de chances de...*) ou une fraction (*une chance sur deux...*). Cela semble rigoureux, imparable, et pourtant, il suffit de présenter la probabilité sous l'une ou l'autre forme, pour qu'elle semble plus dramatique: *le risque est de 20%* fait plus peur que *le risque est de 2 sur 10.*

Les probabilités, ça se calcule. Si vous tirez à pile ou face, vous avez une chance sur 2 de tomber sur pile.

$\frac{1}{2}$

Si vous tirez deux fois de suite, vous avez une chance sur 4 de tomber deux fois sur pile.

$\frac{1}{2} \times \frac{1}{2} = \frac{1}{4}$

Et avec trois pièces de monnaie, la probabilité d'obtenir trois fois pile est encore plus petite.

$\frac{1}{2} \times \frac{1}{2} \times \frac{1}{2} = 1/8$

À peu près n'importe quoi peut être calculé de cette façon, pour peu que vous connaissiez les deux paramètres.

Imaginez par exemple que vous jouiez aux cartes : il y a 52 cartes. Quelles sont vos chances, en tirant cinq cartes consécutives, que vous obteniez les quatre as ?

Lorsque vous tirez votre première carte, vous avez quatre chances sur 52 pour que ce soit un as. Si tel n'est pas le cas, en tirant votre deuxième carte, il vous reste 4 chances sur 51 de tirer un as. Arrivé à ce stade, vos chances pourraient être calculées comme ceci :

$4/52 \times 4/51 \times 3/50 \times 2/49 \times 1/48$

Faites le calcul : vous multipliez la ligne du haut, puis celle du bas. Ça vous enlèvera sans doute l'envie de faire ce pari !

Pourtant, il y a un autre pari, bien plus osé, que plusieurs d'entre nous faisons sans hésiter : la loterie. Si on applique le calcul précédent à la 6/49, on aboutit avec un nombre plus élevé que ce que la plupart des calculatrices peuvent afficher !

Vous avez six chiffres à choisir parmi 49, et vous ne pouvez pas choisir le même plus d'une fois. Le calcul de vos chances de tirer la bonne combinaison à la 6/49 ressemble donc à ceci :

$6/49 \times 5/48 \times 4/47 \times 3/46 \times 2/45 \times 1/44$

Le petit total du haut (720), ce sont vos chances, par rapport au nombre de combinaisons possibles (le total du bas) : 10068437520. Faites la division, et vous arrivez à la conclusion que vos chances de gagner à la 6/49 sont de 1 sur 13983816. Ou si vous préférez le calculer en pourcentages : 0,000007%.

C'est mince. Supposons que si vous sautiez d'un précipice et qu'il me soit possible de calculer que vous avez 0,000007% de chance de survivre. Je serais tout à fait autorisé à dire: vous allez vous tuer. Votre probabilité de survie serait tellement infime que ce ne serait pas trop m'avancer.

Il n'y a qu'à la loterie qu'on se permet de croire en nos chances avec des chiffres pareils.

Les jeux de hasard

Supposons que vous soyez deux personnes à jouer à pile ou face, et que vous ayez choisi Face. Chaque fois que vous gagnez, vous empochez 10$. Si vous perdez, vous payez 10$. Vous pouvez résumer cela par un joli tableau:

	Probabilité (P)	**Gain prévu (G)**	**P × G**
Face	1/2	10$	5$
Pile	1/2	–10$	–5$

Total: 0

Le total, à droite, est zéro. Comme vous allez perdre aussi souvent que vous allez gagner (à moins que la pièce ne soit truquée), vous allez perdre, en moyenne... zéro! Ça en fait le type de pari le plus sûr de tous (c'est bien pour ça qu'il est absolument dénué d'intérêt!).

Imaginons plutôt les dés. Le défi: si vous tirez le six, vous obtenez 20$. Sinon, vous perdez 5$. Ça vous semble équitable? Vous n'êtes pas sûr? Comment le calculer?

	Probabilité (P)	**Gain prévu (G)**	**P × G**
Le 6 sort	1/6	20$	3,33$
Le 6 ne sort pas	5/6	–5$	–4,16$

Total: –0,83$

Le total, cette fois, est de *moins 83 cents.* Autrement dit, vous allez perdre **une moyenne** de 83 cents chaque fois que vous lancerez les dés.

Ce chiffre semble complètement contre-intuitif, parce qu'il ne correspond à rien : les montants sur la table ne sont-ils pas de 20 $ et de 5 $? Et pourtant, c'est bel et bien ça, la moyenne, et une fois qu'on l'a calculée soi-même, on réalise combien c'est facile. Essayez.

***

Par ailleurs, dans la vraie vie, les choses ne sont jamais parfaitement moyennes.

Le tableau ci-bas vous montre la distribution **moyenne** des « face » si vous jouez une centaine de fois à pile ou face avec sept pièces. Autrement dit, avec 7 pièces de monnaie lancées en même temps, il y a peu de chances pour que vous n'obteniez aucune « face » (à gauche du tableau) et peu de chances pour que vous en obteniez sept sur sept (à droite). La moyenne est dans le milieu. La « courbe » est parfaite.

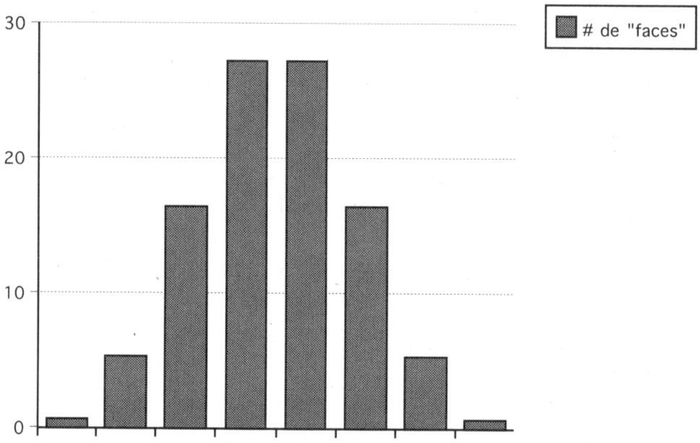

Mais si vous faites vraiment l'exercice, voici ce à quoi pourrait *vraiment* ressembler votre tableau. Une courbe imparfaite. Et si vous réessayez 100 fois, vous obtiendrez une courbe légèrement différente. Chaque fois, vous tendrez vers la moyenne parfaite, mais vous ne l'atteindrez peut-être jamais.

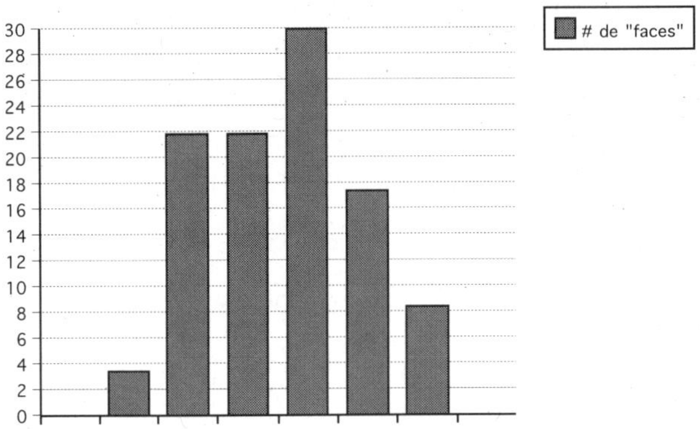

Jouer à la bourse ou à pile ou face

Transposons cela sur le marché boursier. Quelle est la probabilité de succès quand on joue à la bourse?

Pas facile à calculer, parce qu'en plus de votre (mé)connaissance du marché, un nombre énorme de facteurs entrent en jeu: l'humeur des courtiers ce jour-là, la maladie imprévue d'un PDG, une rumeur d'instabilité au Moyen-Orient, un tremblement de terre... La bourse monte et descend, chaque compagnie monte et descend, en fonction de pressions parfois irrationnelles.

En 1989, le *Money Magazine* a examiné les performances des 277 fonds mutuels les plus connus: c'est-à-dire des fonds soumis aux fluctuations de la bourse, mais derrière lesquels des experts choisissent d'investir tantôt dans Nortel, tantôt dans Exxon, en fonction de ce qu'ils prévoient du marché.

Parmi ces 277 fonds mutuels, sur 10 ans, moins de 10% avaient eu une performance supérieure à la moyenne pendant au moins six années. En d'autres termes, moins de 10% avaient «grimpé» pendant six années ou plus. En moyenne, ces 277 fonds mutuels avaient tout simplement «gagné» pendant cinq ans et «perdu» pendant cinq ans.

Si l'on transpose ces performances sur un tableau, ça donne à peu près notre distribution ci-haut: un tout petit nombre qui a frappé «pile» au moins six fois, et la grande majorité dans le milieu.

Est-ce à dire que les courtiers sont gouvernés par la chance? Effectivement, ils n'ont pas fait beaucoup mieux que s'ils avaient tiré à pile ou face. Ce qui fausse notre impression, c'est qu'on parle toujours de ceux qui ont jadis eu le génie d'investir dans Microsoft, sans mentionner tous leurs investissements qui ont perdu de la valeur.

Mémoire sélective et coïncidences

Ce qui nous amène à la cause d'erreur la plus fréquente: notre mémoire sélective. Le promoteur d'une médecine alternative est si convaincu que son produit guérit, qu'il va ne retenir que les témoignages qui confirment son hypothèse. Le parent convaincu que l'autisme de son enfant a été causé par le vaccin ne va retenir que les comportements étranges survenus après la vaccination.

Les feux rouges surviennent toujours quand je suis pressé: personne n'y croit, et pourtant!

Les lampadaires s'allument quand je passe en dessous: qui ne s'est jamais demandé en dessous de combien de lampadaires il passait chaque jour?

Je pensais à lui, et il m'a appelé: voilà une coïncidence extraordinaire. Pourquoi la télépathie ne serait-elle pas possible?

Et pourtant, ça se calcule! Supposons que vous fréquentiez 200 personnes d'assez près pour penser à elles de temps en temps: la famille, les amis, les collègues, même le prof (*est-ce qu'il nous a donné un exercice à faire cette semaine?*). Et supposons que vous pensiez à 20 de ces personnes à un moment ou l'autre de toute journée normale. La probabilité que vous ayez pensé à quelqu'un qui va vous appeler *dans la journée* est donc de 20 sur 200, ou 1 sur 10.

Mais dans la minute même où vous y pensez? N'est-ce pas trop gros comme coïncidence?

Eh bien, calculez-le. Si vous êtes éveillé 16 heures par jour, cela veut dire 960 minutes. Si vous ne pensez à chacune de ces

20 personnes qu'une seule fois dans la journée (certaines plus souvent, d'autres moins), cela donne 20 chances sur 960. Disons 20 sur 1000 pour arrondir; donc, deux chances sur 100 que quelqu'un à qui vous pensiez, vous appelle dans la minute.

Ce n'est pas beaucoup: mais ces mystérieux coups de fils, on en reçoit combien? À raison de 2 chances sur 100 tous les jours, il est pratiquement inévitable que ça se produise quelques fois par année. Ça arrivera juste moins souvent si vous avez moins d'amis!

À soir, on fait peur au monde

En Amérique du Nord, 3 enfants sur 100000 développeront une leucémie chaque année.

Supposons que les écoles rassemblent 500 enfants. Ça veut donc dire juste 1 cas par 60 ans par école. Mais supposons qu'on se retrouve un jour avec une école qui a eu 3 cas de leucémie en 10 ans. Faut-il en conclure qu'il y a quelque élément malsain dans l'environnement? Hélas non, ça pourrait être tout bonnement la loi de la moyenne; de temps en temps, on peut obtenir sept fois «Face».

2 milliards et demi de personnes contaminées

En 1997, la NASA lance vers Saturne la sonde Cassini, alimentée par un réacteur contenant 25 kilos de plutonium. Les écologistes s'indignent: si un accident se produit au décollage, Cassini pourrait contaminer deux milliards et demi de personnes.

Comment en sont-ils arrivés à ce total effrayant? Très simple: les toxicologues vous diront qu'un kilo de plutonium peut contaminer 100 millions de personnes. Donc, 25 kilos égale 2 milliards et demi de personnes.

Évidemment, un écrasement en plein Manhattan n'aurait aucun effet sur les deux milliards de Chinois et d'Indiens, mais on ne s'embarrasse pas de ce genre de détails quand on veut tirer la sonnette d'alarme...

Exercice

Un 3e muffin gratuit lorsque vous en achetez trois au prix régulier de la demi-douzaine.

Question: combien économisez-vous?

Le dictionnaire de poche New Webster Pocket *contient plus de 90000 mots et définitions.*

Question: comment diable sont-ils parvenus à faire tenir tout cela dans un dictionnaire de poche?

Aux États-Unis, toutes les 13 secondes, un adolescent attrape une maladie transmise sexuellement.

Question: est-ce que cette information sera l'amorce de votre article? Quelles autres questions aimeriez-vous poser?

Réponses:

Vous aviez dit 5000: Quel est le mystère? Tout simplement qu'arrivé à 4090, notre cerveau s'attend à ce que la réponse soit un chiffre, rond, et il dit 5000.

Le muffin: zéro. *Le dictionnaire*: il contient 90000 mots et définitions, pas 90000 définitions... *Les ados*: calculez ça fait combien d'ados à la fin de l'année, versus le nombre d'ados aux États-Unis.

Chapitre 13

À quoi sert la vulgarisation?

Ayant survécu aux probabilités, armés de bonnes questions et capables de mesurer un peu mieux la validité d'une recherche, revenons au tout début de ce livre, c'est-à-dire à l'existence (ou non) d'une culture scientifique dans la société... et osons poser une question délicate. À quoi sert la vulgarisation?

La physique, c'est comme le sexe.
C'est sûr que ça apporte des résultats pratiques,
mais ce n'est pas pour ça qu'on le fait.
Richard Feynman, physicien et Prix Nobel

Si elle est explication, synthèse, traduction, voire sensibilisation... atteint-elle ses buts? Est-ce que tous nos efforts pour prendre un recul critique, poser de bonnes questions, dégager le vrai du faux, mettre en contexte, se dégager des affirmations trop spectaculaires, portent leurs fruits?

Là-dessus, on se retrouve devant un problème tantôt décourageant, tantôt insoluble.

Décourageant, parce que jamais il n'y a eu autant de vulgarisation scientifique, et pourtant, la culture scientifique n'est pas nécessairement plus élevée qu'elle ne l'était il y a 50 ans. Du moins, si on en juge par le grand nombre de gens qui hésitent quand on demande si c'est la Terre qui tourne autour du Soleil, ou le contraire.

Ou si on examine de plus près le débat surréaliste sur le créationnisme. Il est loin d'être limité aux États-Unis. Mais s'il est un pays où il devrait être à son plus bas, c'est bien lui: voilà une contrée qui compte des centaines de musées scientifiques, qui a engendré des modèles médiatiques comme la chaîne de télé Discovery ou l'émission *Nova*, et qui est le plus gros investisseur mondial en recherche scientifique. Et où, pourtant, la moitié des gens n'auraient aucun problème à ce qu'on enseigne le créationnisme à l'école, sur le même pied que l'évolution.

Insoluble, parce qu'on est bien en peine de s'entendre sur une façon d'évaluer l'efficacité de la vulgarisation, sous quelque forme que ce soit. Ce n'est pourtant pas faute d'avoir essayé: des chercheurs ont proposé des «indicateurs de performances», tenant compte des cotes d'écoute des émissions de télé, du nombre de lecteurs des *Débrouillards*, du nombre de participants aux Expo-sciences, etc. Mais faut-il jauger l'efficacité par la hausse d'abonnés aux *Débrouillards*, ou par le nombre d'étudiants universitaires qui, 10 ans plus tard, avoueront s'être inscrits en science grâce à leur abonnement aux *Débrouillards*?

Et même si on arrivait à démontrer un lien Débrouillards-université, ne faudrait-il pas creuser du côté des parents? Il y a en effet fort à parier que ceux qui abonnent leurs jeunes aux *Débrouillards* ou aux *Explorateurs* sont plus nombreux que les autres à les stimuler intellectuellement et à les pousser dans le dos pour qu'ils lisent.

D'autres chercheurs ont élaboré de longs et rigoureux questionnaires, qu'ils redistribuent à intervalles réguliers dans l'espoir de détecter une évolution: c'est ce que fait l'Europe avec son *Eurobaromètre.* Mais bien que ces résultats soient d'excellentes photographies de l'opinion publique, on ne peut pas en déduire grand-chose sur l'efficacité – ou non – de la vulgarisation scientifique à long terme.

Il est possible qu'on n'arrive jamais à un consensus sur ce que devrait être la culture scientifique «optimale». Auquel cas, on fait fausse route en demandant «à quoi sert la vulgarisation»: c'est une intéressante question pour des chercheurs en communication, mais pas une question dont on puisse tirer une réponse pratique, en tout cas certainement pas pour tous les métiers de la vulgarisation.

Bien sûr, il est aberrant que des gens ignorent encore que la Terre tourne autour du Soleil, mais il faut voir au-delà. Le plus triste, ce n'est pas leur ignorance, parce que l'ignorance, ça se combat. Le plus triste, c'est qu'autant de gens ne soient pas intéressés à combattre cette ignorance: autrement dit, l'absence de curiosité.

Le pire ennemi de la vulgarisation, ce n'est pas l'ignorance: c'est l'absence de curiosité. C'est également applicable à vous: le pire obstacle qui pourrait vous empêcher de devenir un bon vulgarisateur, ce ne serait pas votre manque de connaissances en science: ce serait votre manque de curiosité.

Combattre l'ignorance

L'ignorance, ça se combat: en voici une illustration. Une étude du MIT (Massachusetts Institute of Technology) en 1992 a voulu comparer les opinions de 400 scientifiques et de 400 citoyens «ordinaires» sur les bénéfices et les risques des technologies. Chacun recevait un questionnaire, mais avec les citoyens, il y avait une particularité: ils recevaient une formation de trois heures. On administrait le questionnaire au début, puis à nouveau à la fin.

Résultat: après seulement ces 3 heures de «mise à niveau», les individus en arrivaient à une compréhension suffisante des enjeux, allant même jusqu'à suggérer les mêmes solutions et recommandations que les experts. Lorsque des désaccords survenaient, par exemple sur la sécurité des installations nucléaires, ce n'était pas la culture scientifique des uns et des autres qui était en cause: les individus ou les scientifiques étaient plutôt influencés par leur perception personnelle des échecs passés du nucléaire.

Beaucoup d'expériences du même genre ont été menées en Europe, un peu moins en Amérique du Nord. On les appelle en français des «conférences du consensus» (ou plus récemment, des conférences de citoyens): pendant une fin de semaine, on rassemble des «citoyens ordinaires» dans un local, on leur donne une formation (par exemple sur les nanotechnologies) incluant des lectures, des conférences ou des rencontres avec des experts à qui ils peuvent poser des questions. Ensuite, ces citoyens doivent s'entendre sur un rapport final, avec leurs recommandations.

Et l'absence de curiosité?

Une personne qui n'a pas les connaissances préalables peut donc répondre aux questions de nature sociale sur les OGM ou les nanotechnologies. Et parfois, il suffit de pas grand-chose pour la «mettre à niveau».

Une bibliographie des études sur l'efficacité des conférences du consensus nous entraînerait trop loin. Le lecteur intéressé gagnerait à commencer sa recherche par les revues *Public Understanding of Science* et *Science Communication* (tapez «consensus science»).

Pour un résumé rapide: «Les faire descendre de leur tour d'ivoire», Science-Presse,18 février 2002: www.sciencepresse.qc.ca/archives/2002/cap1802025.html Et pour un point de vue plus critique, «Usages des sciences, à quand un vrai débat public?», *Banque des savoirs*, 5 février 2007: www.savoirs.essonne.fr

Mais une personne qui n'a aucune curiosité ne peut pas progresser sur cette voie. Elle répondra toujours sur la base de connaissances parcellaires, pas nécessairement ramassées au bon endroit: les lignes ouvertes de la radio, la rumeur publique et, de plus en plus, les blogues d'un goût douteux.

Toute votre vie, si vous faites de la vulgarisation, que vous soyez journaliste, rédacteur, consultant en communications, vous serez confronté à une importante frange de la population que vous serez incapable de rejoindre. Pas parce qu'elle est ignorante ou stupide. Parce que ça ne l'intéresse pas.

Ce n'est pourtant pas faute d'essayer: tous les gouvernements occidentaux, depuis les années 1950, investissent dans la vulgarisation et dans la promotion des sciences, soit en finançant une partie des budgets de centaines d'organismes de vulgarisation, comme *Québec Science* ou le Biodôme, soit en lançant des programmes d'éducation populaire: aux États-Unis, on s'est donné des objectifs de «scientific literacy» – littéralement, *l'alphabétisation scientifique.*

En Grande-Bretagne, on appelle ça depuis les années 1980 *Public Understanding of Science*. Au Canada, on a préféré l'expression *Public Awareness* (conscientisation du public). En France, *culture scientifique*. La France a d'ailleurs créé à partir de 1991 une série de *Centres de culture scientifique, technique et industrielle*, dans toutes les régions.

Certes, bien peu de ces gouvernements en ont fait des priorités. Leurs organismes de vulgarisation sont souvent de tout petits organismes qui s'appuient en tout ou en partie sur le bénévolat. Reste que les efforts sont nombreux et variés, et qu'on a parfois du mal à déterminer qui ils touchent.

JUSQU'OÙ...

peut aller l'école?

Un des éléments-clés de l'absence de curiosité face aux sciences est, hélas, l'école. Cela fait des décennies que des études ont noté que les jeunes sont curieux de tout ce qui touche aux sciences avant l'âge de 10 ans, et qu'ils s'en désintéressent ensuite, à peu près au moment où les sciences apparaissent dans le cursus scolaire.

La cause est difficile à cerner. Crise d'adolescence? Formation incomplète des enseignants? Expériences de laboratoire dont les jeunes ne voient pas le lien avec la réalité? Chose certaine, la science est vue, après le secondaire, comme une affaire de formules et d'équations à apprendre par cœur: et c'est cette vision qui impose un complexe d'infériorité: l'étudiant brillant qui, lui, a compris, et les cancres en dessous.

L'homme qui ne voulait pas savoir

Car l'hypothèse la plus déprimante est qu'il existe une importante frange de la population qui, peu importe la qualité de notre travail de vulgarisation, ne sera jamais rejointe. Jon Miller, de l'Université Northwestern à Chicago, qui a travaillé 30 ans sur la perception et la compréhension qu'a le public de la science, a proposé cette catégorisation:

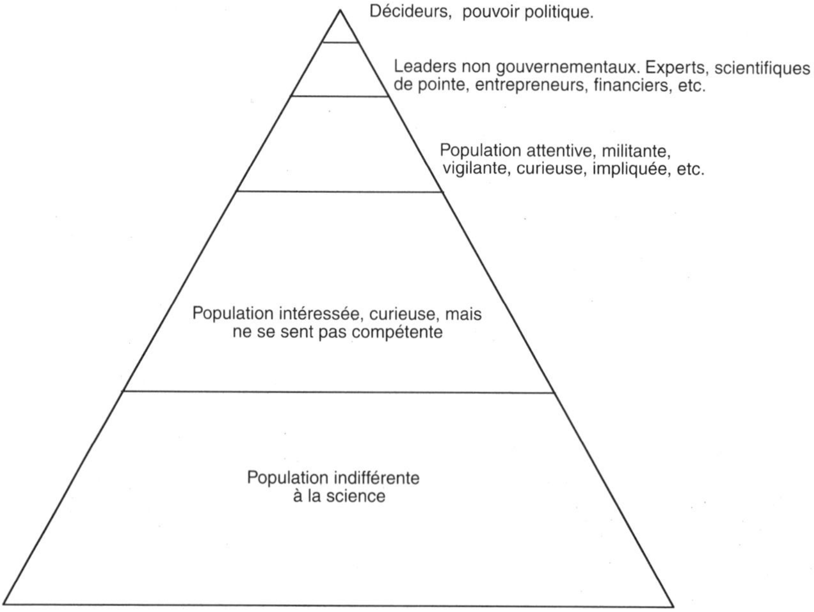

Au sommet, le petit groupe des décideurs, des experts et de ceux qui vivent de la science. Tout en bas, un immense groupe d'indifférents.

Le groupe le plus intéressant, considère Miller, c'est dans l'entre-deux qu'il se situe. C'est dans cette zone située entre le noyau dur et la grande masse des indifférents, qu'on retrouve une «population intéressée, curieuse»; des citoyens qui, si on leur en offre l'opportunité, voudront intervenir. Ils mettront de côté leurs complexes pour participer à un débat public sur les OGM. Ils assisteront à une conférence au Cœur des sciences de l'UQAM ou aux Belles-Soirées de l'Université de Montréal. Ils abonneront leur enfant aux *Débrouillards*. Et dans les prochaines années, ils interviendront sur des blogues.

Jon D. Miller est également l'auteur d'une évaluation qu'on peut prendre avec dépit... ou un grain de sel: seulement 15% des Américains seraient capables de comprendre le cahier «Science» du *New York Times*. «Public Understanding of, and Attitudes Toward, Scientific Research: what we know and what we need to know», *Public Understanding of Science*, 2004: www.dgdc.unam.mx/Assets/pdfs/sem_laura.pdf

Quand un conflit éclate entre les décideurs – politiciens et industriels – et les scientifiques, c'est dans ce groupe de citoyens plus «allumés» qu'on peut déclencher une mobilisation: c'est-à-dire des gens qui prendront position dans un sens ou dans l'autre, demanderont plus d'informations, voire protesteront s'ils ont l'impression qu'on leur cache quelque chose.

Les gens qui se sont mobilisés pour l'environnement, le recyclage, la limitation des gaz à effet de serre, Kyoto, c'est dans cette frange du triangle qu'on est d'abord allé les chercher. Les bénévoles et les donateurs d'Equiterre, de Greenpeace, des Amis de la Terre, ils sont là. Dans cette petite fraction de la population qui est déjà curieuse et attentive.

Je ne crois pas que quiconque soit TOTALEMENT indifférent à la science. On peut ne pas aimer ce qui y est traditionnellement associé – les équations, le jargon – tout en ayant développé une passion à teneur scientifique. De sorte que les frontières entre les zones du triangle ne sont pas étanches.

Mais il y a très certainement, hélas, une importante frange de la population dont on n'a aucune idée de la façon dont elle pourrait être rejointe. Ni par l'information scientifique, ni par l'information tout court.

Qu'on se rappelle à ce sujet l'attitude des Américains face à la guerre en Irak. À l'automne 2001, après les attentats du 11 septembre à New York, les trois quarts des Américains croyaient que Saddam Hussein était responsable de ces attentats. Pourtant, il existait déjà une information abondante, facile d'accès, pour expliquer pourquoi il ne pouvait en être ainsi.

Eh bien cinq ans plus tard, en 2006, trois ans après le début de la guerre en Irak, alors que les médias avaient eu le temps de se rattraper et de fournir une information extrêmement critique sur les mensonges autour du déclenchement de cette guerre, il y avait encore un tiers des Américains qui croyaient que Saddam Hussein était lié aux attentats du 11 septembre. Ignorance, mais surtout, absence de curiosité.

Chapitre 14

Historique de la vulgarisation

Ou l'âge d'or est-il devant ou derrière?

Ceux qui voient dans l'exemple de Saddam Hussein l'exemple d'un verre à moitié vide, peuvent s'encourager en se donnant plus de recul. Beaucoup plus: si on ressuscitait un individu d'il y a 2000 ans, n'importe quel d'entre vous qui se sent profondément ignorant face aux sciences, pourrait lui en apprendre beaucoup sur l'informatique, la mécanique ou même la génétique!

Trois époques

Les auteurs qui font l'histoire des sciences, du savoir, des idées, utilisent souvent une division en trois périodes, très commode même si elle peut paraître simpliste:

- l'âge de la magie, qui couvre à peu près toute la période allant des premiers humains jusqu'à l'invention de l'écriture;
- l'âge de la religion;
- l'âge de la science.

Ces trois époques s'interpénètrent: ce n'est pas parce qu'on vit dans l'âge de la science que la religion a disparu. Les historiens ont l'habitude de créer de telles divisions parce que, avec un recul de plusieurs siècles, on est capable de distinguer des changements qui échappaient aux gens de l'époque, et qui permettent de mieux situer notre propre époque.

L'âge de la magie

Les premières tentatives d'explication du monde vinrent de ce que nous appelons aujourd'hui la magie. Pour les chasseurs et cueilleurs préhistoriques, **tout** est magique. Le monde est peuplé d'esprits; tout ce qui n'a pas d'explications immédiates est attribué au surnaturel.

Dès que le langage apparaît, on s'est probablement empressé de mettre un nom sur les phénomènes qui semblaient les plus impressionnants: le tonnerre, les éclairs, le Soleil. Ce sont les premières tentatives pour **expliquer**, pour donner une image cohérente du monde. Face à ce qui semble chaotique, on a besoin de sécurité, et ces explications rassurent.

Les mythes se transforment progressivement en religion, mais pour avoir une religion, il faut d'abord une base sociale solide: une hiérarchie. Ce qui distingue une religion, c'est un ensemble de rituels qui se transmettent d'un «spécialiste» à l'autre, et auxquels la majorité accorde sa confiance.

C'est au cours des 10 ou 15 derniers millénaires que de tels groupes apparaissent: plus gros, plus organisés, chez qui une division du travail s'ébauche, au point où au moins une des personnes peut ne pas chasser du tout, et être nourrie par les autres: à en croire les anthropologues, le premier à bénéficier de ce traitement de faveur, ce n'est pas le chef – qui doit continuer de démontrer qu'il est le meilleur des chasseurs – mais le sorcier.

Le sorcier détient un savoir que les autres n'ont pas, une connaissance qui le place au-dessus du groupe, et qu'il n'est pas intéressé à... vulgariser! Il parle avec les dieux. Il interprète leurs paroles et les transmet à la population. Il observe les étoiles et en dégage des significations. Il accumule une masse de connaissances sur le cycle des saisons, la météo et les animaux.

Le chef d'un côté, le sorcier de l'autre: c'est une structure qui remonte à la préhistoire, et qu'on a retrouvée dans toutes les cultures primitives, avant qu'elles ne soient lessivées par la modernité. Et elle ne prend pas fin avec la préhistoire: plusieurs historiens vous diront que cette structure chef-sorcier, c'est la même qu'on retrouve, des siècles plus tard, avec le roi d'un côté, et l'évêque de l'autre. Le pouvoir basé sur la force d'un côté, le pouvoir basé sur le savoir, de l'autre.

L'âge de la religion

Certes, il n'y a pas que le sorcier qui a des savoirs exclusifs. Les premiers agriculteurs, il y a 10000 ans, puis les premiers métallurgistes, grâce auxquels seront forgées des armes qui donneront un avantage déterminant à ceux qui les posséderont. Puis les ingénieurs capables de diriger intelligemment le creusage de canaux pour irriguer les champs.

Ces artisans se concentrent dans les villages, où il faut faire venir de la nourriture des agriculteurs des environs. Donc, construire des routes, et c'est l'invention du commerce. Et de la monnaie. Il faut des gens pour coordonner cette activité économique et répartir les ressources : ce sont les premiers fonctionnaires.

L'écriture, il y a 5 500 ans, permet d'archiver ces savoirs. On y collige aussi des informations que nous qualifierions aujourd'hui de scientifiques. Mais elles demeurent imprégnées de religion. Le savoir astronomique a pour première fonction d'expliquer le monde des dieux, lequel permet de légitimer le pouvoir du pharaon, puis du roi, puis de l'empereur. Le pouvoir des chefs, plutôt que de s'appuyer sur sa seule force, recherche l'appui des dieux, et pour cela il lui faut l'appui des chefs religieux.

Illustration : En Égypte, chaque année, le fleuve déborde. Le Nil, c'est ce sans quoi l'Égypte ne serait qu'un désert. Mais c'est aussi un fardeau quand il inonde champs et maisons.

Les premiers prêtres-astronomes ont vite remarqué que la date d'apparition de l'étoile Sirius coïncide avec la crue annuelle du Nil. Quand ils observent le retour de l'étoile, ils font donc rapport au pharaon, qui organise une cérémonie pendant laquelle il ordonne au Nil d'entrer en crue. Et dans les jours qui suivent, c'est le miracle, le Nil lui obéit !

Le pharaon croit-il vraiment que le Nil lui obéit ? Puisqu'il a été prévenu par ses prêtres, il est plus probable qu'il a compris que ceux-ci possèdent un savoir qui lui échappe, mais qui sert bien ses desseins.

L'âge de la science

On dit généralement dans les livres d'histoire que ce n'est qu'au XVe ou au XVIe siècle que se dégage ce que nous appelons aujourd'hui une troisième vision du monde, la vision scientifique. L'accumulation de découvertes remet en question des acquis : la Terre n'est pas plate comme une assiette. Elle n'est pas au centre de l'Univers.

Plus que la simple apparition de la science, ce qui naît, c'est une nouvelle **culture**. On ose critiquer. On pose des questions. On veut des explications rationnelles.

D'aucuns font plutôt remonter cette apparition d'un esprit scientifique aux Grecs d'il y a 2000 à 2500 ans. Il est exact qu'en l'espace de quelques générations, on assiste alors à une explosion de manuels de mathématiques, géométrie, géographie, astronomie, médecine, ingénierie, qui ne sera pas égalée avant très longtemps.

Mais toutes ces « découvertes » n'ont pas mené à un âge de la science tel que nous le définissons. C'était pour eux un jeu intellectuel. Ils ne cherchaient pas dans l'espoir d'en tirer des applications pratiques, ils ne cherchaient même pas à améliorer le sort de leurs contemporains. Ils réfléchissaient pour le plaisir de réfléchir : c'est de là que vient le sens premier du mot philosophe.

Avec le déclin de l'empire romain à partir des années 200, cet esprit philosophique disparaît progressivement, pour laisser place à une autre culture, qui sera dominée par le christianisme.

> Au IIe siècle avant JC, parmi les érudits, il était courant de dire que la Terre était ronde. Au centre de l'Univers, mais ronde, un millénaire et demi avant que Magellan n'en ait fait le tour.
>
> Arrive un nommé Eratosthène, directeur de la bibliothèque d'Alexandrie, en Égypte. Et il réfléchit : si la Terre est ronde, comment calculer son diamètre ? Il y parvient avec une poignée de piquets, une mesure de la distance d'Alexandrie à Syène et un calcul de l'écart entre le moment où il est midi dans l'une et l'autre ville. Sa conclusion : 39400 km de diamètre.
>
> La vraie réponse est environ 40000 km. Chapeau.

Et encore, on dit que ce n'est qu'au XVe siècle qu'une autre culture émerge, mais en réalité, c'est dès l'an 1000 que s'amorce cette renaissance en Europe, d'abord grâce aux premiers contacts avec les musulmans, notamment ceux d'Espagne. Au XIe siècle apparaissent les premières universités, dont Cambridge en Angleterre et l'Université de Paris.

Ce sont des lieux où on transmet un savoir traditionnel, et non des lieux où on observe et expérimente. Mais c'est un important premier pas ; on commence à étudier pour apprendre, pour grandir, pour s'améliorer, et en bout de ligne, pour mieux décoder le monde qui nous entoure.

Peut-être direz-vous : qu'est-ce que ça peut bien changer pour nous, que cet esprit scientifique soit né au XIe, au XVe ou au XVIe siècle ?

Eh bien, ça révèle à quel point c'est un très, très lent processus. Combien, lorsque vous entendez les mots « changements sociaux » ou « révolution », il faut prendre cela avec des pincettes :

- XIe siècle, embryons de l'esprit scientifique moderne.
- XVe siècle : avec l'imprimerie, la diffusion des connaissances fait un bond en avant.
- mais c'est seulement au XVIIe siècle que la vision scientifique du monde prend nettement le dessus.

Bref, il lui a fallu 700 ans, et encore, ce n'est pas fini : il subsiste beaucoup d'affrontements entre religion et science, même dans le pays qui abrite certaines des meilleures universités de la planète et le plus grand nombre de Prix Nobel.

Cette lente apparition d'une vision scientifique du monde, c'est aussi la lente émergence d'une dualité, qui nous colle encore à la peau aujourd'hui : les faits d'un côté, les croyances de l'autre. Ce qui signifie qu'on peut continuer à croire, en autant qu'on ne confonde pas ses croyances avec des faits avérés. Le processus de validation de la connaissance scientifique, vu au chapitre 10, a pour objectif premier de mettre un frein à l'interprétation très subjective du monde adoptée notamment par les devins et autres astrologues.

La transition n'a pas été simple. Mais les grandes religions du globe s'adaptent peu à peu. Le christianisme admet qu'on peut croire en Dieu tout en admettant que la Terre ne soit pas au centre de l'univers.

Il n'a pas vraiment le choix: avec chaque nouvelle génération, avec le langage mathématique qui se développe et les observations du ciel et de la terre qui s'accumulent, la science se donne de plus en plus cette vocation universelle jadis réservée à la religion: tout ce qui est visible et, bientôt, invisible, elle essaie de le mesurer, le calculer, le cataloguer. Les latitudes et les longitudes, la force des vents et la pousse des plantes, la croissance d'une population d'animaux et la progression des virus...

Au début, n'importe qui peut faire de la science

Comment cette nouvelle vision se traduit-elle en termes de ce que nous appelons aujourd'hui *vulgarisation*? Au début, le problème ne se pose pas, parce qu'on est devant des observations que n'importe qui peut répéter avec des instruments pas trop compliqués. Une lunette d'approche, une horloge mécanique, voire une paire d'yeux pour cataloguer les plantes et les roches.

Vous vivez en 1620, vous entendez parler des observations du ciel de Galilée; si vous avez assez d'argent pour assembler une longue-vue, ainsi que du temps libre – privilège des riches – vous vous lancez dans des observations et devenez un expert en astronomie.

Rapidement, il se fait du réseautage. Dès 1603, il existe en Italie une Académie des lynx, (appelée ainsi en raison de l'œil perçant du lynx). À Londres, c'est l'Académie royale pour l'accroissement des connaissances (1662). À Paris, l'Académie royale des sciences (1666).

Un de leurs buts est de stimuler l'échange d'idées et à cette fin, ces groupes vont créer des revues pour accueillir les résultats des recherches et en conserver une trace. En français, le *Journal des savants* apparaît au début des années 1700. À Londres, *The Philosophical Transactions of the Royal Society.* C'est le premier pas vers nos centaines de milliers de revues scientifiques.

Arrive un moment où ça devient même une question de prestige pour les rois que de financer une Académie nationale des sciences: c'est le premier pas vers le financement de la recherche par les gouvernements.

Pour creuser davantage l'histoire de la vulgarisation scientifique, en français, on lira avec intérêt:

Daniel Raichvarg et Jean Jacques, *Savants et ignorants. Une histoire de la vulgarisation des sciences.* Paris, Seuil, 1991, 390 p.

En complément, ce second livre plus court, mais abondamment illustré:

Daniel Raichvarg, *Sciences pour tous?* Paris, Gallimard, coll. «La Découverte», 2005, 127 p.

Mêlant histoire des sciences et de la communication des sciences, cet essai touffu vaut aussi le détour:

Yves Gingras, Peter Keating et Camille Limoges, *Du scribe au savant. Les porteurs du savoir de l'Antiquité à la révolution industrielle.* Montréal, Boréal, 1998, 362 p.

Un cas rare, l'histoire de la vulgarisation au Québec:

Paul Carle et Jean-Claude Guédon, «Vulgarisation et développement des sciences et des techniques. Le cas du Québec (1850-1950)», dans Jacobi et Schiele, *Vulgariser la science.* Paris, Champ Vallon, 1988, p. 192-219.

Au début, science et communication sont indissociables

Ces institutions servent à partager l'information entre scientifiques, mais cette information rejoint en fait n'importe quel public intéressé, puisque n'importe qui peut faire de la science. Bien sûr, c'est un public limité par rapport à nos journaux et nos émissions de télé: c'est un loisir de riches, mais l'important est que ce n'est plus un savoir réservé à ceux qui ont fait des études. Pour l'époque, c'est leur «grand public» à eux.

Et ces Académies des sciences franchissent un pas de plus. Elles créent:

- des bibliothèques, pour toute la population;
- des collections d'objets naturels: plantes, insectes, roches ou fossiles. Les plus belles collections d'animaux deviendront les premiers parcs zoologiques. Les plus belles collections de plantes deviendront les jardins botaniques. À Paris, le roi Louis XIII crée

le Jardin royal des plantes médicinales, qui deviendra le Museum national d'histoire naturelle;

- On rassemble même des collections d'instruments (astronomie, botanique, géologie). On vient admirer ces collections, ces «cabinets de curiosité», on y discute et on y organise des conférences.

On assiste à quelque chose qui, aujourd'hui, nous semble totalement étranger: la science *est à la mode*!

Partout où les gens de la haute société tiennent des salons, il est de bon ton d'en profiter pour faire des démonstrations scientifiques. Sur l'électricité statique, la diffraction de la lumière, l'existence du vide, ou le ciel étoilé: on tient salon le soir afin que les invités puissent sortir dans le jardin et regarder dans le télescope.

Les gens en sont émerveillés, et ils en redemandent. Certaines mauvaises langues disent que c'est une belle façon de plaire aux dames. Mais c'est une femme qui écrit *La Chymie charitable et facile*, à l'usage des lectrices, en 1666.

Lorsque Bernard de Fontenelle écrit, sous la forme de dialogues fictifs, *Entretiens sur la pluralité des mondes* en 1686, il explique que même les femmes peuvent comprendre les sciences: comme quoi, les sciences, c'est VRAIMENT à la portée de tout le monde!

> J'ai mis dans ces entretiens une femme que l'on instruit et qui n'a jamais ouï parler de ces choses-là. J'ai cru que cette fiction me servirait à rendre l'ouvrage plus susceptible d'agrément, et à encourager les dames par l'exemple d'une femme qui, ne sortant jamais des bornes d'une personne qui n'a nulle teinture des sciences, ne laisse pas d'entendre ce qu'on lui dit, et de ranger dans sa tête, sans confusion, les tourbillons et les mondes.

Entretiens sur la pluralité des mondes est un véritable livre de vulgarisation scientifique, qui va faire école: on y parle d'astronomie, mais sous une forme narrative, avec des personnages qui, par le biais de dialogues, expliquent et synthétisent ce qu'on sait alors du cosmos, en plus de spéculer sur l'existence, dans cette immensité, d'autres mondes habités.

L'âge d'or de la vulgarisation scientifique

Projetons-nous dans le futur de Bernard de Fontenelle : entre son époque et la nôtre, où faudrait-il situer l'âge d'or de la vulgarisation scientifique ?

Si vous posez la question aux acteurs québécois de la vulgarisation scientifique qui ont connu les années 1970-1980, ils répondront peut-être cette époque, parce qu'il y a alors eu une explosion de petits organismes de vulgarisation, y compris des magazines, dont plusieurs sont décédés depuis.

Et pourtant, l'âge d'or de la vulgarisation scientifique, à en croire les historiens de la vulgarisation, c'est le XIXe siècle.

Pas qu'il n'y ait eu aucun progrès depuis. Au contraire, de dilettantes de la communication à l'époque, on est passé à une communauté qui s'est professionnalisée ; les gouvernements y investissent désormais de manière continue ; la technologie permet d'imprimer des photos, de faire des émissions de télé, et de lire une quantité de textes qui, même avant Internet, avait déjà dépassé les rêves les plus fous de Fontenelle.

Mais considérant les progrès fulgurants de la scolarisation entre le XIXe siècle et aujourd'hui, considérant la quantité de médias qui sont à notre disposition et qui pourraient diffuser de la science mais ne le font pas, considérant la facilité avec laquelle on peut produire un journal ou un magazine par rapport à ce que c'était au XIXe siècle, considérant que nous vivons dans une société où la science est omniprésente, ce qui n'était pas le cas au XIXe siècle, considérant les milliards de dollars investis dans la recherche, il y aurait ici matière à un intéressant débat d'historiens : la progression de la vulgarisation aujourd'hui n'atteint pas celle du XIXe siècle.

La poussée tardive de croissance

Il y a donc eu une poussée de croissance de la vulgarisation au cours du dernier demi-siècle : mais compte tenu des facteurs évoqués au paragraphe précédent, c'est bien la moindre des choses. Et cette poussée de croissance ne s'est pas poursuivie jusqu'à aujourd'hui.

Les magazines, par exemple, ont pu tirer parti des progrès technologiques pour accorder une plus grande place à la photo, et surtout à la photo en couleur : au Québec, *Science et aventure*, fondé en 1946 par le journaliste Robert Prévost, fut résolument axé sur l'image.

Quant à la télé, c'est pratiquement dès sa naissance au Canada, qu'une émission de science s'insère dans la programmation. Le plus célèbre de nos vulgarisateurs scientifiques, Fernand Seguin, est présent presque sans interruption à partir de 1954, avec *La science en pantoufles, Le roman de la science, Les frontières de la science.*

- Jean-Marc Carpentier et Danielle Ouellet, *Fernand Seguin. Le savant imaginaire*. Montréal, 1994, 379 p.
- Isabelle Burgun, «Québec Science : la quête des origines», *La Toile scientifique*, 4 décembre 2002 : www.sciencepourtous.qc.ca/bulletin/2002/82/article3.html

En 1962, une petite revue pour les jeunes appelée *Le Jeune naturaliste* devient *Le Jeune scientifique*, qui deviendra *Québec Science*. À la même époque est fondé le Planétarium de Montréal et naissent les expo-sciences à Montréal d'abord, puis en région.

Petit à petit, le noyau dur des vulgarisateurs scientifiques, surtout des journalistes, devient suffisamment important pour justifier la création d'une association québécoise en 1976, l'Association des communicateurs scientifiques (ACS), indépendante de l'association pan-canadienne (CSWA). De cette association naît l'Agence Science-Presse en 1978. De l'Agence Science-Presse naissent les futurs *Débrouillards* en 1981.

Le gouvernement du Québec publie sa première Politique scientifique en 1979 (*Pour une politique québécoise de la recherche scientifique*). Il crée même un ministère de la Science et de la Technologie en 1983, qui a, entre autres mandats, celui de développer la culture scientifique. En 1986, on sent le besoin de faire un inventaire de la culture scientifique au Québec. Les auteurs – Jean-Marc Gagnon et Lise Morin, aujourd'hui responsables des éditions MultiMondes, qui publient ce livre – y écrivent que la gamme des activités offertes étonne par sa variété... mais soulignent que ce qui étonne davantage encore, c'est la pauvreté des ressources.

Cette variété est encore présente aujourd'hui : dans une compilation réalisée en 2001, l'organisme Science pour tous arrivait à un total de 225 organismes de culture scientifique et technique au Québec. On ne retrouve aucun dynamisme comparable ailleurs au Canada, et on peut en déduire que c'est la culture distincte du Québec qui joue ici.

Sauf que la grande majorité de ces organismes sont extrêmement fragiles : près de 200 sont gérés par des bénévoles, les autres (28) étaient, en 2001, subventionnés en tout ou en partie par le gouvernement, avec un budget permettant de n'employer qu'une ou deux personnes.

- *L'Omniscient* (bulletin de l'ACS), spécial 25e, 2002 : www.acs.qc.ca/IMG/pdf/omni_mai_2002_25e.pdf
- Félix Maltais, « L'histoire complète des Débrouillards », 2004 : www.lesdebrouillards.qc.ca
- Jean-Marc Gagnon et Lise Morin, *La diffusion de la culture scientifique et technique au Québec*, 1986 : www.sciencepourtous.qc.ca/references/sondages/ref_diffusion_cst_1986.pdf
- *Science pour tous* (www.sciencepourtous.qc.ca) Parmi les 28 organismes subventionnés, on compte les neuf chapitres régionaux des Conseils du loisir scientifique (qui chapeautent les Expo-sciences) et des organismes plus connus : *Québec Science*, Agence Science-Presse, ACS... Au moins un est disparu depuis (Téléscience) et, bizarrement, on trouvait dans la liste la Fédération des cégeps et la Fédération des sociétés d'histoire.

Cette pauvreté des ressources mentionnée dans le rapport de 1986 a fini par faire son œuvre : des magazines disparaissent dans les années 1980 et 1990, *La Puce à l'oreille, Science et technologie, Astronomie Québec, Info Tech, Forêt conservation, L'Enjeu, Franc Vert* (ce dernier ressuscité sous la forme d'un site Web). Une Semaine des sciences fondée en 1980, disparaît en 1997. Le Festival du film scientifique, né en 1992, s'éteint lui aussi.

Même évolution aux États-Unis : le déclin des revenus publicitaires a fait mourir *Science Digest* et *Science '80* dans les années 1980, *Omni* dans les années 1990, et d'autres publications moins connues.

Parallèlement à ces reculs, les années 1980, 1990 et 2000 sont marquées par le fréquent déménagement de la culture scientifique d'un ministère à l'autre. En 1996, le maigre budget (4,8 millions $) est temporairement partagé entre deux ministères.

Certes, pendant tout ce temps, de grosses institutions muséales sont apparues. Le Biodôme (1992) et la Biosphère (1995) de Montréal, le Cosmodôme de Laval (1995), la Cité de l'énergie de Shawinigan (1997), le Musée de la nature et des sciences de Sherbrooke (2002)... En Gaspésie, le Parc de Miguasha, lieu de rassemblement des paléontologues du monde entier, est doté en 1992 d'un musée. Mais toutes ces nouveautés sont le résultat de projets amorcés 10 à 15 ans plus tôt, avant que le recul ne s'amorce ; c'est comme si, après 1980, on était entré dans une période d'essoufflement. À moins que ce ne soit la muséologie scientifique qui ait bénéficié d'une période de grâce.

Bref, le pourquoi de l'explosion après 1950, il est facile à interpréter à la lumière des progrès technologiques, médiatiques, sociaux, et surtout considérant la place croissante de la science dans nos sociétés modernes. Mais le pourquoi de l'essoufflement après 1980, il inclut une part de mystère.

Pouvons-nous en apprendre plus en jetant un œil sur ce qui s'est passé au XIXe siècle ?

Un rêve devenu vrai : le XIXe siècle

Ça commence avec l'État français qui, vers 1800, se met à donner des sous pour des animations scientifiques dans les champs de foire et dans la rue. Ça continue avec l'apparition des premiers cours du soir – qu'on appellerait aujourd'hui des cours pour adultes – dans les institutions comme le Museum d'histoire naturelle.

Mais le XIXe siècle, c'est aussi le moment d'initiatives grandioses : les expositions universelles. Leur but est de montrer et de promouvoir les merveilles issues de la « révolution » technique et scientifique.

Londres et son Palais de cristal en 1851, Vienne, Philadelphie, Barcelone, Chicago et Bruxelles sont des lieux de telles expositions jusqu'en 1900. Et surtout, Paris, en 1889, dont la tour Eiffel se veut un symbole du génie technique français.

Enrichissez votre vocabulaire

Le mot vulgarisation apparaît pour la première fois dans le dictionnaire français en 1852.

Il faut souligner combien le XIXe siècle est une période d'optimisme en la science. Une foi à l'égard du progrès. L'impression générale: la science repousse les limites; on vivra plus vieux, on produira davantage pour moins cher – c'est l'invention de la machine à vapeur – on aura accès à davantage de denrées grâce au chemin de fer et on éliminera la famine, on transmettra des messages à de grandes distances... On connaîtra donc mieux les autres peuples. Qui sait, peut-être vaincra-t-on l'intolérance et la haine? Et si la science mettait fin aux guerres?

Le XIXe siècle est aussi une grande époque pour des conférences: à la Sorbonne, mais aussi dans des bibliothèques locales, à la gare de Bordeaux, et jusque dans les usines, où des scientifiques se déplacent le midi. La liste des sujets couvre tout, depuis l'astronomie jusqu'à l'électricité, incluant des sujets fermement axés sur le quotidien: l'hygiène, la santé publique, l'alimentation, les nouvelles techniques en agriculture...

Louis Pasteur est cité parmi les grands conférenciers, et mieux encore, quelqu'un qui savait utiliser la mise en scène, les effets d'éclairage, et faire rire son auditoire. Les historiens disent que ces conférences ont joué un rôle important dans la façon dont les idées de Pasteur sur les microbes ont rapidement pris le dessus. Avant 1860, on parlait de génération spontanée: *hier, il n'y avait rien et la viande était saine, aujourd'hui, il y a des vers et des mouches: génération spontanée.* Pasteur dit: non, déjà hier, il y avait une vie composée de bestioles invisibles à l'œil nu. Dans ce débat pointu, la rapidité avec laquelle les idées de Pasteur se sont imposées serait donc liée à son succès comme vulgarisateur.

Les livres commencent aussi à se répandre. Le coût d'impression diminue, davantage de gens peuvent s'en procurer. Il s'en publie beaucoup pour les enfants, et presque tous sont écrits par des scientifiques – c'est un détail important, retenez-le, on y reviendra.

Avec des titres comme *Introduction familière à la connaissance de la nature* en 1802, *Les Jeunes savants* ou *Contes aux jeunes agronomes* en 1832, ils sont souvent rédigés sous le mode du dialogue ou de la narration. Jean Macé, au début de *Histoire d'une bouchée de pain*, se présente comme ce 3e homme :

> J'entreprends, ma chère amie, de vous expliquer bien des choses qu'on regarde, en général, comme très difficiles à comprendre et que l'on n'apprend pas toujours aux grandes demoiselles. Si nous parvenons, en nous y mettant à nous deux, à les faire entrer dans votre tête, j'en serai très fier pour mon compte, et vous verrez combien la science de ces messieurs les savants est amusante pour les petites filles, bien que ces messieurs prétendent quelque fois le contraire.

La technique d'écriture narrative est même pensée comme telle : *Bâtissez un petit roman quelconque ; vivifiez-le par des événements variés et jetez, au milieu, toute votre science de manière qu'elle en demeure la pensée constante. La leçon doit s'y trouver si bien déguisée qu'on la reçoive presque sans la soupçonner.*

Parfois, c'est un animal qui raconte son histoire, parfois un morceau de verre qui raconte comment il a été fabriqué, tantôt c'est une goutte d'eau qui raconte son voyage.

Les Aventures d'une fourmi rouge autour du globe (1884), *Excursions du Petit Poucet dans le corps des animaux et des humains* (1886) du Dr Augustin Galopin, *Promenade d'une fillette autour d'un laboratoire* (1887) et *Voyage au pays des étoiles* par Paul Gouzy, *Les Promenades du Dr Bob* (1885) et *La Science à travers champs* (1875) par Marie Maugeret, *Histoire d'une assiette, Histoire d'une bouteille, Histoire d'une bouchée de pain, Histoire du blé, Histoire d'une goutte d'eau, Histoire d'une chandelle* par un certain Faraday…

De là, il n'y a qu'un pas pour que la science s'introduise dans la fiction. C'est-à-dire dans des romans qui n'ont pas une vocation scientifique, mais injectent de la science dans leurs intrigues ou leurs personnages, comme le fait Honoré de Balzac. Un roman remontant à 1790 intitulé *Paul et Virginie*, sur le thème de la recherche du paradis perdu, continue d'être lu dans les écoles pendant un siècle.

Et bien sûr, il y a «le» père de la fiction scientifique. Jules Verne, qui publie son premier roman, *Cinq semaines en ballon*, en 1863.

Est-il approprié de classer Jules Verne parmi les vulgarisateurs scientifiques? Son influence est indéniable. Et son souci du détail, admirable: Charles Darwin publie *L'Origine des espèces* en 1859, Verne la mentionne en 1864 dans *Voyage au centre de la Terre.* Sous-marins, fusées, il anticipe ces progrès à partir de ce qui existe déjà. Il veut être réaliste. Et il veut **expliquer**. Des qualités qui en font un bon vulgarisateur.

Pendant ce temps au Québec…

Au Québec, au XIXe siècle, la société n'est pas, culturellement, arrivée au même point. La vieille aristocratie de la Nouvelle-France décline et le grand commerce tombe entre les mains des anglophones. Il n'y a pas un grand espace – une grande masse critique – pour y faire entrer la science. Paul Carle et Jean-Claude Guédon écrivent que la nouvelle élite francophone a tenté de créer une «aristocratie de l'esprit», en s'inspirant de ce qu'elle lisait sur ce qui se passait en Europe. «Ne pouvant asseoir leurs prétentions au pouvoir sur le sang ou la richesse, c'est par le biais d'une «culture» que les membres des professions libérales tentèrent d'établir leur «noblesse». Ce sont ces individus qui créent des journaux, des cabinets de lectures, des bibliothèques. Mais c'est la culture politique qui y domine.

> Dans ces conditions, la gamme des activités scientifiques et techniques de cette époque, parce qu'elle était lacunaire et en porte-à-faux dans la société, ne pouvait suffire à constituer un *champ* scientifique doté d'une dynamique cohérente de développement. D'ailleurs, être en porte-à-faux signifie très précisément que les sciences et les techniques demeuraient très marginales par rapport aux enjeux et débats moteurs de la société canadienne française du XIXe siècle.

Mais tout de même: il y a des conférences spécialisées, dans les usines et auprès des agriculteurs. Des cours publics, les «Mechanics' Institutes» sont créés dans une trentaine de villes, à la suite de l'exemple donné par Montréal dès 1828. Et des démonstrations publiques, à partir des années 1850, dans la foulée de la création de l'Université Laval. L'abbé Léon Provancher (1820-1892), le scientifique québécois le plus célèbre du XIXe siècle, fonde en 1868 la revue *Le Naturaliste canadien* (qui existe encore!). Il s'intéresse autant à la botanique qu'à la météorologie et l'entomologie et on lui doit la recension de plus d'un millier d'espèces d'insectes inconnues à l'époque.

En 1869, le Conseil d'agriculture tente l'expérience d'un conférencier ambulant, Edouard-A. Barnard qui, pendant sept ans, donne plus de 100 conférences par année. Il fonde et dirige le *Journal d'Agriculture* pendant le dernier quart du XIXe siècle. Sa devise: «La science en peu de mots; la pratique la plus profitable». Le tirage dépasse les 50000 exemplaires, en faisant le plus grand succès de la presse de vulgarisation.

Toutefois, comme en France, après 1900, la vulgarisation, même le peu qu'il y en a, s'essouffle et s'étiole pendant quelques décennies.

Après 1900: le déclin de l'empire vulgarisation

Rappelons-nous qu'en ce XXIe siècle la France publie une demi-douzaine de revues de vulgarisation scientifique. Or, entre 1850 et 1914, il s'en est créé... 75!

Le magasin pittoresque en 1832. *Cosmos* en 1852, fondé par un abbé Moigno, doté d'une formation scientifique, à qui on doit aussi des chroniques dans les journaux. *La science pour tous* en 1856, *Le magasin d'éducation et de récréation* en 1864, *La science pittoresque* (1855-1867), *Le Vulgarisateur universel* (1874), *La science populaire* (1880), *Le Vulgarisateur* (1882), etc.

Les conférences mentionnées plus haut sont abondamment couvertes par ces magazines, rédigés par des scientifiques. Et ils ne sont pas complaisants: on trouve dans les archives des textes où il est dit que ce conférencier-ci était plutôt ennuyeux, au point où on a entendu ronfler dans la salle...

Parmi les magazines, il s'en trouve qui sont davantage orientés vers le «comment ça marche et comment en fabriquer soi-même». Comme *La Lumière électrique* en 1879, qui devient *L'Éclairage électrique* puis *Le Journal universel de l'électricité*. Ou *Le photographe illustré* en 1892 (mort en 1910), et *Le Vélocipède illustré* (1869-1870 et 1874-1890).

Aucun de ces magazines français n'a survécu jusqu'à aujourd'hui. La plupart ont duré moins de cinq ans. Et pratiquement aucun n'a survécu au-delà de la Première Guerre mondiale (1914-1918).

En tout premier lieu, ils ont du mal à survivre parce qu'ils manquent d'argent: pas assez d'abonnés, pas assez de publicité. Le bénévolat de leurs artisans finit par atteindre ses limites, après quelques mois ou quelques années.

N'empêche que même avec des revenus accrus, même avec la prospérité des années 1920, on ne reverra JAMAIS une telle explosion de magazines de sciences. Comme avec les livres, comme avec les conférenciers, comme avec les expositions universelles, un déclin de quelques décennies s'amorce après 1900.

Comme avec les journaux: certains publiaient des chroniques (confiées exclusivement à des scientifiques) depuis les années 1820 (on dit que l'inventeur du «feuilleton scientifique» serait Alexandre François Bertrand, ancien polytechnicien, qui fit dans le *Globe* des comptes-rendus des débats de l'Académie des sciences jusqu'en 1831).

En 1872, le *New York Tribune* publie les cours de physique de John Tyndall: une édition spéciale qui se vend à plus de 50000 exemplaires!

Mais après 1900, ces chroniques rétrécissent ou disparaissent. Il arrive qu'on fasse appel à un scientifique, mais pour expliquer un événement rare ou inattendu, comme Camille Flammarion en France, vedette médiatique à sa manière, ou l'abbé Moreux qui s'insurge en 1910 contre «la terreur ridicule de la fin du monde» née de l'approche de la comète de Halley.

Pourquoi cela? Pourquoi cette chute?

Une des raisons invoquées est l'évolution de l'éducation scolaire: la science était jusque-là enseignée à travers des cours du soir, mais pas à l'école. C'est seulement à la fin du XIXe siècle, en

France, qu'elle est intégrée au corpus scolaire. Résultat, les énergies que plusieurs éditeurs mettaient à produire des livres d'éducation populaire sont dirigées vers les manuels scolaires.

Une autre évolution observée par les historiens dès avant 1900, c'est celle des goûts du public. Avec les expositions universelles, la science s'est faite plus spectaculaire, plus axée sur le flamboyant. On ne sent plus autant le besoin d'expliquer : on veut émouvoir, épater, surprendre.

On se rabat donc sur «la découverte», de préférence celle qui offre un potentiel extraordinaire – médical, en particulier. On se rabat sur le scientifique comme héros ou vedette. C'est dans ce contexte qu'Einstein devient une vedette médiatique. Lors de sa visite à Paris en 1922, il fait la Une des journaux. Aux États-Unis, on peut le reconnaître dans la rue – même si on est incapable de dire de quoi il parle... et qu'on l'admet en toute candeur!

Et puis, il y a cette fameuse foi en la science : elle s'est émoussée. Les contemporains ont bien vu que la science n'amenait ni la paix ni l'abondance. Et qu'elle n'est plus blanche comme neige : le sous-marin imaginaire de Jules Verte est, dans *20 000 lieues sous les mers*, un magnifique outil d'exploration scientifique. Mais le premier véritable sous-marin, 15 ans plus tard, aura un usage militaire.

Les premiers avions, qui suscitaient l'admiration des foules, deviennent eux aussi instruments de guerre. Les canons terrifiants, les fusils qui permettent des boucheries dans le camp adverse, et les gaz asphyxiants, premières «armes chimiques» du XXe siècle : œuvres de la science.

Le dernier clou dans le cercueil, une trentaine d'années plus tard, sera la bombe atomique. C'est particulièrement frappant quand on observe l'évolution de la science-fiction : pour elle, la période d'optimisme en la science s'est étirée jusqu'aux années 1940. Auparavant, avec la multiplication des magazines à cinq sous aux États-Unis dans les années 1920 et 1930, les auteurs s'étaient mis à se documenter de mieux en mieux pour produire une science-fiction plus vraisemblable. Mais la science telle qu'ils la présentaient demeurait une entité noble et détachée des contraintes de la société.

Lorsque quelque chose tournait mal, c'était la faute d'un incompétent ou d'un savant fou. Ce n'est qu'avec Hiroshima, en 1945, que la science-fiction effectue un virage: on ne peut plus invoquer le mythe du savant fou. Les récits commencent alors à glisser vers des thématiques différentes: des épidémies, des guerres nucléaires... et des catastrophes écologiques.

Qui vulgarise: le scientifique?

Entre-temps, un autre problème s'est posé: à qui revient la mission de vulgariser? Au scientifique ou à une tierce personne?

Le glissement est récent puisque pendant tout le XIXe siècle, les livres de science pour enfants et les magazines sont écrits, et même produits, par des scientifiques. Les expositions universelles sont sous la férule de scientifiques et d'ingénieurs. En France, il y a tout au plus quelques journalistes dont l'histoire a retenu les noms, comme Samuel-Henri Berthoud ou Victor Meunier.

Même quand on pénètre plus profondément le XXe siècle, ça continue: les livres d'une collection française appelée la Bibliothèque d'éducation scientifique, sont écrits par des scientifiques. Avec des titres comme *Pour comprendre l'arithmétique, Pour comprendre Einstein, Pour reconnaître les fleurs, La Science mystérieuse des pharaons*... C'est aussi à des scientifiques qu'on doit des manuels pratiques: *La Réparation de l'automobile, le Cyclisme théorique et pratique* (1892), *Initiation à la TSF* (1923)...

Les premières émissions de radio sur la science sont faites par des scientifiques. George Colomb devient «le conférencier scientifique de Radio Paris» de 1924 à 1939. Certaines de ces «conférences» portent sur des sujets scientifiques généraux, d'autres sont plus pratiques: la gastronomie, le jardin potager. Elles sont réunies en livre en 1930: *En flânant à travers la science.* À Montréal, CKAC diffuse sous le titre *L'heure provinciale* des «Causeries universitaires», réalisées par un noyau dur de professeurs de l'Université de Montréal qui écrit par ailleurs dans les journaux.

Plus audacieux, le Français Paul Langevin lance une nouvelle série en 1936, «Ce que la civilisation moderne doit à la recherche scientifique» où chaque semaine, s'amène un invité différent

(Francis Perrin, Jean Perrin, Jean Rostand, etc.). Ça veut dire de sa part un travail qui n'est plus seulement celui d'un animateur radio, mais d'un réalisateur et d'un recherchiste d'aujourd'hui.

Les premiers films documentaires sont eux aussi le fruit de l'initiative de scientifiques. Le zoologue Jean Painlevé en a produit plus de 200. Ce fils d'un mathématicien qui avait fait Polytechnique s'était intéressé à la biologie. Il avait commencé à publier des recherches sur la cellule. En 1928, il choque quelques-uns de ses collègues en présentant une communication à l'Académie des sciences sous la forme d'un film, *L'Œuf d'épinoche, de la fécondation à l'éclosion.*

Il y a pris goût puisque, moins d'un an plus tard, il tourne, pour un public plus large, *La Daphnie ou Puce d'eau.* Il sera ensuite le premier à filmer sous l'eau, une génération avant le commandant Cousteau. En 1930, il fonde l'Institut de cinématographie scientifique, dont l'objectif premier n'est pas de vulgariser la science mais d'aider les scientifiques à se servir du film dans leurs travaux.

Une exception, qui occupe une catégorie à lui tout seul: Jean Rostand. Né à Paris en 1894, il avait fait des études littéraires, et non scientifiques. Ce qui ne l'a pas empêché de devenir l'un des vulgarisateurs scientifiques les plus connus du XXe siècle, auteur de nombreux livres, et un habitué des médias pendant près d'un demi-siècle.

Au Québec, le plus célèbre scientifique du début du XXe siècle, le frère Marie-Victorin (1885-1944), botaniste et auteur de *La Flore laurentienne*, croyait lui aussi en la nécessité de vulgariser la science... du moins dans une perspective de **sensibilisation** et de formation d'une relève. Il se sert de la radio pour défendre «la cause»: il se bat auprès de la Ville de Montréal pour la pousser à créer un jardin botanique, ce qui sera fait en 1931. Pour attirer les jeunes, sont créés les Cercles des jeunes naturalistes, inspirés du mouvement scout et qui, sous la gouverne des clercs de Saint-Viateur, pondront entre autres des chroniques «Jeunes naturalistes» dans les journaux; l'un des clercs, Léo Brassard, créera en 1950 un bulletin, *Le Viateur naturaliste*, qui deviendra *Le Jeune naturaliste*, qui deviendra *Le Jeune scientifique*, qui deviendra *Québec Science.*

Mais Marie-Victorin critique aussi les investissements gouvernementaux alors embryonnaires dans la vulgarisation: la Société de biologie est créée en 1922 avec pour premier mandat de «promouvoir les conférences publiques»; l'Acfas naît l'année suivante. Ce dont le Québec a besoin, insiste-t-il, ce sont des investissements en science, afin d'effectuer un rattrapage.

Qui vulgarise: le vulgarisateur?

Qu'il ait raison ou non, Marie-Victorin n'avait pas de raisons de s'inquiéter dans les années 1920. Même ce premier effort que représente alors l'Acfas, dont il est le co-fondateur, est avant tout tourné vers des scientifiques: ce sont eux, les membres de l'association, à qui on veut donner quelques moyens pour élargir le savoir. Le vulgarisateur, en tant que professionnel, est une entité qui n'existe pas encore. Tout au plus voit-on timidement croître aux États-Unis, dans ces années 1920-1930, un petit noyau de journalistes spécialisés en science (on en reparlera au chapitre 21).

Résultat: c'est encore et toujours de scientifiques que naît en 1937 la plus grosse initiative de l'époque, le Palais de la Découverte, à Paris, un des premiers musées de science tel qu'on les définit aujourd'hui. Immense entreprise collective, financée par l'État, endossée par un congrès international de chercheurs, dont 11 Prix Nobel.

Qualifié à l'époque «du plus considérable effort de vulgarisation jamais réalisé», c'est la synthèse de plusieurs processus: la volonté pédagogique du XIXe siècle, les mises en scène ébauchées par les conférences, l'intérêt pour une science qui ne soit pas désincarnée... Et on ajoute quelque chose qui, à l'époque, est innovateur: faire en sorte que ce soit participatif. Que le public puisse participer aux expériences. Qu'il puisse regarder, mais aussi toucher.

C'est resté le credo de tous les centres de science et de tous les musées de science de la planète depuis. L'Exploratorium de San Francisco s'en inspirera en 1969, et le Centre des sciences de Montréal à son tour en 2000, profitant des progrès technologiques survenus entre-temps.

Or, ce choix du Palais de la Découverte entraîne du coup un glissement: pour la première fois, les scientifiques se retrouvent en retrait. Ils ont participé à la conception du projet de A à Z mais, à partir du moment où c'est lancé, ils ne peuvent plus tout faire tout seuls. Ils embauchent donc des «démonstrateurs spécialisés». Des gens chargés de faire fonctionner les animations et de faire participer les visiteurs aux expériences. Ce sont nos premiers communicateurs scientifiques, au sens moderne du terme.

Le visiteur n'est plus suspendu aux lèvres d'un conférencier. Il n'est plus soumis à un savoir linéaire qu'il doit suivre tout au long du parcours. Le musée y perd en dimension sacrée, mais il y gagne en proximité.

La Deuxième Guerre mondiale va mettre provisoirement un frein à cette progression des vulgarisateurs. Mais une fois la guerre finie, ça va exploser, dès les années 1950, et les gouvernements y contribueront, en investissant dans la création ou le soutien d'organismes voués exclusivement à la vulgarisation scientifique.

Qui vulgarisera?

Certains scientifiques ne sont pas heureux de cette évolution. Ils sont insatisfaits à l'idée de voir apparaître une classe de gens, faisant écran entre eux et le public. Il se crée une tension entre deux pôles:

- ceux qui disent que la science est devenue trop complexe, que ses diverses disciplines sont trop cloisonnées et qu'elle évolue trop vite, de sorte que seuls des professionnels de la communication sont capables d'offrir un regard d'ensemble;
- ceux qui disent que ces «pros» devraient être des scientifiques, parce qu'ils sont les seuls à même de distinguer le vrai du faux, de poser les bonnes questions et de dégager l'essentiel du superficiel.

Cette tension a eu le temps de diminuer depuis un demi-siècle, parce que, avec la surspécialisation d'un côté et la pression croissante des demandes de subvention de l'autre, bien des scientifiques ont convenu qu'ils ont encore moins de temps. Et quand bien même trouveraient-ils le temps, nombreux sont ceux suffisamment lucides pour voir qu'ils n'ont pas le talent pour vulgariser. Quant aux associations de scientifiques, qui auraient pu devenir des vecteurs de la communication pour le grand public, elles ont été surclassées par les professionnels de la vulgarisation, justement parce que leurs membres n'ont ni le temps ni le talent pour occuper cet espace.

Mais parallèlement, une minorité de plus en plus importante de scientifiques investit bel et bien les territoires de la vulgarisation:

- la chose est moins mal vue que jadis et peut même, dans certaines circonstances, enrichir un dossier destiné à un organisme subventionnaire;
- plus significatif: la multiplication des services de communications dans les universités et autres institutions accroît indirectement le nombre de scientifiques capables de communiquer parce que les relationnistes, étant plus nombreux, peuvent «relayer» davantage de scientifiques aux journalistes; peuvent accorder un temps de parole à davantage de chercheurs par l'intermédiaire des publications internes, et peuvent ajouter aux opportunités en organisant des conférences, des salons, des festivals;
- tout récemment, les nouveaux outils d'Internet, dont les blogues, ont ouvert de nouveaux horizons aux scientifiques (ou aux étudiants en science).

Si toutes ces tendances se maintiennent, les 10 à 20 prochaines années devraient voir une multiplication des scientifiques capables de vulgariser par leurs propres moyens. Au point où on pourrait assister à une intrigante inversion de la tension: ce ne seraient plus les scientifiques qui vivraient de la frustration à observer des communicateurs s'ingérer dans la vulgarisation, ce seraient les communicateurs qui vivraient de la frustration à voir les scientifiques prendre leur place!

Chapitre 15

La communication par les musées

Les communicateurs scientifiques de musées – qu'il conviendrait davantage d'appeler des centres de science, dans la plupart des cas – sont dans une catégorie à part. Pas journalistes, mais pas relationnistes non plus, plusieurs sont des rédacteurs, à ceci près que la quantité de textes qui sera finalement publiée est sans doute la plus minime de tout le monde occidental.

Un maximum de 100 mots. Un paragraphe ou deux. À l'intérieur desquels il faut même prévoir de l'espace pour «appuyez», «poussez», «tirez» et «observez ce qui se passe»!

C'est le haïku de la vulgarisation scientifique.

Du scientifique au vulgarisateur

Là aussi, les scientifiques ont dû céder du terrain. Jusqu'au début du XXe siècle, ils étaient derrière le processus de conception et de communication. En 1937 avec le Palais de la découverte de Paris, ils doivent céder le gros de l'animation à des professionnels de la communication. Et après la Deuxième Guerre mondiale, la montée des rédacteurs scientifiques professionnels les déplace aussi de l'écriture des panneaux d'exposition.

Encore qu'ils n'aient pas complètement cédé le terrain. S'il vous arrive de visiter une exposition dont les textes sont extrêmement longs et techniques, il est possible qu'ils soient l'œuvre de chercheurs locaux ou des conservateurs du musée.

Au cours des dernières décennies toutefois, les conservateurs et directeurs «ont commencé à prendre en pitié le visiteur», ironise la rédactrice californienne Mary Miller. Cette dernière, en plus de travailler depuis plus de 10 ans comme pigiste pour l'Exploratorium de San Francisco, est journaliste pigiste.

Cela dit, le communicateur n'a pas vraiment pris la place du scientifique. Une exposition est un travail d'équipe étalé sur des années, à l'intérieur duquel des scientifiques de l'université locale joueront différents rôles, du consultant au réviseur.

Un processus de trois à cinq ans

Le travail peut commencer trois ans, voire quatre à cinq ans, avant l'ouverture de l'exposition. Il commence tout doucement, par des réunions de production au cours desquelles sont définis les objectifs de communication, l'orientation qui sera donnée à la thématique – l'angle, dirait-on en journalisme – et un calendrier. Le calendrier est plus important que partout ailleurs : parce que la production des panneaux prend plus de temps que la production d'un magazine, le choix des textes et des photos nécessite plus d'allers et retours que dans tout autre média, et que de plus en plus, il n'y a pas que du texte et de la photo, en fait, le panneau est de moins en moins l'élément dominant : veut-on du vidéo ? Des animations informatiques ? Un fond sonore ? Avec ou sans écouteurs ? Y aura-t-il des objets que le visiteur pourra manipuler ? Chaque choix nécessite des délais différents, du design à la conception.

Dans ses premières étapes, seule l'équipe « interne » du musée de science est impliquée. C'est aussi cette équipe qui, en général, effectue une première recherche, afin de se faire une idée de la documentation disponible et du niveau de difficulté appréhendé.

Mais dès que l'exposition commence à prendre forme, c'est là que plusieurs feront appel à du personnel externe, et en tout premier lieu à des gens qui auront à mener la véritable recherche, puis à écrire.

Il est peu probable que vous commenciez votre carrière de rédacteur par un tel emploi, en tout cas pas un contrat au cours duquel vous seriez lâché dans la nature. Les responsables lanceront plutôt quelques perches dans leur entourage immédiat : l'association locale des journalistes scientifiques, les rédacteurs en chef, les rédacteurs des anciennes expositions : *peux-tu nous recommander quelqu'un?* Mais à l'inverse, cela ne signifie pas qu'on n'embauche que des rédacteurs de plusieurs années d'expérience: un an, parfois moins, peut suffire, si on a fait la preuve qu'on a un bon esprit de synthèse, qu'on sait mener des recherches et qu'on s'intéresse à la science.

Commence alors un va-et-vient dont l'ampleur varie avec celle de l'exposition. Dans un magazine, le journaliste remettrait son texte au rédacteur en chef qui le lui renverrait s'il y avait des corrections, puis le ferait suivre à l'infographiste; le rôle du journaliste s'arrêterait là. Dans une exposition, le rédacteur envoie un premier fragment de son «texte» – par exemple, les textes 1 à 5 d'un groupe censé en contenir une trentaine de 200 mots chacun – au chargé de projet qui les lui renvoie en lui disant s'il a adopté le ton souhaité. S'il n'y a pas d'ajustements dans le ton, il peut y en avoir dans le contenu – un peu moins de notions de physique ici, un peu plus d'innovations technologiques là; ou bien c'est un seul des cinq textes qui pose problème: un texte sur cinq doit être un portrait, a-t-on décrété, et celui-ci n'est pas dans le ton souhaité; ou bien, à la réflexion, on ne veut plus de portraits de scientifiques du XIXe siècle, juste du XXe. Et ainsi de suite, avec chaque groupe de textes d'un ou deux paragraphes…

À un moment donné, un fragment plus important revient entre les mains du rédacteur: le scientifique-consultant est passé au travers et y a apposé ses commentaires; il souhaite des précisions ici, il propose une réécriture là. Avec deux ou trois scientifiques-consultants, ça devient plus épineux: chacun a une vision différente de ce qui est indispensable. Le chargé de projet peut en avoir filtré une partie. Pour compliquer la chose, il arrive que les commentaires… soient plus longs que le texte original!

À un moment donné, c'est le chargé de projet qui tranchera, tout comme c'est lui qui, si besoin est, ramènera les textes de 200 à 100 mots – il n'est pas rare qu'on en commande plus, pour avoir le choix d'en garder moins.

Des semaines ou des mois se sont écoulés. D'autres recherches et d'autres textes se sont ajoutés à la première trentaine. Mais entre-temps, cette première trentaine, accompagnée des suggestions d'illustrations du rédacteur, est passée entre les mains de l'infographiste ou du designer, qui propose une première maquette. À ce stade, si le rédacteur pigiste est encore impliqué dans le travail (son contrat peut fort bien avoir pris fin avant cette étape) il peut être amené à réécrire, s'il s'avère que, esthétiquement, on a jugé qu'il fallait déplacer ou couper du texte.

Bref, Cyrano s'abstenir. Si vous êtes de ceux qui éprouvez un sentiment d'appartenance à l'égard de vos textes, la rédaction muséale n'est définitivement pas pour vous. Il y a de bonnes chances pour que le premier jet n'ait plus grand-chose de commun avec la version finale qui, imprimée, laminée ou gravée, constituera un des éléments de l'exposition.

Mais vous avez une consolation : jamais vous n'écrirez de textes qui demeurent en vie aussi longtemps. Le journal a une durée de vie de quelques heures ; le magazine, de quelques semaines. L'exposition, de quelques années. Pensez combien de millions de paires d'yeux...

Au Centre des sciences de Montréal, l'Agence Science-Presse peut ainsi se targuer d'être l'une des détentrices d'un record : alors que, depuis l'ouverture en 2000, les expositions scientifiques ont toutes eu le temps d'être renouvelées, les panneaux d'exposition qui ornent les murs de la foire alimentaire, rédigés par nos soins, sont toujours là, eux, une décennie plus tard !

Dans cette lignée : au SeaWorld de San Diego, le texte de vulgarisation scientifique le plus lu de l'histoire est celui qui a été écrit... pour les tasses à café !

Au-delà des expositions

Par contre, il n'y a pas que les murs de l'exposition. Dépendamment de la taille du centre des sciences – donc, de ses budgets – le rédacteur, à l'interne ou à l'externe, peut être amené à écrire aussi :

- le catalogue de l'exposition ;
- un livre accompagnant l'exposition ;
- un poster, un dépliant promotionnel, un communiqué de presse ;

- un guide pédagogique, pour les écoles;
- des textes complémentaires pour le Web;
- les textes d'une exposition virtuelle;
- et du texte administratif: rapport d'activités, analyse des retombées de l'exposition, demande de subvention supplémentaire pour l'exposition ou pour une deuxième phase...

S'il y a du matériel scolaire, c'est parce qu'on espère la visite de groupes scolaires. Pour tous les centres de science de la planète, les groupes scolaires constituent une portion importante de leur clientèle (30% des revenus au Centre des sciences de Montréal). Or, de telles visites, ça se prépare: toute une documentation à usage interne doit être produite pour former les futurs animateurs. En cours de route, il faut carrément concevoir des animations et les tester, avec des professeurs et des enfants.

Et ça va bien au-delà de la vulgarisation proprement dite: il faut entretenir le contact avec les écoles de la région – et d'au-delà de la région – et chaque année, il faut leur envoyer du matériel promotionnel et pédagogique – un professeur débordé n'aime rien de plus que de savoir que, pendant quelques heures, quelqu'un d'autre aura tout préparé pour s'occuper de ses petits monstres. Ce professeur débordé est aussi sollicité par d'autres institutions traitant de science (Biodôme, Planétarium, Cosmodôme, etc.) sans compter les musées d'art, les théâtres et tout le secteur culturel.

Marketing, démarchage, promotion: quelqu'un qui pénètre ce milieu peut fort bien, un jour, être amené à toucher à tout cela, s'il développe un intérêt et des talents qu'il ne se soupçonnait pas...

Si le Québec possède plusieurs institutions à caractère scientifique, comme la Biosphère et l'Aquarium de Québec, et un riche réseau de centres d'interprétation régionaux, des fossiles de Miguasha jusqu'à l'observatoire du Mont-Mégantic en passant par les baleines de Tadoussac et la mine de Val d'Or, il a fallu attendre 2000 pour voir naître le Centre des sciences de Montréal. Pensez qu'à deux heures de route de Montréal, on trouvait le Musée des sciences et de la technologie d'Ottawa depuis... 1967! Il y en a même un à Syracuse, ville de moins de 200000 habitants dans le Nord de l'État de New York.

Répertoire

La base de données *Kaléidoscope* recense entre autres les institutions muséales et centres d'interprétation scientifique:

http://www.spst.org/kaleidoscope/

Le musée virtuel

Difficile de dire jusqu'où iront les expositions virtuelles. L'Exploratorium a été le premier à investir ce territoire en 1994 mais par la suite, l'évolution d'Internet a été telle que des amateurs ont montré qu'il était possible de concevoir des «visites» sans qu'il ne soit nécessaire d'y investir des fortunes. Entre les musées ou les bureaux de tourisme qui proposent une simple visite promotionnelle de leurs lieux préférés, pour mettre l'eau à la bouche des visiteurs, et l'univers virtuel *Second Life*, qui permet de visiter des imitations de lieux réels, l'exposition scientifique virtuelle a du mal à se trouver une niche.

Dans tous les cas, il est certain qu'on verra émerger sur Internet des opportunités supplémentaires pour des contrats de recherche et de rédaction, parce qu'une exposition virtuelle coûte moins cher en matériaux... et qu'il est plus facile de la maintenir à jour.

Chapitre 16

Comment choisir les sujets?

Un des problèmes de quiconque travaille pour un média est de faire un tri dans la quantité astronomique de sujets scientifiques. Même si on ne s'en tenait qu'aux revues dotées d'un comité de révision – et on ne peut pas ne s'en tenir qu'à elles – la liste serait immense. Comment choisir?

Ceux qui vivent ce problème de la façon la plus épineuse sont les journalistes précaires – pigistes ou contractuels, travailleurs à la maison ou dans une équipe de recherche pour une émission de télé:

- Comment trouver soi-même des sujets, lorsqu'on n'a pas les ressources d'une salle de rédaction? Même dans les plus petits médias, comme à l'Agence Science-Presse, les communiqués de presse arrivent par courriel chaque jour, et les revues à lire s'accumulent.
- Et comment convaincre un rédacteur en chef que ce sujet qui nous tient à cœur mérite d'être traité?

De plus en plus, la «sélection naturelle» dans les métiers de la communication se fait sur la base de ceux et celles qui auront les meilleures idées. Si vous êtes travailleur à la maison, le sujet du mois n'atterrit pas sur votre bureau, sous la forme d'une convocation à une conférence de presse. Le sujet du mois, c'est souvent vous – en particulier en début de carrière – qui devrez le trouver.

Si vous êtes recherchiste pour une série télévisée hebdomadaire d'affaires publiques, on attend de vous des idées originales pour les prochaines émissions. Et même si vous êtes relationniste dans une université, le problème se pose: plus l'université est grande, et plus les chercheurs sont nombreux à publier. Et le journal universitaire ne peut pas parler de tout!

D'abord, trouver un sujet

Comment choisir? Revenons à nos quatre éléments définissant une nouvelle:

1) **La nouveauté**, évidemment.
2) **L'importance**
   a) l'importance de la nouvelle dans son contexte scientifique; est-elle parue dans une revue dotée d'un comité de révision?
   b) l'importance par rapport à votre public; si vous travaillez pour le journal de l'Université Laval, vous venez d'éliminer d'emblée toutes les recherches publiées par les chercheurs des autres universités. Si vous proposez un article à *7 Jours*, votre choix sera différent d'une proposition à *Découvrir*.
3) **L'intérêt pour le lecteur ou l'intérêt public**.
4) **Et le facteur Wow**. Aucun intérêt public, aucune application pratique possible... Mais Wow.

Certains relationnistes ont d'emblée, il y a des années, décidé d'éliminer, sur la base de ces quatre critères, les communiqués annonçant un investissement: *la Chaire X a obtenu un don de 500 000 $ de la Fondation Y qui lui permettra de lancer un projet sur Z.* Ils sont sources de fierté pour une institution, mais si rarement repris par les médias qu'ils peuvent avoir un effet délétère sur les autres communiqués: le journaliste excédé envoie directement à la poubelle tout ce qui provient d'une source qui l'inonde de courriels qu'il juge inutiles.

Le moment le plus facile, c'est quand on épluche le dernier numéro de *Science* ou un horaire de congrès: des titres plus alléchants se dégagent vite du lot. Mais c'est plus difficile dès qu'on veut s'éloigner de la nouvelle brute – la «découverte de la semaine» – pour accoucher d'un sujet plus étoffé.

On a dit plus haut qu'il était essentiel de lire un maximum de choses. Parce que c'est là qu'entre autres se trouvent les sujets: pas juste des petits sujets qu'on va proposer aussitôt découverts, mais l'inspiration pour quelque chose de plus gros.

Un sujet n'est pas toujours mûr. Un dossier du *Time* sur «le nouvel Einstein» peut vous donner envie de creuser la question mais comme vous ne savez pas encore par quel bout prendre ce sujet pour le rendre intéressant, vous le rangez. Et c'est ainsi qu'au fil des mois, tout journaliste accumule dans sa filière, ses boîtes ou son ordinateur, des articles ramassés à gauche et à droite.

Jusqu'au moment où se produit un déclic: cette allusion à un étudiant montréalais dans *Forum*, ne vous rappelle-t-elle pas quelque chose qui se trouvait dans l'article du *Time*? Et hop, vous avez peut-être une anecdote ou un personnage, en tout cas une histoire à raconter, qui serait le prétexte original, inédit, que vous cherchiez pour aborder ce sujet.

Si ce n'est pas *Forum*, c'est une émission de télé. Ou un roman. Ou votre beau-frère. Les sujets, ils sont partout. Il faut juste prendre l'habitude de les repérer.

Et cette habitude, on l'acquiert petit à petit, à force de lire et décortiquer à la manière d'un chasseur de sujets. On ne suit pas l'actualité juste pour se tenir au courant: mais à la manière d'un être humain curieux d'en apprendre plus. On lit, et on finit par repérer le petit quelque chose d'insolite, d'intrigant, d'original, qui nous intéresse, et qui en intéressera sûrement d'autres. On repère ce qu'il y a d'intelligent là où, auparavant, on ne voyait que des mots. On repère la perle au milieu d'une accumulation de lignes et de paragraphes.

Ensuite, proposer un sujet: pourquoi?

Il y a évidemment un risque à choisir un sujet, parce que vous n'êtes pas devin. Un sujet peut avoir l'air intéressant sur papier, et se dégonfler dès qu'on commence à creuser.

C'est la raison pour laquelle un journaliste, spécialement un pigiste et un recherchiste, a TOUJOURS plus d'un plat sur le feu. Il fait une proposition, avance ses recherches pour la proposition acceptée l'avant-veille, mène une entrevue pour un troisième sujet, qu'il ne va peut-être écrire que la semaine prochaine et il lit des choses qui aboutiront peut-être à une proposition le mois prochain.

C'est vrai pour les salariés d'une grande salle de rédaction, même ceux qui n'ont plus à proposer de sujets. Mais c'est encore plus vrai pour les pigistes. Car un pigiste, c'est quelqu'un qui est payé à la pièce: un article, un chèque. Pas d'article, pas de salaire régulier. S'il ne fait pas de propositions de sujets, personne ne l'appellera. Du moins, s'il en est à ses premiers pas dans le marché.

C'est même un des gros problèmes du journalisme, comme on l'a abordé au chapitre 6. Parce que les journalistes, salariés comme pigistes, manquent de plus en plus de temps et de ressources, parce que les pigistes doivent, pour payer leur loyer, parfois choisir les sujets les plus lucratifs, un article simple sur «la découverte de la semaine» a plus de chances de leur taper dans l'œil qu'un dossier étoffé sur les nanotechnologies ou l'efficacité des futurs panneaux solaires.

Dans ce contexte, une très efficace campagne de presse organisée par une riche firme de relations publiques rend très tentante l'utilisation d'une belle documentation déjà pré-mâchée...

Proposer un sujet: le synopsis

Quand on est salarié dans une salle de rédaction ou au sein d'un service de communications, il suffit d'aller voir son supérieur, deux portes plus loin: *j'aimerais faire un article sur ceci. La question est importante pour telle raison. Le chercheur est un bon vulgarisateur et disponible pour une entrevue.*

Si vous êtes un journaliste ou un rédacteur d'expérience, ce supérieur a confiance en votre jugement, et ça se résumera dès lors à un Oui ou à un Non.

Pour les pigistes, il y a une étape de plus. Plutôt que de traverser la salle pour aller voir le *boss,* on fait un texte, très court, appelé le **synopsis**, qu'on lui envoie par courriel: et c'est ça, la proposition d'article.

> *Les nouveaux journalistes: le guide*, Québec, PUL, 2006. Le chapitre 3 porte sur la recherche de sujets et le 4, sur les propositions.

Le synopsis peut faire aussi peu qu'un paragraphe quand le sujet va donner lieu à un article court. S'il s'agit d'un long dossier avec plusieurs portes à ouvrir et des gens à rencontrer, le synopsis peut faire jusqu'à une page.

Il doit minimalement comporter une description du sujet et de la raison pour laquelle il est aussi important:

- c'est une première dans son secteur;
- ça renverse un présupposé;
- c'est quelque chose qu'on attendait depuis longtemps;
- AVIS: «c'est paru dans *Nature*» n'est pas une raison suffisante pour en parler.

Et il doit donner l'impression que vous savez déjà où vous allez: soit vous avez déjà identifié les personnes à interviewer, soit vous avez déjà commencé à lire là-dessus.

- On peut écrire des synopsis pour un reportage de 20 minutes dans le cadre d'une émission d'affaires publiques, encore que ce soit plus rare: ces émissions ont généralement leur équipe attitrée pendant toute la saison, et les sujets eux-mêmes peuvent être déterminés une saison à l'avance.
- On peut aussi écrire des synopsis pour un documentaire d'une heure, qu'on propose à un producteur indépendant, lequel le proposera à son tour à différents diffuseurs télé.
- On peut écrire ce synopsis à l'intention d'un organisme subventionnaire.
- On peut, enfin, écrire un synopsis pour une série télé complète. *Planet Earth*, une méga-série de 11 heures diffusée en 2007 par la BBC et Radio-Canada, produite au coût record de 22 millions $, a commencé sous la forme d'un banal synopsis.

À chaque étape, la tâche s'accroît considérablement et on se retrouve loin au-delà d'un travail à la portée du débutant. Pour en savoir plus sur l'écriture de telles propositions, si de surcroît on n'a jamais touché de sa vie au cinéma ou à la production multimédia, mieux vaut en priorité s'immerger dans des lectures plus approfondies.

Il n'y a pas «une» façon d'écrire un synopsis. L'important réside dans l'étape qui suit: se vendre.

Proposer un sujet: se vendre

Car ce synopsis, c'est votre carte de visite. Ou votre argument de vente. Plus c'est court, plus c'est efficace. Pensez aux règles de l'écriture journalistique: amorce accrocheuse, éléments essentiels au début. S'il commence par une longue mise en contexte ou des généralités, il donne l'impression que vous ne savez pas encore où vous voulez en venir. Le rédacteur en chef lit beaucoup de synopsis dans une semaine: le vôtre doit trancher par son *pep* et son originalité.

Et par «originalité», on ne parle pas juste de l'originalité du sujet, mais de la façon par laquelle vous allez aborder ce sujet: c'est-à-dire **l'angle**. Cela implique que vous ayez déjà fait une recherche minimale sur ce qui s'est déjà publié sur votre sujet: dans le média auquel vous songez mais aussi chez les autres. *Découvrir* ne sera pas intéressé par un chercheur dont *Québec Science* a parlé le mois précédent. Le dopage dans le sport est un bon sujet, mais pas dans les mois qui suivent les Olympiques, alors que tous les médias en ont été saturés. Peut-être jugez-vous, en vertu de votre expérience professionnelle, que le sujet a, dans tous les médias, été mal traité, et que vous, vous feriez mieux, mais encore faut-il que votre synopsis le démontre.

Il n'y a pas de mauvais sujets, il y a de mauvais angles

Un exemple: l'obésité. C'est un problème social très grave, qui entraîne des problèmes de santé, alourdit la facture de l'assurance-maladie, touche des enfants de plus en plus jeunes. Et, surtout, ne montre aucun signe de ralentissement. On est tous d'accord, c'est grave.

Le problème, c'est qu'il doit y avoir un millier d'articles écrits sur le problème de l'obésité au Québec. Vos chances d'en vendre un 1001e sont très minces. Surtout si vous vous contentez de dire: *je veux faire un article sur ce grave problème de santé chez les enfants qu'est l'obésité.*

Imaginons que vous vous trouviez à un congrès scientifique au cours duquel un des ateliers porte sur les recherches récentes sur l'obésité. Jusque-là, rien d'original. Mais peut-être y a-t-il, en marge du congrès, une activité destinée au grand public. Un synopsis qui annoncerait votre intention de vous concentrer sur l'originalité de cette initiative serait déjà plus «vendeur» qu'un synopsis annonçant un compte-rendu de l'atelier.

En théorie, tous les sujets sont bons. Mais plusieurs partent avec un handicap. L'obésité, le réchauffement climatique, les OGM, le cancer, courent le risque d'ennuyer le lecteur ou le téléspectateur blasés (sans parler des rédacteurs en chef blasés!). Il faut donc doublement faire preuve d'imagination dans le choix de l'angle.

L'obésité, c'est le sujet. L'obésité chez les enfants, c'est un angle. Mais même celui-là a été beaucoup exploité, alors soyons encore plus spécifiques. Une association entre obésité infantile et performance scolaire? L'impact de la publicité télévisée?

Le cancer, c'est un sujet. L'état de la recherche sur le cancer, c'est un angle, mais trop large, trop général. Demandez-vous: y a-t-il un prétexte pour en parler maintenant? Une anecdote à raconter? Un personnage dont on peut suivre le parcours?

Et l'image? S'il s'agit d'une histoire à raconter, offre-t-elle un potentiel pour la télé? Une famille sympathique? Un hôpital ultramoderne? De l'exotisme? Une controverse? L'angle pour la télé sera nécessairement différent de l'angle du magazine. Peut-être que la réponse est déjà là, devant vos yeux, dans la documentation que vous avez amassée.

L'angle deviendra votre fil conducteur, auquel vous pourrez ensuite greffer le contexte, les explications, et toutes ces choses dont vous vouliez parler à l'origine, quand ce sujet avait commencé à vous trotter dans la tête.

Bien choisir le média

Avertissement aux scientifiques : vous n'écrivez pas pour vos collègues chercheurs. Vous n'écrivez pas ce que VOUS auriez aimé lire : vous écrivez pour un public différent. Pire, ce public est différent avec chaque média.

Même le public de *Québec Science* ou de l'Agence Science-Presse ne doit pas être confondu avec un public de scientifiques : au contraire, l'objectif est constamment d'intéresser des gens « non initiés ».

Imaginez alors combien l'angle peut être différent si vous écrivez pour *Châtelaine, 7 Jours, Voir* ou *Les Débrouillards*! Et pourtant, tous les sujets mentionnés depuis le début du chapitre – obésité, OGM et même nanotechnologies – ont trouvé place dans ces publications. Mais leurs auteurs ont dû adapter leurs propositions aux publics.

Comment choisir le média ? Eh bien il faut le connaître. Avant de faire une proposition au magazine *Les Débrouillards*, allez voir ce qu'il a publié au cours de la dernière année : vous pourriez avoir des surprises. Peut-être votre sujet a-t-il déjà été traité. Ou peut-être que votre angle ne convient pas au magazine – trop léger, ou pas assez léger, trop spécialisé, ou pas assez ?

Et lisez-le. Le ton de *Découvrir* est plus sérieux que celui de *Québec Science*, celui de l'Agence Science-Presse est plus léger. *Châtelaine* adopte également un ton plus léger, mais implique un changement d'orientation : vous vous adressez à des femmes. Et *Les Débrouillards* implique, lui, un effort d'imagination : trouver l'analogie, la métaphore, le personnage central, qui retiendra l'attention du jeune lecteur.

En théorie, la multiplication des publications internes devrait faciliter la tâche aux pigistes : trouvez le scientifique de l'institution qui est impliqué et hop ! Vous avez votre angle. Malheureusement, c'est plus compliqué que cela. D'une part, plusieurs sont des bulletins rédigés par une seule personne et n'ont pas de budgets pour la pige. D'autre part, les publications qui disposent de budgets pour la pige ne sont pas si différentes des autres médias: lorsqu'un sujet a été couvert mur à mur par les quotidiens et les téléjournaux, le magazine institutionnel n'a pas intérêt à y revenir le mois suivant.

Les médias étrangers? Certes, la France a davantage de magazines de vulgarisation scientifique que le Québec. Mais la nécessité d'en connaître le contenu s'impose doublement:

- s'il s'agit d'un sujet international, il faut prévoir d'avance, dans le synopsis, comment répondre à l'inquiétude du rédacteur en chef: *pourquoi confierais-je ce sujet à un journaliste québécois, alors que des Français qui connaissent mieux mes lecteurs pourraient le faire?*
- s'il s'agit d'un sujet québécois, il faut alors se demander comment justifier qu'un magazine français en parle. Cela veut dire que le prétexte, autrement dit l'angle, doit être pensé en fonction d'un lectorat français.

Cela vaut aussi pour des propositions à des médias américains, ou même canadiens anglais: pourquoi pas? Un simple compte-rendu de recherche ne les intéressera pas, mais un angle «exotique» sur la même recherche, une anecdote qui, chez eux, ne se serait jamais passée comme ça, peut suffire à faire accepter le sujet.

***

Toute cette question de l'angle peut sembler très frustrante, parce que nous avons tous des sujets que nous estimons importants et que nous lirons, peu importe l'angle choisi. Mais justement: vous n'écrivez pas juste pour vous ou pour les passionnés comme vous. Si ce ne sont que ceux-là que vous voulez rejoindre, écrivez un blogue.

Contrepartie heureuse: autour d'un même sujet, parfois d'une même conférence comme dans l'exemple qui suit (ce ne sont que les premiers paragraphes des articles), on peut avoir droit à deux couvertures journalistiques très différentes. L'angle est presque le même, mais pas tout à fait. Juste assez pour donner deux éclairages différents.

BOSTON – Pour ceux qui croient que science et religion ne peuvent pas se rencontrer, Guy Consolmagno est la preuve du contraire. Il porte une bague du Massachusetts Institute of Technology... et un col romain. « C'est la preuve, dit-il avec un sourire amusé, qu'il est possible d'être un fanatique religieux, et un *nerd.* »

Qu'est-ce qui ne va pas aux États-Unis, demandent fréquemment des lecteurs et des internautes interloqués qu'au sein de la première puissance scientifique mondiale, 40% des gens ne croient pas en l'évolution ? Ignorance ? Et si les scientifiques étaient eux-mêmes une partie du problème ?

C'est la direction que voulait donner dimanche l'Association américaine pour l'avancement des sciences, en choisissant, pour sa table ronde *Communiquer la science dans une Amérique religieuse*, six intervenants ayant en commun de juger que les scientifiques s'y prennent vraiment, vraiment, vraiment mal.

« L'actuelle hystérie dans le débat entre science et religion ne sera pas réglée en traitant les croyants comme des idiots », déclare Barbara J. King, bio-anthropologue au Collège William & Mary, en Virginie. C'est bien beau de prétendre qu'on respecte les croyances, encore faut-il être conséquent : « ce n'est pas stratégique de suggérer aux gens que Dieu n'existe pas, dans un pays où 90% y croient fermement ».

« Nous sommes nombreux à croire que si nous trouvons le bon argument, ou le parfait exemple, ou la parfaite métaphore, alors tout le monde va comprendre de quoi nous parlons », poursuit Steven Case, du Center for Science Education à l'Université du Kansas. « C'est le vieux truc que j'ai utilisé encore et encore et encore. » Or, il faut se rendre à l'évidence : « ça ne fonctionne pas. » [...] (Science-Presse, 19 février 2008)

BOSTON – Au cours du congrès de février de l'Association américaine pour l'avancement des sciences, un large auditoire avait rempli à pleine capacité une salle dont la session portait un titre provocateur: *Communiquer la science dans une Amérique religieuse.* Sept conférenciers y ont discuté de la façon dont l'information scientifique est diffusée et perçue par le public, qui l'interprète à la lumière de ses attitudes personnelles, ses croyances religieuses et autres.

La discussion était organisée par Matthew Nisbet, un professeur de communications qui est un promoteur de «l'encadrement des sciences» (*Framing science*), un concept où les techniques de communication empruntées au royaume de la politique sont utilisées pour promouvoir une meilleure compréhension des sciences. Ainsi, plusieurs conférenciers ont vanté des cadres spécifiquement destinés à des questions scientifiques controversées. Malheureusement, l'usage de ces cadres semble voué à générer de la controverse à l'intérieur de la communauté scientifique, et plusieurs des conférenciers ont noté que la science fait face à des défis qui vont bien au-delà de la communication du savoir auprès du public. Il y avait des indices d'une voie qui pourrait satisfaire à la fois la communauté scientifique et le public, mais les obstacles semblaient significatifs.

Le premier conférencier était Ken Miller, biologiste cellulaire à l'Université Brown. Miller a été vu partout, du *Colbert Report* jusqu'à la boîte des témoins dans le procès de Dover sur le design intelligent. Son manuel scolaire de biologie a dû afficher des autocollants avertissant qu'il y est question d'évolution alors que, pourtant, en tant que catholique pratiquant, il a écrit des livres décrivant la compatibilité entre l'évolution et sa vision de la théologie. Peu de personnes sont aussi bien placées que lui pour discuter des intersections entre science et foi religieuse. [...] (*Ars Technica*, 19 mars 2008)

Exercice: trouver un sujet et le proposer!

Voici venu le moment de vérité: vous allez devoir trouver un sujet, et le proposer.

Il n'y a pas de limites de médias: vous pouvez commencer par un média dont vous connaissez déjà le rédacteur en chef si vous le souhaitez. Ce peut être un média bénévole, local, peu importe. Mais vous devrez faire l'effort de trouver un sujet qui l'intéresse, lui – ou du moins, son public – et de produire un synopsis.

Aussi angoissante que cette «mise en situation» puisse sembler, vaut mieux que vous passiez par là tant que vous êtes encore en formation, plutôt que lorsque vous serez sur le marché du travail, avec un loyer à payer.

Et pas d'inquiétude: un rédacteur en chef aime bien mieux recevoir une proposition d'article qu'un CV. Ça dénote qu'au moins, l'expéditeur a fait un effort pour imaginer ce qui pourrait intéresser cette publication.

Chapitre 17

Le marché de la science dans les médias

Ou : Trouvez Charlie !

Le choix d'un angle est d'autant plus important que si la science occupe une (très) maigre place dans les médias, ce n'est pas, contrairement à une croyance répandue, parce que les rédacteurs en chef la considèrent peu importante : au contraire, ils admettent que c'est un domaine qui gagnerait à être davantage couvert. Mais ils vont reculer devant un sujet qui leur semble trop compliqué. Peut-être s'agit-il encore de ce complexe d'infériorité face à la science, toujours est-il qu'il faut être très convaincant dans la façon de proposer un sujet, parce que l'espace occupé par la science est très étroit.

Les journaux

Une enquête sur la presse canadienne menée en 1968 contenait ces deux chiffres : 2,6% de l'espace rédactionnel (excluant, donc, la publicité) est consacré aux sciences, incluant l'exploration spatiale, et 3% à la médecine et la santé.

Une enquête québécoise menée en 1985 arrivait à peu près aux mêmes chiffres : 3,1% de l'espace rédactionnel des quotidiens est consacré aux sciences.

Une enquête menée en 2001 par une étudiante de l'Université Laval arrivait elle aussi à environ 5% de l'espace consacré aux sciences et à la santé.

C'est donc peu. On peut s'encourager en se disant que le journalisme scientifique a pris de l'importance depuis le début du

XXe siècle. Aux États-Unis, la National Association of Science Writers (NASW), qui est aujourd'hui la plus grosse association de journalistes scientifiques au monde, apparaît en 1934, avec 11 membres. Les auteurs d'aujourd'hui disent que ces 11 membres représentaient la quasi-totalité des journalistes scientifiques à temps plein de l'époque! En 1981, ils étaient une centaine dans les quotidiens. Mais c'est bien la moindre des choses, considérant combien la place de la science dans notre société s'est décuplée!

Or, la croissance ne s'est pas poursuivie jusqu'à aujourd'hui, comme on l'a dit au chapitre 14. Au contraire, c'est à une régression qu'on assiste depuis les années 1980, voire les années 1970. Le *New York Times* conserve encore une douzaine de journalistes scientifiques (il en avait 3 en 1956), mais le *New York Times* n'est pas représentatif de la presse. Pas plus que Radio-Canada, avec ses journalistes scientifiques travaillant à temps plein pour deux émissions de science, n'est représentative de la presse québécoise.

Ainsi, dès 1981, un chercheur américain constatait que sur la centaine de journalistes scientifiques à temps plein dans les quotidiens, la majorité était concentrée dans une poignée de publications, dont le *New York Times*, le *Los Angeles Times* et le *Washington Post*. Sur environ 1 750 journaux recensés à l'époque, seulement 50 avaient au moins un journaliste scientifique à temps plein.

Et encore, la présence d'un journaliste scientifique ne signifie pas que ce journal consacre un espace régulier à la science: les articles peuvent être éparpillés dans les pages générales, ce qui se défend quand ces articles bénéficient d'une bonne visibilité, mais devient néfaste quand ils servent régulièrement de bouche-trous.

Le nombre de pages «science» dans les journaux est donc révélateur: aux États-Unis, au début des années 1980, il y en avait près d'une centaine. En 2005, il n'en restait qu'une trentaine, la plupart consacrées à la «santé personnelle», selon une étude de l'Université Harvard. C'est en partie la conséquence des coupures dans les journaux depuis trois décennies: les pages de science ont été parmi les premières à écoper.

D. Perlman, «Informing the Public about Research: the Media», dans Allberger et Carter, ed., *Communicating University Research.* Washington, Council for Advancement and Support of Education, 1981.

Cristine Russell, *Covering Controversial Science: Improving Reporting on Science and Public Policy*, Joan Shorenstein Center, Université Harvard, 2006.

Au Québec, le nombre de journalistes scientifiques à temps plein est tellement minime qu'on ne peut pas parler d'avancée ou de recul. Dans les 10 quotidiens francophones, incluant *Le Droit* (Ottawa-Gatineau), on comptait deux journalistes spécifiquement attachés à la science en 2008. Quant aux pages *Science*, il fut un moment de grâce, au milieu des années 1990, où cinq quotidiens rejoignant plus d'un million de lecteurs en publiaient une, chaque semaine: *La Presse, Le Soleil, Le Droit, Le Journal de Montréal* et *Le Journal de Québec* (la même page, reprise dans ces deux derniers). En 2007 et 2008, cela oscillait entre une page... et rien du tout.

Les nouvelles radio-télé

Deux journalistes, c'est deux de plus qu'aux nouvelles radio et télé! En 2008, aucun des réseaux n'avait un journaliste affecté à la science dans ses bulletins de nouvelles. Parfois, un journaliste a, entre autres attributions, la santé.

Les nouvelles scientifiques de la radio et de la télé sont donc couvertes, encore plus que celles des journaux, par des journalistes généralistes. Ce qui pose un double problème:

- Manque d'expérience ou de contacts (qui appeler, par quoi commencer, qu'est-ce qui est nouveau dans cette information).
- Absence de suivi. Il y a un tas de sujets autres que scientifiques que de tels journalistes sont amenés à couvrir, qui sont tous en compétition avec la science. Et à ce petit jeu, la science gagne rarement.

Le magazine radio

À la radio privée, aucune émission de science. À la radio publique, une seule: *Les Années-lumière*, qui attire en moyenne 35000 auditeurs, à laquelle on peut ajouter l'émission de la radio anglaise de Radio-Canada *Quirks and Quarks*, en ondes depuis la fin des années 1970.

Mais il serait dommage de passer sous silence le rôle que réussit à jouer, bon an mal an, la radio communautaire. À l'Agence Science-Presse, nous sommes probablement le seul organisme à avoir tenté des compilations de ces émissions de science, tâche d'autant plus difficile que la programmation change trois fois par année et que toutes ces émissions reposent sur le bénévolat – ce qui les fait vivre dans une fragilité chronique. Ainsi, en 2008, on en recensait au moins quatre: *Futur Simple,* en ondes depuis 1997 à CKRL (Québec), *Et pourtant elle tourne* à CFLX (Sherbrooke) depuis 1987, *Infini Décimal* à CISM (Université de Montréal), Vulgaires scientifiques à CHOQ (UQAM), en plus d'émissions sur l'environnement à CIBL (Montréal), CFOU (Trois-Rivières) et ailleurs.

Déception: il existe un gros bassin de gens intéressés à donner autant de temps et d'énergies pour produire bénévolement des émissions de radio sur la science; mais ni les radios privées ni les radios publiques ne trouvent le moyen de canaliser cette énergie.

Le magazine télé

Sur les ondes des deux télés publiques francophones, il existe donc deux émissions de science: *Découverte* à Radio-Canada, qui était déjà présente dans les années 1980 sous le nom de *Science-Réalité.* Et depuis janvier 2008, *Le Code Chastenay* à Télé-Québec, cinq ans après la disparition de la dernière émission de science (*Zone Science,* 1998-2003) sur cette chaîne.

C'est peu, mais c'est dans la moyenne: au Canada anglais, en 1973, la part consacrée à la science dans la grille-horaire était de 2%. C'est aussi ce à quoi on arrive à Radio-Canada si on ajoute *La Semaine verte*, consacrée à l'agriculture et l'environnement. *La Semaine verte,* injustement méconnue: elle va chercher un demi-million de spectateurs par semaine!

En France, une étude menée en 2001 dans le cadre des Assises de la culture scientifique et technique évaluait que les magazines et documentaires scientifiques représentaient 1,5 à 3,4% de la grille-horaire des chaînes généralistes. Ça atteignait 18% sur Arte, chaîne culturelle franco-allemande, et 34% sur la 5ᵉ chaîne. Mais ces deux derniers chiffres incluaient les sciences humaines... qui raflaient la majorité.

Combien d'émissions cela représente-t-il? Toujours en France, Régine Chaniac calculait 22 titres en 1988... et 300 en 1999! Ces chiffres incluent toutefois les traductions de documentaires étrangers (la majorité) et le bond en avant résulte de l'apparition des deux nouvelles chaînes, Arte et la Cinquième. Si on ne considère que TF1, qui était la chaîne qui, en 1988, proposait le plus grand nombre de titres, son total en 1999 était passé à... zéro.

Quant aux deux nouvelles chaînes, note Philippe Cottier, leurs émissions scientifiques sont surtout diffusées en après-midi... et la nuit.

Initiative bienvenue, *Le Code Chastenay* illustre tout de même combien, même à la télé publique, la création d'un magazine de science ne relève pas autant de l'évidence que la création d'un magazine culturel.

C'est depuis 2004 que la volonté de créer une telle émission était sur la table, et entre-temps, les producteurs potentiels avaient tantôt reçu le mandat d'imaginer un produit orienté «magazine», tantôt orienté «nouvelles»: deux façons différentes d'imaginer une émission, sa présentation visuelle, le choix des sujets et l'animation.

Les experts en télé rétorqueront que ce sont là des tours et détours inhérents à la production télé. Sauf qu'on peut imaginer les protestations s'il fallait que Télé-Québec reste cinq ans sans magazine culturel...

À lire: «Zone Science: Télé-Québec réplique», *La Toile scientifique*, 23 juillet 2003: www.sciencepourtous.qc.ca/bulletin/2003/97/article4.html

Sur la France:

Régine Chaniac, «La programmation des émissions scientifiques sur les chaînes françaises», dans *Science et télévision, Rapport au ministre de la Recherche*, 1988.

Philippe Cottier, «De la qualité des émissions scientifiques: esthétique, divertissement et performativité», dans Le Boeuf et Pélissier, *Communiquer l'information scientifique*. Paris, L'Harmattan, 2003, p. 143-162.

Chez nous aussi, l'apparition des chaînes spécialisées a accru le nombre d'émissions. Il y a le Canal Z qui, avec des cas comme *La Revanche des Nerdz* ou *Comment ça marche?* se penche surtout sur les nouvelles technologies et *Z=MC2*, qui consacre 10 des 30 minutes de ses 13 émissions annuelles, à la science faite au Québec.

Mais c'est bien timidement que le Canal Z a jadis demandé au CRTC une licence pour une chaîne scientifique: son mandat complet contient les mots *science, technologies, science-fiction et paranormal.*

Le Canal D présente à l'occasion des documentaires à teneur scientifique, tandis que le Canal Vie se consacre à la santé. La santé est le seul créneau dont on ne parlera pas beaucoup ici, tant il occupe un territoire indéfinissable, allant de la vulgarisation scientifique proprement dite (*Une pilule une petite granule*) jusqu'aux émissions sur la croissance personnelle, la *pop-psychologie* ou le Nouvel âge.

Le documentaire

Outre les documentaires traduits de l'étranger (en particulier les séries *National Geographic* et *Nova* à Télé-Québec), le Québec produit bon an mal an des documentaires et même des séries de grande qualité. Produits par l'une ou l'autre des maisons de production, ils sont parfois vendus à l'étranger, comme *Insectia* (1999-2000) qui a raflé plusieurs prix internationaux.

> Consultez par exemple le répertoire de l'ONF, catégorie «Sujets», sous-catégorie «Science»: www.onf.ca/collection/films/
> Jacquelin Bouchard, dans *Le journalisme scientifique: ses publics et son marché. Actes du colloque 2002.*

Si on se place du point de vue d'un producteur qui, comme Jacquelin Bouchard, de la firme montréalaise Pixcom, a choisi le marché des émissions à caractère scientifique, ce marché n'apparaît soudain pas aussi petit.

> D'abord, comment définir l'émission scientifique? Si on parle d'émissions qui touchent à la connaissance, l'éventail s'étend pour nous du magazine d'information, des émissions du type «How to» et des émissions de rénovation jusqu'aux émissions carrément scientifiques comme *Insectia*,

> notre série sur les insectes. Nous avons deux marchés: le marché local, essentiellement le Québec francophone, et le marché international. Cette distinction n'est pas politique, mais dès qu'on produit des émissions en anglais et d'autres destinées à être exportées, la perspective de marché est différente. Nous produisons plusieurs heures d'émission scientifique par semaine, donc des centaines d'heures par an, qui sont diffusées tant au Québec qu'au Canada anglais et ailleurs. Certaines de nos émissions, comme *Insectia*, sont vues dans plus de 160 pays.
>
> Donc, il y a un marché. Je vous donne des exemples de nos émissions. Nous produisons, par exemple, une émission spéciale sur l'hypnose, dans une optique scientifique. Nous produisons une série intitulée *Technopolis*, qui porte sur la science de la ville. Nous explorons les infrastructures techniques des grandes villes. Nous produisons *Performance et la science du sport*, *L'odyssée de l'espèce*, une production encore inédite, mais qui est la plus grosse coproduction France-Canada de l'année. Le budget est d'environ quatre millions de dollars pour deux heures.

Pourquoi investir dans les émissions scientifiques? Question de créneau:

> Comme producteurs canadiens, nous faisons concurrence à des centaines de maisons de production québécoises, canadiennes, américaines, britanniques et françaises. C'est un marché très compétitif et il faut y trouver un créneau qui justifie notre pertinence dans le marché. Notre décision d'investir dans les émissions scientifiques découlait de notre interprétation du potentiel d'exportation. En télévision, vous le savez, tout n'est pas exportable. Il y a des genres, comme la fiction, qui sont très difficiles à exporter [...] Deux autres secteurs semblaient prometteurs et sont en fait porteurs: les émissions d'animation pour enfants, parce qu'elles se traduisent facilement, et le documentaire scientifique. Les émissions de science s'exportent.

Un tout petit nombre de ces émissions aura droit, au Québec, à une diffusion sur les grands réseaux (qui privilégient toutefois les documentaires à saveur politique ou internationaliste), mais la majorité se glissent dans la programmation de Télé-Québec ou du Canal D. Et un nombre plus élevé encore ne seront connues qu'à travers les festivals montréalais (Rencontres internationales du documentaire, Festival international du film sur l'art, Festival du nouveau cinéma) ou régionaux (Festival de films de Portneuf sur l'environnement, Festival du DocuMenteur de l'Abitibi-Témiscamingue), puis la vente de DVD.

Mais il y a désormais Internet qui, pour toute la nouvelle génération de créateurs, semble voué à devenir la porte d'entrée du court métrage.

Les magazines imprimés

Au Québec, on n'en compte que deux: *Québec Science*, un mensuel, et *Découvrir*, un bimestriel. Ce à quoi on doit ajouter *Les Débrouillards*, pour les 9-13 ans et *Les Explorateurs*, pour les 6-9 ans, tous deux produits par le même éditeur.

L'Agence Science-Presse est dans une catégorie à part: pas tout à fait magazine, puisqu'elle ne publie qu'un bulletin (*Hebdo-Science*) destiné aux médias abonnés, pas tout à fait site Web, puisqu'une partie de sa production n'apparaît pas sur Internet.

La situation de tous ces médias est fragile. Depuis au moins deux décennies, *Québec Science* est régulièrement en déficit. Il vend moins de 25000 exemplaires et le marché publicitaire ne grossit pas, sauf pour des produits thématiques. La majorité des abonnés à *Découvrir* le sont en vertu de leur adhésion à l'Acfas, ce qui rend difficile de savoir à quel point l'un dépend de l'autre. L'Agence Science-Presse doit compter sur des revenus autres que les abonnements des médias pour survivre – recherches pour la télé, rédaction et une subvention gouvernementale. *Les Débrouillards*, avec près de 30000 exemplaires vendus, réussissent seuls à dégager un mince profit.

Et encore, ce sont de bonnes performances, considérant que le Québec représente un tout petit marché. Le Québec n'est en effet pas si mal loti quand on considère que la France, avec un marché huit fois supérieur, n'a qu'une demi-douzaine de magazines: *Sciences et vie, Sciences et avenir, Ça m'intéresse, Pour la science, La Recherche*...

Pour le pigiste, il y a toutefois d'autres publications. Moins connues, moins prestigieuses, mais qui offrent elles aussi des opportunités pour qui veut creuser des sujets en science: *La Terre de chez nous*, qui traite d'agriculture et d'environnement – et c'est un hebdomadaire! *Plan*, mensuel produit par l'Ordre des ingénieurs. À la lisière de la science, on peut penser aussi à *Géo Plein Air* ou *Sentier Chasse et pêche*. Les revues des universités, comme *Les Diplômés* (Université de Montréal) et *Contact* (Université Laval). *Québec Micro* et *Atout Micro* en informatique. *Quatre Temps* en botanique. Et quelques publications, en tout ou en partie bénévoles: *Québec Oiseaux, Québec Sceptique, Spectre* (Association des professeurs de science)...

> Illustration de la difficile réalité des journalistes scientifiques: le journaliste pigiste en économie n'a pas, lui, de difficultés à choisir. Les mensuels *Commerce, Affaires Plus*, au contraire de leurs homologues en science, sont tous à but lucratif, et réalisent tous des profits. Le secteur peut même rentabiliser un hebdomadaire, *Les Affaires*. Ce à quoi s'ajoutent des publications plus spécialisées: *Finances et investissement, Le Journal de l'assurance, Québec Entreprise, Entreprendre, CA Magazine, Retraite*, et au moins une demi-douzaine d'autres. Ce n'est pas tout: *Le Soleil, La Presse, Le Devoir, The Gazette* et *Le Journal de Montréal* ont tous élargi au cours de la dernière décennie leurs cahiers Économie, en plus de publier des cahiers spéciaux sur les REER, les hypothèques ou les finances personnelles.
>
> La différence entre la science et l'économie? La publicité. Il y a un énorme bassin de compagnies intéressées à acheter de la publicité dans ces journaux et magazines.

C'est donc dans le secteur du magazine qu'on retrouve la plus grande diversité... mais aussi les journalistes les plus mal payés, comme on l'a dit plus haut (chapitre 9). Quelques pigistes arrivent à en vivre honorablement en se créant des spécialisations hybrides: *environnement-agriculture-nature*. Ou *informatique-Internet-technologies*. En plus de la santé, à travers des contributions à des magazines féminins, et au milieu d'autres thématiques.

En général toutefois, les signatures de pigistes que l'on peut lire dans un *Québec Science* d'il y a cinq ans ne sont plus les mêmes aujourd'hui, parce que plusieurs ont orienté leur carrière vers la recherche télé (mais pas en science) ou les communications institutionnelles (pas nécessairement en science non plus), toutes deux plus lucratives.

Est-ce qu'Internet représente la planche de salut de ces pigistes et de leurs magazines préférés? Pour l'instant, on a plutôt l'impression qu'il gruge des lecteurs sans compenser par des revenus publicitaires. En arrivera-t-on malgré tout, comme l'espèrent les éditeurs de magazines, à un stade où tous leurs lecteurs et tous leurs revenus auront fait la transition vers Internet – procurant du coup autant de contrats aux pigistes? On n'en sait rien, mais en journalisme scientifique, il est permis d'en douter.

Guide des médias de la revue *InfoPresse* (gratuit):

www.infopresse.com/guide/gam.asp

Guide annuel de la revue *Qui fait quoi* (payant, mais couvre l'ensemble du secteur des communications, pas juste les médias): www.qfq.com/

Internet

Certes, en plus de la transition des «vieux» médias vers Internet, il y a aussi du nouveau contenu. Mais tout nouveau média qu'il soit, Internet ne diffère pas des anciens sur un point: l'information scientifique y est tout aussi rare!

Selon l'édition 2008 du rapport *State of the News Media*, 1% des nouvelles y étaient consacrées à la science, et 1% à l'environnement.

Il est un peu dommage de parcourir les sites des médias alternatifs comme *Cent Papiers* ou *AgoraVox*, par ailleurs fort bien faits, et d'y constater que l'information scientifique y est soit traitée de la même façon que dans les «vieux» médias – la découverte de la semaine – soit victime d'opinions-clichés qui n'ajoutent pas grand-chose à ce qu'on peut lire ailleurs (les grands complots de l'industrie pharmaceutique, le «canular» du réchauffement climatique, etc.).

Les médias qui produisent du contenu scientifique inédit sur Internet (ne pas confondre avec les dépêches de l'Agence France-Presse ou de Reuters disponibles un peu partout) se comptent sur les doigts d'une seule main: *Québec Science*, au rythme de cinq nouvelles par semaine, mais au prix de quelques interruptions de plusieurs mois d'affilée au cours des dernières années; *Sciences et avenir*, dont l'intégration au sein d'un grand groupe de presse (incluant *Le Nouvel observateur*) dilue le contenu original au milieu d'un «buffet» plus diversifié; *Futura-Sciences*, qui offre le contenu inédit le plus abondant, mais au prix de textes d'une longueur uniforme, et qui sont rarement hyperliés vers d'autres sources; et l'Agence Science-Presse qui – en toute modestie! – offre le contenu le plus diversifié: des nouvelles brèves internationales de longueurs et de styles variables, des reportages sur la science au Québec, des revues de presse...

Les magazines de vulgarisation se concentrent davantage sur la mise en valeur de leurs dossiers du mois, quoique *Les Débrouillards* et *Science et vie* offrent, en supplément, quelques nouvelles inédites sur leur site, produites à l'interne.

Radio-Canada et *La Presse* offrent aussi une page «science», quoique la majeure partie ne soit pas inédite: ils s'alimentent aux fils de presse (Agence France-Presse, Reuters... et l'Agence Science-Presse!) ou réécrivent ceux-ci. Bizarrement, ce ne sont donc que les médias les plus petits – ceux énumérés ci-haut – qui produisent, à l'interne ou par l'intermédiaire de leurs pigistes, un contenu original. De sorte que les propositions de sujets sont les bienvenues: face au million de publications scientifiques par mois, des médias aussi petits n'ont pas les moyens d'être au courant de tout.

Le livre

Catégorie à part, l'écriture de livres n'est pas à proprement parler une spécialité: les gens qui réussissent à en vivre au Québec se comptent sur les doigts d'une seule main, et ce sont des romanciers, pas des vulgarisateurs scientifiques.

On peut écrire un livre pour deux raisons :

- on l'a soi-même décidé, et on y consacre des soirs et des fins de semaine, bénévolement, en rêvant à un éventuel chèque de droits d'auteur (l'auteur de ces lignes peut en témoigner!);
- ou bien on reçoit une commande, et avec celle-ci vient une entente financière.

La deuxième possibilité est plus rare dans le secteur du livre. Mais ça arrive, du côté du livre scolaire et, moins fréquemment, du côté du livre pour enfants.

Il va de soi que si vous appartenez à la première catégorie, autrement dit si vous avez vous-même décidé d'écrire un livre, il ne faut pas en attendre des revenus énormes : selon une étude parue en 2007, en excluant le manuel scolaire, la moyenne d'exemplaires vendus par livre au Québec était de... 883. Plus de la moitié des livres québécois (52%) vendent moins de 500 exemplaires.

Faites le calcul : sachant qu'un auteur reçoit traditionnellement 10% de chaque copie vendue, cela vous donne une idée de ce que rapporte, en moyenne, l'écriture d'un livre.

L'écriture d'un livre est donc avant tout un acte personnel, qu'on accomplit pour se faire plaisir. Parce qu'on a envie de partager un savoir, d'émettre son opinion, d'ajouter sa petite pierre à l'édifice... Le livre trouvera nécessairement un lectorat, aussi petit soit-il, mais c'est un gros boulot, qui dépasse de loin, par son ampleur, tous les articles de journaux ou de magazines qu'on peut imaginer.

Idéalement, il vaut mieux choisir un sujet avec lequel on est déjà familier – voire sur lequel on a déjà écrit de plus petits textes, des chroniques par exemple (*Soleil, sable et science*, par Raynald Pepin, 2005). Parce que l'écriture de ce livre, vous la ferez en sus de votre travail régulier.

Étude sur la mise en marché des nouveautés, Association des distributeurs exclusifs de livres en langue française, 2007. Les données portent sur l'année 2004.

Selon Serge Larivée, de l'Université de Montréal, les livres de pseudo-sciences se vendent beaucoup mieux: ils occupaient, en 2002, sept fois plus d'espace dans les librairies québécoises que les livres de vulgarisation. «L'influence socioculturelle sur la vogue des pseudo-sciences», *Revue de psychoéducation et d'orientation,* vol. 31, n° 1, 2002.

Quelques titres chez MultiMondes, seul éditeur québécois à consacrer sans interruption une partie de ses efforts à la vulgarisation scientifique:

> *Au bout du pétrole. Tout ce que vous devez savoir sur la crise énergétique* (Normand Mousseau, 2008), *Tester et enrichir sa culture scientifique et technologique* (Marcel Thouin, 2008), *Passion: nature. Sept ans de chroniques engagées* (Louis-Gilles Francoeur, 2007), *L'hippopotame du Saint-Laurent. Dernières nouvelles de l'évolution* (Jean-Pierre Rogel, 2007)...

Malgré ces obstacles, les livres de vulgarisation scientifique sont nombreux et diversifiés.

Et certains sont de véritables best-sellers: *Le Fleuve Saint-Laurent,* de Marie-Claude Ouellet, s'est vendu à 12000 exemplaires, tout comme... *La Fibromyalgie* (MultiMondes, 2000)! *Vivre les changements climatiques,* de Claude Villeneuve et François Richard, en était en 2007 à sa troisième édition (10000 exemplaires). Les devançant tous, le livre d'expériences *Le Petit Débrouillard,* publié en 1981, a vendu 60000 copies! De la même équipe, un album de bandes dessinées – une forme de vulgarisation rarement utilisée – intitulé *Les Grands débrouillards* (Héritage, 1991) a vendu près de 12000 exemplaires, un chiffre qui le met dans une catégorie à part parmi les bandes dessinées québécoises.

Du dossier à la culture du clip

Si on fait exception du livre, le média qui offre le plus de profondeur est le magazine. Pas étonnant que ce soient aussi celui avec lequel les scientifiques se sentent le moins réticents à collaborer.

Profitons-en pour rayer un mythe : ce n'est pas fréquent qu'un journaliste se voit refuser une entrevue par un scientifique parce qu'il snobe les médias. En général, ils sont conscients de l'importance que cela peut avoir. Mais c'est encore moins fréquent quand la demande provient d'un journaliste d'une publication qu'ils aiment bien, que ce soit *Québec Science*, *La Recherche* ou le *Scientific American*. D'emblée, ils sont plus en confiance.

Car à la télé et à la radio, c'est la culture du clip. Et les scientifiques sont rarement les seuls à en ressentir de la frustration. Un reportage télé, c'est au maximum 1 minute 40. Au-delà, c'est un long dossier. Un reportage radio : une minute 15 ! Pour le journaliste, ça oblige à des compromis encore plus sérieux que s'il écrit pour les magazines et les journaux – car une minute 15, ce ne sont que deux paragraphes de texte plus un extrait d'entrevue.

En plus, la tombée est toujours serrée : ce reportage d'une minute 15 ou une minute 40, le journaliste n'a que quelques heures pour le réaliser. Pas question de faire de trop longues recherches et si celui qu'on espérait interviewer n'est pas au bout du fil, on en cherche un autre.

On disait au chapitre 6 que plusieurs chercheurs en communications suggèrent qu'il y aurait incompatibilité entre médias et science, parce que le rythme auquel évolue l'actualité n'est pas le rythme auquel évolue la science. Avec l'extrême brièveté d'un reportage télévisé, leur hypothèse est renforcée : difficile de faire des mises en contexte et de prendre un recul critique, difficile de se dégager des campagnes de presse les plus efficaces, des plus beaux slogans, des messages que veulent faire passer les gouvernants, des « héros » de la course à l'espace, des « crises » et des « révolutions ». Une histoire héroïque se résume bien mieux en 1 minute 40 qu'un récit mitigé, fait de succès et d'échecs, d'applications possibles mais pas encore prouvées et de débats éthiques sans réponses tranchées.

Des portes d'entrée différentes

Vous espérez faire de la vulgarisation, mais dans un média en particulier et pas un autre ? Armez-vous de patience.

- *Radio-télé:* que vous soyez étudiant en journalisme ou en science, il est peu probable que ce soit par cette voie que vous commenciez votre carrière: si jamais une salle de nouvelles doit attribuer la science à un journaliste, ce sera l'un de ceux qui y travaillent déjà, ou bien quelqu'un qu'elle ira repêcher dans la presse écrite. Les magazines des chaînes spécialisées iront eux aussi repêcher des têtes connues, quoique pas des vétérans, s'ils veulent attirer un jeune public: il suffit de beaucoup moins d'expérience qu'on l'imagine pour faire le saut à la télé.

  Par ailleurs, radios et télés sont considérablement moins ouvertes que la presse écrite aux propositions de sujets venues de l'extérieur. Les salles de rédaction, là où il y en a, ne fonctionnent qu'avec des salariés, et les producteurs télé ne fonctionnent qu'avec des équipes de contractuels. Dans les radios privées, une proposition *d'émission* est plus fréquente qu'une proposition *de reportage.*

  Ce serait une erreur que de négliger les radios communautaires ou étudiantes: outre qu'elles représentent les meilleures écoles pour apprendre sur le tas, elles sont aussi très ouvertes aux propositions, de sujets et d'émissions: pourquoi ne pas vous lancer dans votre propre émission de science?
- *Quotidiens:* eux aussi risquent de puiser dans leurs rangs si, exceptionnellement, ils «ouvrent» un poste. Par contre, des pigistes vendent régulièrement des articles à *La Presse*, au *Soleil* et au *Devoir*; ils paient fort peu, mais la perspective d'y retrouver sa signature est alléchante.
- *Documentaire:* le secteur le plus ouvert pour des débutants. D'une part, parce que quelqu'un qui n'a aucune expérience en journalisme peut fort bien devenir un recherchiste, spécialement au sein d'une petite équipe où au moins une autre personne – le réalisateur – sera là pour l'encadrer. À condition, toutefois, d'avoir été fortement recommandé par un ami. D'autre part, parce qu'il n'est pas rare de voir des gens avec peu d'expérience de la télé monter leur propre projet. Toutes les productions ne coûtent pas des millions: on a vu au fil des ans des courts métrages moins ambitieux, montés en amateurs, sans subvention. Et avec

Internet, ça signifie un auditoire beaucoup plus restreint, mais ciblé : comme les blogues !

– *Internet :* dans l'immédiat, le débutant ne doit pas compter sur ces nouveaux outils pour gagner sa vie, en tout cas pas en science : les plus grands médias embauchent des rédacteurs, mais qui toucheront à tout ; les plus petits, ceux qui paient des pigistes, comme l'Agence Science-Presse, le font au compte-gouttes. Par contre, ce sont les plus petits – certains d'entre eux, pas tous – qui sont les seuls à accueillir les propositions de sujets.

Heureusement pour le débutant, il serait étonnant qu'il soit catapulté de l'un à l'autre de ces médias. On est généralement pigiste de magazine pendant des mois, voire des années, recherchiste pour une émission de télé pendant quelques semaines intercalaires ou pendant des années consécutives – une émission a une durée de vie moyenne de trois ans – ou contractuel pour un hebdomadaire pendant quelques mois.

Généralement, c'est dans la presse écrite magazine que le pigiste fait ses premières armes. En journalisme scientifique, l'Agence Science-Presse a probablement été, depuis 1978, la porte d'entrée du plus grand nombre de gens. Parmi ces « ex-débutants », plusieurs sont encore en journalisme (Luc Dupont, Raymond Lemieux, Marie-Claude Ouellet, Geneviève Martel, Annie Cloutier, etc.), quoique pas nécessairement en journalisme scientifique – faute d'un nombre suffisant de débouchés. Plusieurs autres occupent divers métiers de la vulgarisation, du Centre des sciences de Montréal au... Musée de l'Homme de Paris !

Où prendront-ils leur information scientifique ?

Vous qui lisez ces lignes, vous assisterez peut-être à des congrès scientifiques, ou bien vous aurez accès à des scientifiques à propos desquels vous rédigerez des textes de diverses natures. Mais vous constituerez des exceptions. Le gros de la population prend son information scientifique dans les médias : la télé d'abord et les journaux ensuite... eux qui en contiennent si peu !

Dans une enquête sur la culture scientifique des Québécois menée en 2002, on lisait ainsi, sans surprise, que la télé ressortait en tête, suivie des journaux, eux-mêmes suivis d'Internet, puis des magazines de vulgarisation et enfin, en queue de peloton, de la radio.

Où les Québécois prennent-ils leur information scientifique? (2002)

	Régulièrement	**Assez souvent**
Télé	19%	39%
Journaux	23%	31%
Internet	12%	16%
Magazines de VS	8%	14%
Radio	3%	5%

Source: *La culture scientifique et technique au Québec: bilan*

À long terme, s'il doit y avoir une évolution positive, elle ne pourra être que du côté d'Internet: car le lectorat des journaux décline régulièrement depuis 30 à 40 ans. L'évolution du lectorat des magazines de vulgarisation est encore plus inquiétante: au Québec, trois études menées entre 1989 et 1999 montrent que le magazine est le seul où l'intérêt du lecteur pour la science baisse systématiquement.

Pourcentage de ceux qui lisent des magazines de sciences et de technologie

	1989	**1994**	**1999**
Hommes	17%	15,6%	7%
Femmes	4,6%	4%	4%
H – études secondaires	2,8%	6,3%	4%
Hommes – universitaires	21,2%	19,4%	10,2%
Hommes – au travail	16,7%	11,6%	7,6%

Source: *Les pratiques de lecture des Québécoises et des Québécois de 1989 à 1999.* Gouvernement du Québec, mars 2004.

Que le lectorat des magazines, dans son ensemble, diminue depuis les années 1980, et diminue encore plus à cause d'Internet, n'est pas, en soi, une surprise. Mais est-ce que le lectorat des magazines de science est destiné à baisser plus vite? C'est malheureusement possible: l'information scientifique est beaucoup plus accessible, grâce à Internet. Le lecteur moyen a été parmi les premiers à se brancher au réseau informatique. Ce même lecteur moyen, du moins celui qui ne lit pas son magazine d'une couverture à l'autre, ou pire encore, le lecteur qui n'est pas fidèle à un magazine, mais ne l'achète en kiosque que quelques fois par année, ce lecteur-là trouve désormais, sur Internet, son «quota» mensuel d'articles scientifiques. Et gratuitement!

Exercice: trouver un sujet et le proposer (*bis repetita*!)

Si vous avez fait l'exercice du chapitre précédent, peut-être avez-vous eu du succès, peut-être pas. Adaptez à présent votre proposition: réécrivez-la, repensez l'angle, imaginez d'autres façons de la présenter, et multipliez au maximum les médias auxquels vous présenter. Avant la fin de la semaine, vous devriez avoir présenté votre sujet préféré à au moins 10 médias québécois, uniquement en presse écrite. Aidez-vous des répertoires de médias mentionnés plus haut.

Chapitre 18

Allez et multipliez-vous...

Ou quatre recommandations pour faire fleurir la science dans les médias

Donc, dans les médias généralistes, des quotidiens jusqu'aux nouvelles radio en passant par les «newsmagazine» comme *L'actualité, Le Nouvel Observateur* ou le *Time*, la science, c'est un des wagons de queue. Ça passe après la politique, la culture, les sports, les faits divers, le tourisme... Tristement, beaucoup de ces journaux qui ont supprimé leur page science depuis les années 1980 n'ont jamais cessé de publier... l'horoscope!

L'absence de publicité

La première explication est d'ordre économique: la science n'attire pas de revenus publicitaires. Or, sans publicité, pas de médias. Le cas le plus frappant, aux yeux des novices, est celui des cahiers Automobile et Habitation que publient les quotidiens: ces cahiers existent parce que les annonceurs sont nombreux, et non parce que les lecteurs en ont fait la demande.

Les cahiers culturels sont eux aussi bien pourvus en publicités des cinémas, théâtres et autres agents de la région. La plupart des magazines économiques mentionnés plus haut vivent essentiellement de la publicité. Les hebdomadaires régionaux, gratuits, reposent à 100% sur la publicité régionale.

Pourtant, les quotidiens maintiennent des sections sur la politique qui ne sont pas dépendantes de la publicité. Le cahier des sports publie un faible pourcentage de publicité, bien moindre que ce qu'on retrouve dans d'autres sections. Et les pages Internationales sont trop déprimantes pour attirer des annonceurs. Pourquoi pas une page Science?

Si un éventuel annonceur se présentait devant un représentant publicitaire de son journal local et lui disait: *je veux placer une annonce chaque semaine, mais je veux qu'elle soit dans une page Science,* il est sûr et certain que sa requête serait relayée jusqu'au rédacteur en chef. Et peut-être, si le revenu appréhendé en valait la peine, peut-être cette requête serait-elle suffisante pour créer une telle page.

Voici donc la *première recommandation*: si vous en avez un jour le pouvoir au sein d'un service des communications, faites cette proposition. Elle contribuera à rehausser la qualité de l'information scientifique.

La peur de la science

Mais l'absence de publicité n'explique pas tout puisque, on l'a dit, les sports, la politique et l'international, ont droit à un espace régulier, même s'ils n'attirent pas de publicité. Pourquoi la science ne bénéficie-t-elle pas du même régime de faveur?

Une cause a été suffisamment soulignée depuis le début de ce livre: la science fait peur. La science, c'est pour les gens intelligents, c'est compliqué, ça demande beaucoup d'efforts.

- À l'interne, plusieurs cadres des rédactions ont en effet **peur que la science fasse fuir le lecteur**. Les rédacteurs en chef sont unanimes à admettre que la science peut être, si elle est bien traitée, fort intéressante, voire captivante. Mais voilà, ils imaginent justement qu'il est très difficile de la traiter adéquatement; donc, que le lecteur risque de fuir.
- Pour la même raison, **peu de journalistes osent s'y intéresser**. Eux aussi fuient ce même risque: *je ne suis pas assez intelligent pour en parler*. C'est le même réflexe qui habite certains d'entre vous – quoique un peu moins, espérons-le, à présent que vous êtes parvenu à ce stade du livre.

– Enfin, **le rythme de la nouvelle n'est pas le rythme de la science**. On en revient, une fois encore, à cette réalité difficile. Les journaux se retrouvent souvent devant un sujet indéniablement important, comme la génétique ou le réchauffement climatique, mais ils ne savent pas par quel bout le prendre. Juste rapporter la « découverte de la semaine » est insuffisant, ils en sont conscients, mais comment s'y prendre ? Résultat, faute d'une « accroche » attirante, faute d'un angle original, ils se tournent vers des sujets plus faciles, comme la politique.

Deuxième recommandation: pour accroître la place de l'information scientifique dans les médias, c'est sur ce front qu'il faut travailler. Il faut combattre ce complexe d'infériorité face à la science. Comment le combattre ? En le contournant.

Il suffit d'une seule personne pour faire une différence

En premier lieu, il faut privilégier les contacts à l'interne : les gens qui, déjà en place, ont un pouvoir d'améliorer les choses. Parfois, il suffit d'une seule personne dans un grand média pour qu'il y ait davantage de science. Une seule personne bien placée – et on ne parle pas ici du journaliste scientifique mais d'un membre de la direction – qui a suffisamment à cœur l'information scientifique pour en parler régulièrement dans les réunions de production.

C'est un contact à privilégier, si vous avez la chance de mettre la main dessus.

Et qui sait, cette personne, ça pourrait un jour être vous. Quand le journaliste scientifique a réussi à se faire connaître, que ce soit dans une salle de rédaction ou au sein d'une petite équipe de recherchistes contractuels, il bénéficie rapidement d'une image d'expert. C'est tout juste si on ne le voit pas comme un sorcier ayant acquis le pouvoir de décrypter le code Da Vinci. Et tout dépendant du média, il ne faut pas 10 ans pour acquérir cette image. Moins de deux ans suffisent à certains. C'est le cas aussi d'un communicateur au sein d'une petite équipe de rédacteurs généralistes.

À elle seule, une telle personne peut faire remonter la science dans l'ordre des priorités, parce qu'on lui fait confiance. Elle se retrouve avec beaucoup plus d'autonomie qu'un rédacteur en charge des affaires culturelles: ses propositions sont moins remises en question; ses textes sont moins réécrits.

Mais quand elle n'est pas là, les bébés sont clonés...

Mais c'est une situation fragile, parce que si cette seule et unique personne est en vacances, ou malade, ou partie couvrir un congrès, la science peut fort bien se retrouver «sur la glace»: soit son supérieur n'ose pas confier de sujets scientifiques à quelqu'un d'autre, soit aucun des collègues n'ose en prendre.

Quand cet «expert» n'est pas là, une rédaction peut être carrément déstabilisée. C'est ce qui a conduit à l'un des pires cas de dérapage de ces dernières années, l'affaire du bébé cloné de Claude Vorilhon, dit Raël.

Lorsqu'on examine cette histoire abracadabrante, on n'arrive pas à croire qu'elle ait pu faire la Une ne serait-ce que d'un seul quotidien sérieux. Un organisme, Clonaid, dont on ignore la crédibilité, qui n'a rien publié du tout, encore moins dans une revue dotée d'un comité de révision, associé à un hurluberlu qui affirme depuis 30 ans avoir été contacté par des extraterrestres, cet organisme donc, annonce avoir fait naître le premier bébé cloné: et bien que les journalistes soient unanimement sceptiques, la nouvelle n'en a pas moins été publiée dans des centaines de journaux, au point de faire la première page, de Montréal à Los Angeles!

Certes, les raéliens n'ont pas choisi pour rien le 24 décembre. Ils savaient que les journalistes scientifiques, voire une bonne partie des journalistes tout court, seraient en vacances. Que les biologistes spécialistes du clonage seraient eux aussi en vacances. Et qu'au nom de la sacro-sainte objectivité, au nom de ce principe d'équilibre qui consiste à accorder un temps équitable au «pour» et au «contre», les équipes squelettiques des médias diraient: «pourquoi pas».

S'interroger sur le processus de validation de l'information scientifique aurait déjà suffi à rappeler que:

- jamais une percée de cette importance n'aurait pu tomber du ciel sans percées préalables – donc, publications – chez des souris, des brebis, ou des chimpanzés;
- jamais une percée de cette importance n'aurait pu survenir sans publications préliminaires sur l'amélioration du taux de succès chez des embryons humains: on aurait inévitablement entendu parler d'une nouvelle technologie de clonage, peu importe qu'elle soit testée en Corée du Sud, en Angleterre ou ailleurs, obtenant des résultats de loin plus encourageants que les technologies alors utilisées.

Mais en l'absence de journaliste scientifique, peu ont semblé capables de poser ces questions. Des questions qui auraient été posées sans hésitation si la nouvelle avait appartenu au secteur politique. C'est un cas où l'information a complètement échappé aux journalistes scientifiques pendant les premiers jours – soit exactement ce qu'espérait l'hurluberlu, qui a reconnu lui-même, le mois suivant, avoir bénéficié d'une publicité du tonnerre.

... et les Nobel passent au tordeur

Faute d'un nombre suffisant de journalistes qui aient à cœur les sciences, celle-ci glisse systématiquement dans l'ordre des priorités, au point d'aboutir à des situations absurdes comme celle des prix Nobel.

Chaque année, trois prix scientifiques sont décernés par la Fondation Nobel de Suède: chimie, physique et médecine. Ce sont les prix scientifiques les plus prestigieux de la planète. Et pourtant, faites l'exercice: fouillez dans les archives de quelques quotidiens de votre région. Il y a de fortes chances pour qu'au cours des dernières années, les Nobel de chimie et de physique n'aient eu droit qu'à un minuscule entrefilet chacun, ou bien à rien du tout.

La raison est toujours la même: «ça a l'air compliqué». Le Nobel est généralement remis pour une percée vieille de 20 ou 30 ans, toujours aussi obscure aujourd'hui que jadis – aux yeux du profane – même si elle a révolutionné, en coulisses, une portion importante de la communauté scientifique.

Sauf que... Poursuivez l'exercice. La même semaine, le Nobel d'économie a probablement eu droit, lui, à un long article... même s'il est tout aussi incompréhensible que le Nobel de chimie! Le réflexe qui conduit à fuir la nouvelle scientifique ne semble pas s'appliquer à l'économie. Le journaliste intimement convaincu qu'il n'entend rien aux sciences semble convaincu qu'il peut comprendre l'économie, s'il s'en donne la peine.

> Quel lien y a-t-il entre du fer qui rouille, les futures piles à combustible et la couche d'ozone qui disparaît? Jusqu'à hier, une série d'obscures liaisons chimiques. Depuis aujourd'hui, le Prix Nobel de chimie.
>
> Le travail de l'Allemand Gerhardt Ertl, n'a pas fait que conduire à une meilleure compréhension de la rouille et de l'ozone: il a littéralement fait comprendre ce qui se passe à la surface d'un corps solide. Il a du coup favorisé l'émergence d'un pan de recherche complet, appelé la chimie des surfaces, qui décrit la façon dont des atomes se comportent lorsqu'ils entrent en contact avec des surfaces solides.
>
> (Science-Presse, 10 octobre 2007)

> Le prix Nobel d'économie, qui clôt la série des Nobel 2007, a été décerné lundi à trois Américains: Leonid Hurwicz, Eric Maskin et Roger Myerson. Ils ont été distingués pour leurs travaux sur la théorie dite de conception des mécanismes, qui a pour but de distinguer les situations dans lesquelles les marchés fonctionnent bien de celles où les marchés fonctionnent mal.
>
> Cette théorie est un sous-ensemble de la théorie des jeux. Il s'agit de concevoir les mécanismes qui assureront dans le cas d'enchères, comme pour les fréquences de téléphonie portable ou les fréquences radio, les règles qui assureront leur distribution équitable en fonction des intérêts de chacun des participants. (Associated Press, 15 octobre 2007)

Et ce n'est pas tout: les Ig Nobel, – les «Nobel pour rire» – ont droit eux aussi, chaque année, à une plus grande visibilité que les Nobel!

Ne pas attendre que la nouvelle sorte du champ scientifique

Paradoxalement, lorsqu'une information scientifique acquiert une très grande importance, elle échappe au journaliste scientifique. C'est même vrai des rédacteurs dans certaines entreprises : lorsqu'une information passe du statut de « découverte spectaculaire » (**expliquer** une percée scientifique à laquelle ont contribué les chercheurs de l'entreprise) à celui de « nouvelle économique » (les applications potentielles de cette percée), elle quitte les mains du rédacteur « spécialisé ».

C'est le décodage du génome humain soudain intéressant pour les investisseurs ou les compagnies pharmaceutiques ; ce sont les nanotechnologies qui, de secteur obscur, attirent l'attention des groupes militants ; c'est un sous-produit de la recherche en génie chimique qui exige soudain une réglementation en raison de sa prochaine commercialisation.

Dans tous ces cas, le sujet se met à glisser vers des pages plus « nobles », comme les sections économie ou politique.

Pourtant, les choses ne devraient pas se passer ainsi. Les nanotechnologies n'exigent pas moins d'explications depuis que les groupes militants ont commencé à s'en inquiéter. Les manipulations génétiques ne sont pas moins complexes depuis que des écologistes procèdent à l'arrachage de plants. Au contraire, c'est **maintenant** que le sujet devrait être jugé passionnant : on n'en est plus au stade où on ne pouvait guère plus qu'écrire des brèves sur « la découverte de la semaine », mais on a accumulé suffisamment d'interrogations pour monter de solides dossiers « science et société ».

Le décodage du génome humain nécessite encore plus qu'avant des explications sur les avancées et les reculs, sauf qu'elles doivent à présent être entremêlées avec les préoccupations des citoyens, pas séparées de ces préoccupations : pourquoi tant d'investissements, pourquoi une réglementation, pourquoi ces nouvelles priorités... Il n'y a aucune raison pour qu'un sujet « science et société » soit scindé – aux journalistes économiques et aux Unes de leurs cahiers les grands enjeux, aux journalistes scientifiques et à leurs entrefilets l'explication ténue, les faits, le travail en coulisses – s'il reste de la place.

Le réchauffement planétaire est le seul sujet des dernières décennies à avoir effectué un aller-retour: dans les années 1980, il était la «propriété» des journalistes scientifiques. Au cours des années 1990, il est tombé entre les mains des journalistes politiques alors que se succédaient les débats sur la «réalité» du réchauffement, puis les controverses sur Kyoto et la réduction des gaz à effet de serre, puis l'omniprésence des lobbys qui voulaient freiner toute réglementation. Depuis le milieu des années 2000, le sujet est revenu à l'honneur, dans certains médias. *La Presse* y a assigné François Cardinal, qui, comme son collègue du *Devoir* Louis-Gilles Francoeur le faisait depuis bien longtemps, démontre que ce sujet, tout scientifique qu'il soit, DOIT être traité pour ce qu'il est, à l'intersection des enjeux scientifiques et sociaux.

Troisième recommandation. Pour solidifier la place de la science dans les médias, le réchauffement climatique devrait être un modèle à suivre pour tous les cadres de rédaction qui ont un certain pouvoir, et un avertissement aux pigistes et aux rédacteurs en mal de propositions de sujets: il faut s'approprier son domaine. Ne pas le laisser glisser entre les doigts. Prévoir à l'avance que vous devrez faire comprendre que votre travail ne se limite pas à l'entrefilet sur «la découverte de la semaine».

Les gros sous feraient une différence

Si une seule personne bien placée peut faire la différence, il n'en demeure pas moins que, dans un monde idéal, ce sont des budgets plus élevés qui feront **vraiment** une différence. On l'a dit plus haut, tous les médias de vulgarisation scientifique ont du mal à joindre les deux bouts et les journalistes scientifiques voient leurs opportunités d'emplois solides se réduire comme peau de chagrin.

Augmentez les budgets, et les articles sont soudain plus nombreux, l'information scientifique circule mieux, et cette information est de meilleure qualité, crédible et vérifiée.

Le cas de l'Agence Science-Presse est significatif: son rôle premier est d'alimenter les médias généralistes en nouvelles scientifiques. Mais ceux-ci rechignent à payer une somme, même minime, pour un abonnement. Et comme l'Agence est minuscule, elle ne peut être une force de réaction rapide, c'est-à-dire un organisme capable d'arroser les médias dans l'heure qui suit un événement. Résultat, les journaux vont préférer la dépêche de l'Agence France-Presse, même incomplète, ou la déclaration à l'emporte-pièce, même dénuée de fondements, à un texte plus approfondi et mieux vulgarisé, parce que celui-ci arrivera trop tard.

Mais qu'arriverait-il si l'Agence Science-Presse avait la capacité financière d'envoyer gratuitement un article à tous les journaux québécois dans les heures qui suivent un événement, voire un clip audio aux radios? À coup sûr, en notre ère de coupures budgétaires, bien des médias seraient heureux d'utiliser ce matériel gratuit – et la qualité de l'information scientifique s'en trouverait rehaussée.

À long terme, cela finirait même par créer, chez certains d'entre eux, une demande: une chronique, un bulletin, un espace régulier qui sait?

D'où proviendraient les sous, si les médias rechignent à payer un abonnement? Pour assurer l'indépendance journalistique et la pérennité, autant que possible de sources diversifiées:

- Le gouvernement du Québec: un de ses ministères subventionne déjà les médias de vulgarisation scientifique. Mais certains de ses ministères auraient tout intérêt à placer de la publicité dans ces médias: Éducation, Agriculture, Environnement...
- Des organismes directement liés à la science sont chroniquement absents des pages de *Québec Science* ou des *Débrouillards* tandis que d'autres ont gagné depuis longtemps à se faire connaître: les organismes subventionnaires de la recherche, canadiens et québécois, accroîtraient indirectement la visibilité de «leurs» chercheurs, les universités aussi.

– Quant à l'entreprise privée, à quelques exceptions près, elle est totalement absente du champ de la culture scientifique : des publicités dans des pages lues par des amateurs de science et de technologie rejoindraient des citoyens intéressés, ceux-là même qui s'interrogent souvent à voix haute sur l'argent de leurs impôts qui contribue à financer des recherches au sein de ces entreprises.

C'est la *quatrième recommandation*: l'argent, nerf de la guerre.

Chapitre 19

Internet peut-il modifier l'équilibre ?

Ou le royaume des blogues

Devant la maigreur de l'information scientifique, Internet pourrait être l'opportunité qu'attendaient nombre de scientifiques et d'amateurs de science, frustrés par le peu de place que leur accordent les médias, et par l'absence de contrôle qu'ils ont sur le contenu. Internet pourrait modifier le rapport de force entre médias et scientifiques... du moins tant qu'on s'entend sur le fait que « modifier le rapport de force » n'est pas synonyme de détrôner *La Presse* ou le *New York Times*!

Un rapport de forces inégal

Ce rapport de force est le suivant :

- **Les scientifiques ont besoin des médias :**

  Pour être connus ;

  Pour accroître leur visibilité face à leurs concurrents ;

  Pour augmenter leurs chances de décrocher une subvention ;

  Pour diffuser leur savoir, satisfaire leur goût d'**enseigner**, d'**expliquer**, de **sensibiliser**.

- **Mais les médias ont peu besoin des scientifiques :**

  Ce dont ils ont besoin, c'est d'une matière première pour alimenter leur diffusion quotidienne ou mensuelle. Or, de la matière première, ils en ont déjà plein les bras avec les autres sujets : politique, sports, faits divers, arts. Ces autres sujets évoluent à un rythme qui est mieux adapté à celui de l'actualité.

Internet peut-il bouleverser cet équilibre?

- Il intervient directement au niveau du public. Selon ce que proclament les militants d'Internet depuis 15 ans, le citoyen ira chercher directement son info. Nuançons: on constate aujourd'hui que c'est peu probable *pour le suivi de l'actualité au quotidien*, où la présence d'intermédiaires capables de faire le tri dans cette masse d'information reste nécessaire. Mais pour toute l'information spécialisée ou semi-spécialisée, bien des gens aboutissent directement sur le site d'une université ou d'un organisme à caractère scientifique quand ils utilisent Google (pensez NASA!). À ce titre, les médias sont donc, en effet, court-circuités.
- Il intervient au niveau des médias: des «traditionnels» comme *La Presse* et Radio-Canada offrent davantage d'information scientifique sur leur site que dans leurs pages ou en ondes. Et de nouveaux joueurs apparaissent, comme Science-Presse, qui offrent davantage d'informations scientifiques que les médias traditionnels. En contrepartie toutefois, les magazines de vulgarisation y perdent une partie de leurs lecteurs.
- Il intervient au niveau des scientifiques: ils sont des milliers, déjà, à bloguer, donc à communiquer avec le public par eux-mêmes, sans intermédiaires. Difficile de dire jusqu'où cela nous conduira.

Des médias en réaction aux médias

On parle beaucoup des blogues, mais on oublie qu'ils s'inscrivent dans un continuum: dès 1993, lorsque sont apparus des outils permettant de naviguer sur Internet avec une facilité accrue, des internautes ont créé ce qu'on a appelé, faute d'un meilleur terme, des «cyber-médias»: c'est-à-dire des médias n'existant que sur Internet. Au début, il s'agissait de médias bénévoles, réalisés par une seule personne, consistant en une seule page Web faite de bric et de broc, puis deux, puis 10... Les blogues sont tout bonnement les héritiers de ces cyber-médias personnels.

Immédiatement, plusieurs de ces webmestres se sont étiquetés journalistes ou cyber-journalistes: ils effectuaient un travail de journaliste, mais avec une volonté de se démarquer des médias dès lors qualifiés de «traditionnels». Les uns se démarquaient en étant délibérément subjectifs, les autres en traitant de sujets délaissés par les médias (généralement l'international), et d'autres encore, se démarquaient tout simplement en tirant à boulets rouges sur les médias.

L'expression «journaliste citoyen» est née de là: les médias, ont dit les plus militants, sont la propriété des riches et des puissants et ne reflètent que l'idéologie de ces derniers; nous, en revanche, représentons le citoyen.

1993: Création de Mosaïc, puis Netscape, logiciels permettant, pour la toute première fois, de naviguer sur Internet en cliquant sur des images. C'est le début de l'explosion «démographique» des internautes.

- Deux pionniers du cyber-journalisme: Brock Meeks aux États-Unis (*Cyberwire Dispatch*, 1994-1996)
- Jean-Pierre Cloutier au Québec (*Les Chroniques de Cybérie*, 1994-2004).
- Deux cyber-journaux qui se sont professionnalisés:

- aux États-Unis, *Salon Magazine* (depuis 1996), qui traite de politique et de culture.
- au Québec: *Branchez-vous* (depuis 1994), qui traite d'Internet.

1999: Naissance, à Seattle, de *Indymedia*, cyber-média militant, aujourd'hui un réseau de sites régionaux, qui utilisent une technologie similaire à celle des blogues.

Le courant altermondialisation s'est ainsi cristallisé grâce à Internet. Il existait depuis longtemps, mais restait relégué dans les marges. Son premier grand succès fut à Seattle, en 1999, lors de la rencontre de l'Organisation mondiale du commerce (OMC). Grâce à Internet, des milliers de protestataires furent si bien organisés que la rencontre en fut avortée. Sur place, ils profitèrent amplement des dernières innovations (caméras numériques, téléphones portables reliés en direct à un site Web, etc.) pour obtenir le maximum d'impact.

Bien d'autres mouvements militants sont montés dans le train et ont bénéficié d'un impact accru. Tous ne s'identifiaient pas comme journalistes; avec le temps, plusieurs en sont venus à s'identifier pour ce qu'ils étaient, des militants, des artistes, des enseignants, des économistes, qui prolongeaient leur travail sur Internet.

Pourquoi les blogues?

Au tournant de l'an 2000, grâce à de nouveaux outils qui permettaient de créer et surtout, de mettre à jour une page Web avec une facilité encore plus grande, on a donné un nouveau nom à un certain type de site qui commençait alors à se multiplier: *weblog*, soit journal sur le Web, ramené à *blogue*. On en comptait 3 millions en juillet 2004, une vingtaine de millions l'année suivante, 30 millions à l'été 2006, 75 millions à l'été 2007...

Certes, le chiffre est gonflé: un nombre indéterminé a cessé ses activités: certains étaient des blogues de voyage qui n'avaient qu'une durée de vie limitée, et plusieurs ont été laissés à l'abandon lorsque leur auteur a manqué de temps ou d'inspiration. Selon la base de données *Technorati,* la moitié seraient inactifs.

Mais tout de même. Cela représenterait au moins 2 millions de messages par mois. Au début de 2008, rien qu'en effectuant une recherche avec le mot «news», on avait droit à environ 50000 billets par jour... et ce ne sont que les billets recensés par *Technorati*!

Pourquoi un tel engouement? Les sociologues ont évoqué tour à tour le désir de prendre une revanche sur les médias et les politiciens, le sentiment, très humain, que «mon» sujet de prédilection est plus important que le tien, et le désir de s'afficher: afficher ses idées, afficher ses photos de voyage, s'afficher soi-même (jusqu'à l'exhibitionnisme!). Toutes ces motivations peuvent se résumer à deux besoins très fondamentaux, très banals, qui étaient déjà là bien avant les blogues:

- le désir de prendre la parole;
- et le désir de prendre le contrôle.

Prendre le contrôle: écouter l'émission de télé à l'heure qui nous plaît, le magnétoscope l'avait déjà permis. Le iPod n'est qu'un petit-fils du magnétoscope. Mais Internet pousse la logique de la prise de contrôle bien plus loin: le logiciel libre, le «journalisme citoyen», les revues de presse personnalisées, et ce «Web 2.0» que l'on dit participatif...

Prendre la parole: c'est «la» motivation universelle. Le désir d'être écouté, de donner son opinion, de participer à la conversation... C'est un désir qui s'exprime à travers ces millions de blogues. Mais aussi à travers Wikipédia et ses millions de collaborateurs, et à travers la baladodiffusion: une quantité phénoménale de gens font l'effort d'enregistrer qui un commentaire éditorial de quelques minutes, qui une véritable émission, avec montages sonores, plages musicales et invités.

Ce désir de prendre la parole est exacerbé par la crise que vivent les médias: de plus en plus de gens les jugent déconnectés de la réalité, trop acoquinés avec les politiciens et les gens d'affaires... Alors certains se créent un espace où parler, à loisir, du sujet dont les médias parlent selon eux trop peu, ou trop mal. Le soccer, l'éducation, le café, le vélo... et, pourquoi pas, la science.

- Amanda Lenhart et Susannah Fox, *Bloggers: A Portrait of the Internet's New Storytellers*, Pew Internet & American Life Project, 19 juillet 2006.
- «Prendre le contrôle» et «prendre la parole»: on en saura plus dans *Science, On blogue!*, le livre de l'Agence Science-Presse (MultiMondes, 2007), chapitres 3 et 4.
- *AgoraVox* (France) et *Cent Papiers* (Québec) font partie de ces «médias citoyens» (c'est-à-dire rédigés par quiconque souhaite s'inscrire) nés d'un slogan: les médias «traditionnels» ne traitent pas des sujets qui concernent le citoyen. Nous, oui.

On remarque toutefois qu'en science, ils reproduisent le même modèle: il y en a, chez eux, aussi peu que chez les autres médias. Quant à la politique, les sujets choisis par leurs lecteurs-auteurs sont les mêmes qu'on retrouve dans *La Presse* ou à Radio-Canada, avec une différence, majeure: ils sont traités de manière délibérément subjective. Ce sont des auteurs qui prennent position. Un choix légitime, qui s'inscrit dans ce besoin de «prendre la parole», mais dont il est un peu abusif de prétendre qu'il s'agit de l'info «réclamée» par le citoyen.

La science en blogue

Aux États-Unis, on comptait dès 2005 des centaines de scientifiques ou d'étudiants en science qui bloguaient. La dernière estimation sérieuse, au début de 2008, faisait état de plus de 2000.

Pensez à ce que ça signifie. MÊME des scientifiques se sont approprié les blogues. MÊME des scientifiques veulent donner leur opinion et communiquer via Internet. Eux dont le cliché veut qu'ils communiquent si peu et soient tellement repliés dans leur tour d'ivoire.

Mieux: quand on leur demande pourquoi ils bloguent, leurs réponses sont exactement les mêmes que celles qu'on obtient des écrivains, des artistes, des cyber-journalistes, des fonctionnaires, des militants:

- le sentiment que, dans notre société, et en particulier dans les médias, on ne parle pas assez des sujets «importants»;
- le désir de vulgariser;
- le désir de s'engager politiquement ou socialement;
- le désir de s'exprimer, de prendre la parole.

Le politologue américain Henry Farrell fut peut-être le premier universitaire à faire une analyse en profondeur de l'utilité des blogues dans un contexte académique, en octobre 2005:

> Le blogue sacrifie une certaine profondeur – il est difficile de présenter une thèse complexe dans l'espace classique du blogue – mais offre en retour une liberté et une flexibilité que les publications universitaires ne peuvent égaler. Pensez au temps qu'il faut pour publier un article dans un journal doté d'un comité de révision par les pairs. Dans plusieurs disciplines, ce sont des années qui peuvent s'écouler entre la première version et la publication. Une autre année peut s'écouler avant que d'autres universitaires ne commencent à publier des articles ou des livres en réponse.

- Henry Farrell, «La blogosphère comme carnaval d'idées», *Chronicle of Higher Education*, 7 octobre 2005: http://chronicle.com/free/v52/i07/07b01401.htm
- En vrac: quelques bilans tracés en décembre 2005, après un an de blogue, par les participants à *Quantum Diaries*, blogue créé dans le contexte de l'Année internationale de la physique: www.interactions.org/quantumdiaries/blog

Plus près de nous, le physicien Normand Mousseau, de l'Université de Montréal a fait sur *Science! on blogue* un plaidoyer appelant le scientifique à s'engager davantage dans les débats sociaux – comme n'hésitent pas à le faire ses collègues des sciences humaines depuis longtemps. Eh bien pour ceux qui veulent ainsi s'engager socialement, jamais un outil n'aura ouvert la porte aussi grand que les blogues.

> Il est important pour les scientifiques de s'exprimer sur la société pour plusieurs raisons. Tout d'abord, leur formation leur permet d'analyser sans complexes des problèmes compliqués qui nécessitent parfois de passer à travers des colonnes de chiffres. De plus, ils sont formés à poser des questions et à rester sceptiques lorsque les preuves manquent.
>
> Il ne faut pas se leurrer toutefois, bon nombre de chercheurs érigent un mur infranchissable entre leur travail et leur quotidien, réservant leur sens critique pour leur activité professionnelle. De plus, la communauté scientifique ne voit pas toujours d'un bon œil le fait qu'un chercheur se prononce, en tant que citoyen engagé, dans des débats hors de son champ de spécialisation, de peur que ces positions ne nuisent à la communauté scientifique en général.
>
> Je rejette cette catégorisation. Le scientifique est autant un intellectuel que le chercheur en sciences sociales.

- Normand Mousseau, «Scientifique ou intellectuel», *Science! on blogue... de physique*, 10 avril 2006: blogue.sciencepresse.info/physique/item/229
- Clifford Johnson, «How I Learned to Stop Worrying and Love the Blog», *Cosmic Variance*, 17 juillet 2005: http://cosmicvariance.com/2005/07/17/how-i-learned-to-stop-worrying-and-love-the-blog

Si on en juge par ce qui se passe aux États-Unis, il y a tout lieu de parier que les scientifiques francophones seront de plus en plus nombreux à s'approprier le blogue, mais aussi la baladodiffusion et les «wikis».

Si cela se produit, Internet deviendra le territoire occupé par le plus grand nombre de scientifiques-vulgarisateurs: davantage que la télé, que les musées, que les bars de science, que les conférences, que les quotidiens, que les bulletins ou magazines corporatifs. Parce qu'Internet offre un espace illimité: chaque fois que vous avez envie d'écrire, ou de parler, vous ouvrez votre ordinateur.

Au-delà des blogues: la baladodiffusion

Pour enregistrer votre voix et l'envoyer en ligne, tout ce qu'il vous faut, c'est une enregistreuse numérique de moins de 150$. À son stade minimaliste – vous vous enregistrez vous-même d'un seul coup, c'est-à-dire sans deuxième prise ni montage musical ou sonore – la baladodiffusion ne prend guère plus de temps que d'écrire un billet sur un blogue.

Le catalogue iTunes, le plus populaire carrefour des amateurs de baladodiffusion, est éloquent: déjà, toutes les émissions de science de la «vraie» radio y sont: *Les Années-lumière*, *Quirks and Quarks* de la CBC, *Continent Sciences* de Radio-France, en plus des radios communautaires et étudiantes. Les magazines imprimés ont sauté dans le train, du simple complément audio du numéro en kiosque, jusqu'à de véritables petites émissions indépendantes (le *SciPod* du *New Scientist*, le *Science Talk* du *Scientific American*, les «podcast» de *Nature*, *Science*, etc.)

Ce qui nous intéresse davantage ici, c'est que même des scientifiques ont plongé. Du Dr Steven Novella de la New England Skeptic Society, qui produit depuis 2005 un modeste bulletin de 10 minutes jusqu'aux écologistes derrière *TreeHugger Radio* ou *The Green Majority* en passant par l'astronome Phil Platt, du très populaire blogue *Bad Astronomy*. Et tous, bien sûr, font tout cela bénévolement.

Les champions sans couronne sont les scientifiques britanniques derrière *The Naked Scientist*. Derrière ce nom, il y a d'abord un groupe de médecins et chercheurs de l'Université Cambridge qui utilisait tous les médias à sa disposition. L'émission de radio, diffusée par la BBC, en était l'incarnation la plus populaire. Les 50 minutes hebdomadaires, depuis 2005, désormais accessibles à tous, offrent entre autres une chronique d'expériences à faire à la maison («kitchen science»), des entrevues et reportages en dehors du studio, et des réponses aux questions des auditeurs.

JUSQU'OÙ IRA...

iTunes?

Les amateurs de musique sur Internet connaissent iTunes. Mais au-delà de la musique, ce magasin (payant) et répertoire (gratuit) abrite aussi une multitude d'émissions «téléchargeables» dans votre ordinateur, votre lecteur ou votre téléphone, dont toutes celles mentionnées ci-haut. L'avantage: en un seul lieu, vous pouvez sélectionner vos préférées, de manière à être prévenu dès qu'un nouvel «épisode» est mis en ligne.

Mais le concept d'émission s'élargit continuellement. iTunes ouvre désormais des «canaux» aux universités qui en font la demande, comme Stanford (itunes.stanford.edu) et Montréal (itunesu.umontreal.ca).

Et tout n'est pas sur iTunes. YouTube ouvre lui aussi de tels espaces aux universités. On peut trouver des archives de conférences à la Cité des sciences de La Villette (depuis 2001!) ou à l'Université Sorbonne (www.sorbonne-podcast.com).

Un répertoire en anglais de conférences en science: www.researchchannel.org

Comme nous l'écrivions en boutade dans le livre *Science! on blogue* (2007), un maniaque de science à l'aise avec l'anglais pourrait ne télécharger dans son iPod que des émissions de science... et il n'aurait pas assez de la semaine pour toutes les écouter! C'est une liberté face à la programmation radio – et télé, de plus en plus – impensable il y a 10 ans, que les gourous d'Internet n'ont jamais vu venir.

Au-delà des blogues: Wikipédia

Blogues et baladodiffusion sont des exemples de cet «Internet 2.0». Par cette expression, on désigne ce qui est censé représenter l'avenir, un Internet davantage participatif, ou **collaboratif**: les usagers s'investissent dans la production, au point d'en prendre le contrôle.

C'est encore plus vrai avec le wiki. Modèle de travail collaboratif, ce logiciel surtout connu pour Wikipédia (2001), permet à quiconque d'ajouter sa petite pierre à un travail dont l'ampleur le dépasse.

Il existe même des sites où on peut soi-même se créer un wiki en cinq minutes comme Wiki-Dot (en anglais: www.wikidot.com/new-site) ou Wiki-Site (http://fr.wiki-site.com/index.php/Accueil). Des expériences de «carnets de laboratoire collectifs» commencent à émerger entre chercheurs.

On a dit beaucoup de mal de Wikipédia: il y a eu des dérapages, et il y en aura encore. L'un des deux cofondateurs, Larry Sanger, avait allégué qu'une forme de supervision serait indispensable. En décembre 2006, il est allé jusqu'au bout de sa réflexion en créant une nouvelle encyclopédie wiki, *Citizendium*, où seuls des experts sont autorisés à rédiger les définitions.

N'empêche que le modèle tient le coup. Tout professeur sait combien ses étudiants s'alimentent à Wikipédia pour leurs recherches. Que ce soit celui-là aujourd'hui ou Citizendium demain, c'est une tendance qui ne s'inversera pas. N'y aurait-il pas intérêt à investir ce nouvel univers?

Collaborer ou périr

Il est étonnant que les scientifiques ne soient pas encore plus nombreux, quand on considère que la revue *Nature* elle-même a lancé un appel à occuper la blogosphère... en décembre 2005! En éditorial, la revue britannique rappelait que les outils du Web des années 1990 «permettent à présent le partage de données et la tenue de débats informels autour d'articles publiés». Et ajoutait: «Mais pour en mesurer tout l'avantage, les scientifiques doivent embrasser une culture de partage».

JUSQU'OÙ...

ira le travail collaboratif?

L'industrie de la musique doit s'adapter aux téléchargements, celle de l'informatique fait face au logiciel libre... La science connaissait déjà des formes de travail collaboratif, surtout internationales. Mais Internet a grandement facilité leur tâche. Par exemple, des groupes ont créé des bases de données de gènes, publiques, dans le but de contrer les compagnies qui multiplient les brevets sur les gènes. La recherche sur le virus du SRAS a été qualifiée par le *New England Journal of Medicine* (2003) de modèle de travail collaboratif.

Dans l'ouvrage *Wikinomics* (2006), Don Tapscott et A. Williams tracent un parallèle entre ces nouveaux modèles économiques et Wikipédia. À leurs yeux, il n'y a qu'une différence de degrés entre Wikipédia, MySpace, YouTube... et le Projet génome humain! Ces «regroupements mobilisent une collaboration de masse afin de créer un objet qui va avoir une valeur réelle pour ses participants».

C'est ce que réitérait Larry Sanger en juin 2008, lors d'un congrès international sur la communication scientifique: pour s'adapter à ce nouvel univers dit-il, les scientifiques doivent laisser leur ego de côté!

L'éditorialiste de *Nature* complétait par cette boutade que, depuis, mes collègues et moi-même avons régulièrement souligné dans nos écrits sur les blogues: «Et si le mantra d'avenir de la recherche scientifique n'était plus *Publier ou périr* mais: *Télécharger et partager ses données brutes, et avoir un facteur d'impact élevé avec son blogue – ou bien périr.*»

Deux semaines plus tard, *Nature* renchérissait, sur les wikis cette fois.

> Les chercheurs devraient lire Wikipédia avec prudence et l'amender avec enthousiasme... *Nature* encourage ses lecteurs à contribuer. L'idée n'est pas de mettre sur pied une solution de remplacement à des sources bien établies comme l'*Encyclopædia Britannica*, mais de donner un coup de main à cette grande expérience qu'est Wikipédia...

Choisissez un sujet connexe à votre travail et vérifiez-le sur Wikipédia. Si la définition contient des erreurs ou d'importantes omissions, entrez et contribuez aux corrections... Imaginez la récompense : vous pourriez être l'une des personnes qui ont contribué à transformer une idée qui pouvait sembler stupide (une encyclopédie évolutive faite par ses usagers) en une ressource planétaire, gratuite et de grande qualité.

«Let Data Speak to Data», *Nature*, 1 décembre 2005, p. 531 : www.nature.com/nature/journal/v438/n7068/full/438531a.html L'éditorial était accompagné d'un dossier journalistique, «Science in the Web Age : Joint efforts» : www.nature.com/news/2005/051128/full/438548a.html

«Editorial. Wiki's Wild World», *Nature*, 15 décembre 2005, p. 890. C'est aussi dans cette édition que *Nature* a publié une étude qui a fait beaucoup jaser, où elle comparait 42 définitions de termes scientifiques dans Wikipédia avec 42 définitions des mêmes termes dans l'*Encyclopaedia Britannica*. Le résultat : pas beaucoup d'erreurs... mais autant dans l'un que dans l'autre !

Science! on blogue (2007), chapitre 8 : *La communication en dehors de la tour d'ivoire*. Une partie est en ligne, ouverte à vos modifications : http://sciencepresse.a.wiki-site.com/index.php/Accueil

En bref, que ça plaise ou non, blogues et wikis ne sont pas qu'une mode. Ils évolueront encore, mais l'idée qui les sous-tend est un acquis qui ne pourra plus être remis en question : de nouveaux modes de communication, où le citoyen aura acquis un peu plus de contrôle et un peu plus de droit de parole. Une fois qu'on a acquis ça, on ne veut plus le lâcher.

Ce sont des outils en voie d'être appropriés par tous les secteurs de la société : il est impensable que les scientifiques et les amateurs de science n'y soient pas. Surtout que les autres, eux, ne se gênent pas. Les promoteurs de toutes les pseudo-sciences possibles et imaginables ont investi Internet.

La lutte contre le créationnisme a par exemple engendré deux des blogues de science les plus populaires : *Pharyngula*, bon premier dans toutes les études d'achalandage, et *The Panda's Thumb*.

Le «débat» sur le réchauffement climatique a poussé sept scientifiques à se rassembler, à l'automne 2004, pour créer *Real Climate*, un blogue collectif. Deux événements les ont particulièrement motivés: le film *The Day After Tomorrow*, qui réussissait à faire croire qu'une ère glaciaire pourrait commencer en 20 minutes, et le roman de Michael Crichton *State of Fear*, qui présentait le réchauffement climatique comme un canular d'écologistes et d'éco-terroristes.

Pharyngula:
scienceblogs.com/pharyngula

Panda's Thumb:
www.pandasthumb.org

Real Climate:
www.realclimate.org

Blogue collectif: un blogue qui, au lieu d'être écrit par une seule personne, est partagé par plusieurs. Dans le cas de *Real Climate*, le nombre de collaborateurs a, depuis 2004, oscillé entre 7 et 11. Le fait qu'il ait duré aussi longtemps, qu'il ait maintenu un aussi haut niveau de qualité et qu'il ait été encensé autant par les journalistes que par les scientifiques, n'est pas étranger à ce travail collectif: cela assure une continuité, même lorsqu'un des auteurs est malade ou débordé.

Un terreau fertile pour Science et société

Aujourd'hui encore, *Real Climate* est un des blogues les plus populaires de la planète.

Et pourtant, *Real Climate* n'est pas un des mieux vulgarisés. Alors que certains des billets sont écrits dans un style enjoué, travaillés pour rejoindre un public le plus large possible, d'autres semblent, à en juger par leur jargon ou leur structure *introduction-développement-conclusion*, ne s'adresser qu'à des climatologues et à des passionnés de la modélisation des climats.

Un handicap? Apparemment pas. Depuis 2006-2007, la frontière entre les blogues spécialisés et les blogues grand public, se transforme en zone grise.

Autrement dit, des experts très pointus dialoguent, par blogue interposé, avec d'autres experts tout aussi spécialisés qu'eux. Mais la réalité des hyperliens étant ce qu'elle est, ces experts peuvent plus facilement attirer des lecteurs situés aux franges de leur domaine – un chimiste organique par rapport à un généticien, par exemple – experts qui, surspécialisation aidant, n'auraient normalement jamais pris connaissance de ces travaux. Il peut même se glisser parmi les lecteurs des experts encore plus lointains : un juriste des biotechnologies va plus facilement tomber sur un hyperlien vers un billet de génétique le concernant.

Et c'est ici que la catégorie « science et société » prend toute son importance : chimistes, généticiens, juristes, tous se retrouvent en terrain commun dès qu'un sujet, aussi pointu soit-il, est replacé dans son contexte social, économique ou politique.

Ma prévision personnelle : si dans les années à venir, il doit y avoir une chose qui va ressortir de la science telle que vulgarisée dans les blogues, ce sera celle-là. Lorsque des chercheurs en communications feront des analyses de contenu, ils remarqueront, espérons-le, que les blogues auront contribué à faire sortir la science du carcan « découverte de la semaine » dont certains journalistes scientifiques essayaient de l'extraire depuis deux ou trois décennies.

> Les compilations effectuées sur *Science! on blogue* (SOB) et sur *ScienceBlogs* (SB), réseau américain d'environ 70 blogues (scientifiques et communicateurs confondus), révèlent que la majorité des billets se rangent dans des catégories telles que « Culture » (16 % des billets chez SB, 21 % chez SOB), « Politique » (12 % chez SB, 15 % chez SOB) ou « Explication » d'un phénomène ou d'une actualité (39 % chez SOB).

Exercice : Wikipédia

Si vous n'êtes jamais intervenu sur Wikipédia, c'est le moment. Commencez par choisir un sujet sur lequel vous avez récemment effectué une recherche (que vous soyez de l'univers des communications ou de la science, il y a nécessairement un sujet que vous avez récemment creusé!). Inscrivez-vous (vous pouvez le faire sous pseudonyme). Et révisez la définition de Wikipédia, en prenant bien soin d'y ajouter des notes en bas de page.

Au cours des deux semaines qui suivent votre intervention, revenez régulièrement. Si d'autres personnes ont ajouté des mentions «références nécessaires», ajoutez des références. Si d'autres personnes ont fait des ajouts ou des modifications qui ne vous conviennent pas, ajustez à nouveau la définition, soit en renforçant votre argument, soit en cherchant une formulation qui permettra un consensus. Chaque fois que vous faites des modifications, assurez-vous de vous être inscrit à Wikipédia sous votre identité initiale, ce qui facilitera, pour vous-même et pour les autres, le repérage de vos modifications dans l'«historique».

Variante de cet exercice, pour un groupe : choisir une définition plus longue, susceptible d'être découpée en plusieurs sections (la plupart des définitions Wikipédia sont déjà découpées par sous-titres). Divisez la classe en équipes, chaque équipe ayant la responsabilité d'améliorer une section.

La semaine suivante, chaque équipe devra retravailler la section d'une des autres équipes.

Chapitre 20

L'avenir de la vulgarisation passe par Internet

Un espace illimité pour les vulgarisateurs. Mais avec deux menus problèmes : pas de revenus à l'horizon. Et en vous rendant bien moins célèbre.

Absence de revenus

L'absence de revenus n'est toutefois pas un problème pour la plupart des scientifiques : les P.Z. Myers de *Pharyngula*, Gavin Schmidt de *Real Climate* ou Normand Mousseau de *Science! on blogue*, sont respectivement professeur de biologie à l'Université du Minnesota, climatologue à l'Institut Goddard de la NASA et professeur de physique à l'Université de Montréal.

Mais plusieurs autres aux États-Unis, et la plupart des blogueurs apparus en France (un tout petit nombre) en 2006-2007, sont des étudiants au doctorat ou au post-doctorat. Pour eux, la question des revenus est épineuse. Pour l'instant, en dehors de revenus maigrelets générés par des annonces automatiques Google, aucun revenu significatif ne se dessine à l'horizon. À court terme, il est impensable de créer un blogue en science si votre objectif est d'en vivre.

Notoriété moindre

La faible notoriété apportée par les blogues, quant à elle, n'est pas la bonne façon de poser le problème. Bien sûr qu'aucun de ces scientifiques blogueurs des États-Unis ne peut rêver obtenir le même impact qu'avec un texte dans la page Idées du *New York Times* ou une apparition au bulletin de nouvelles télé du soir. Mais pareille comparaison est injuste :

- parmi tous les scientifiques interviewés par un journaliste l'an dernier, seule une infime minorité a acquis une notoriété comparable à celle qu'apporte une apparition au téléjournal ;
- personne ne crée un blogue avec l'espoir d'atteindre une telle notoriété, en tout cas, sûrement pas en science ;
- à côté du *New York Times* (ou de *La Presse*), il y a des centaines de journaux ou de magazines spécialisés avec lesquels le facteur d'impact ne serait guère plus élevé qu'avec certains blogues.

Le succès d'un blogue ne se mesure pas par l'achalandage

De toutes façons, le succès d'un blogue ne se mesure pas par le nombre de visiteurs.

- Un blogue entre dans la catégorie des médias de niche, c'est-à-dire qui vise un public-cible précis.
- Et un blogue se veut une conversation, ou une partie d'une conversation : une série éparse d'échanges entre le blogueur et ses lecteurs (quiconque le souhaite peut laisser un commentaire) de même qu'entre le blogueur et les autres blogueurs. Le succès d'un blogue se mesure souvent par la qualité et la quantité des échanges.

> La popularité n'est pas toujours souhaitable : les blogues les plus médiatiques sont souvent ceux qui attirent quantité de commentaires de bas étage. C'est malheureusement le sort que vivent plusieurs des journalistes-vedettes à qui leur média a confié un blogue : Patrick Lagacé, Michel C. Auger... Les propos du journaliste-blogueur, eux, demeurent intéressants, mais la conversation qui aurait pu naître descend parfois au niveau d'une bagarre de cour d'école. Un choc de cultures, en somme. D'où le plus grand intérêt des blogues « de niche » : moins populaires, mais dotés d'une conversation plus enrichissante.

Lorsqu'on parle de qualité et quantité des échanges, on renvoie d'abord à l'importance des hyperliens. P.Z. Myers, de *Pharyngula*, dénonce en mars 2008 un film de propagande créationniste appelé *Expelled*. Ses lecteurs, tout aussi scandalisés, réagissent, complètent ou débattent d'actions à prendre. *Panda's Thumb* renchérit par un billet, où il incorpore un hyperlien vers le billet original. Plusieurs lecteurs de *Panda's Thumb* vont chez *Pharyngula*, et vice-versa, et quelques-uns élargissent la discussion. D'autres blogueurs comme l'étudiant au doctorat en biologie Bora Zirkovic (*A Blog Around the Clock*), le chirurgien-dentiste de *Respectful Insolence* ou un des anthropologues de *Savage Minds*, signalent la discussion sur leurs propres blogues, et ajoutent leur grain de sel. Des blogueurs culturels se joignent à la discussion.

Pour qui ne connaîtrait aucun de ces blogues, il existe un outil appelé *trackback*, ou rétrolien qui, chez *Pharyngula*, permet de voir la liste de tous les blogues qui ont mentionné le billet original.

Cet ensemble constitue ce que différents auteurs ont appelé, depuis 2003, une ébauche de **conversation planétaire**.

En français, nous n'en sommes pas encore là. Le nombre de blogueurs reste limité et au Québec, la grande majorité sont, depuis l'automne 2005, sur *Science! on blogue* (blogue.sciencepresse.info). En France, le démarrage est étonnamment lent, compte tenu des 60 millions d'habitants et compte tenu du fait que les premiers blogueurs, comme l'étudiant en sociologie des sciences «Enro» ou l'étudiant en parasitologie Timothée Poisot (*Le Blog du Doc*), sont actifs depuis 2006. Tant que nous n'aurons pas, en langue française, une masse critique, il est difficile d'imaginer des conversations dynamiques, étonnantes, stimulantes, du type de celles qui animent régulièrement un coin ou l'autre de la blogosphère scientifique anglophone.

A Blog Around the Clock: scienceblogs.com/clock
Respectful Insolence: scienceblogs.com/insolence
Savage Minds: savageminds.org
Bad Astronomy: blogs.discovermagazine.com/badastronomy/
Science! on blogue: blogue.sciencepresse.info
Enro: www.enroweb.com/blogsciences
Le Blog du Doc: www.le-doc.info

Et aussi (en anglais)

Cosmic Variance (physique)
Bioethics.net
Neurotopia (neurologie)
Cognitive Daily (psychologie cognitive)
The Scientific Activist
Lab Life (network.nature.com/blogs/)

L'astronome devenu célèbre

Côté notoriété, une exception, tout de même, à souligner: Phil Plait, de *Bad Astronomy*, est un vulgarisateur capable d'affirmer qu'il doit sa notoriété à Internet. Par contre, et ce n'est pas un hasard; il a commencé son travail de vulgarisateur sur le Web dès les années 1990: il lui a donc fallu beaucoup de temps pour en arriver là où il est aujourd'hui:

- Son site est devenu suffisamment populaire pour lui valoir une invitation à tenir une chronique radio (rémunérée, elle)...
- Un livre rassemblant ses meilleurs textes...
- Un second livre, contrat d'éditeur en poche;
- En avril 2007, il a laissé tomber l'emploi de directeur des ressources pédagogiques à la NASA qu'il occupait depuis six ans, pour se consacrer à temps plein à ses diverses «entreprises» de vulgarisation.

Journalistes blogueurs et scientifiques blogueurs

Avez-vous remarqué que, depuis le début du précédent chapitre, nous n'avons presque pas dit un mot des journalistes blogueurs? Tous ceux cités jusqu'ici sont scientifiques ou étudiants en science.

Le journaliste qui songe à créer un blogue et le scientifique qui songe à en créer un ne partent pas de la même ligne de départ. Pour le journaliste, incluant le finissant d'université, communiquer, c'est son métier. Il a (ou aura) à sa disposition un espace de parole – journal, radio, TV, magazine ou Internet – sans commune mesure avec celui du scientifique.

Le journaliste scientifique aborde donc le blogue comme un complément à son travail: il y traitera plus en détail de sujets couverts dans son «vrai» travail, il y étalera ses états d'âme, il fera l'autopromotion de ses publications...

Aux États-Unis, les journalistes pigistes Carl Zimmer (*New York Times, National Geographic, Science*, etc.) et Chris Mooney (*Seed, Science Progress*, etc.) ont certainement accru leur notoriété dans les communautés scientifiques et journalistiques grâce à leurs blogues. Mais ce sont avant tout leurs livres qui leur ont apporté la crédibilité nécessaire pour apparaître à la télé ou donner des conférences. Leurs blogues ont tout au plus contribué à vendre un peu plus de livres. Mais ce sont les livres qui conservent, pour longtemps encore, une aura de crédibilité supérieure.

- Carl Zimmer: blogs.discovermagazine.com/loom/

  À lire: *Microcosm: E. Coli and the New Science of Life* (2008), *Evolution: The Triumph of an Idea* (2006), etc.
- Chris Mooney: scienceblogs.com/intersection

  À lire: *The Republican War on Science* (éd. révisée, 2007)

Et aussi:

- David Bradley
  www.sciencebase.com/science-blog/

En comparaison, le scientifique part pratiquement de zéro: il n'a aucun espace de parole médiatique, ou si peu. Tout espace qu'il s'approprie dans la blogosphère relève donc de l'inédit: c'est une voix nouvelle, un regard nouveau et parfois même, un contenu nouveau.

Multipliez cela par 2000 scientifiques ou étudiants en science qui, en 2008, auraient été des blogueurs actifs aux États-Unis, et vous avez un phénomène historiquement inédit: jamais on n'en a vu autant, en si peu de temps, s'approprier un outil de communication.

Impact sur le journalisme scientifique

Cela n'empiète-t-il pas encore un peu plus sur l'espace, petit et rétrécissant, qui reste aux journalistes scientifiques? À voir la progression fulgurante de ces scientifiques blogueurs, l'hypothèse est légitime – et ça ne fait que commencer!

Une partie de ces scientifiques occupe certes un espace que personne n'occupait avant. Mais une partie, à son corps défendant, draine d'ores et déjà une petite partie de l'audience des journalistes scientifiques.

Voyons par exemple ce que Carl Zimmer racontait, en avril 2007.

> Il devient de plus en plus difficile de se rappeler ce que c'était que d'écrire sur la science, dans l'ère pré-Web 2.0. Jadis (c'est-à-dire, 2004!), je tombais sur un article intriguant, j'interviewais les auteurs. J'obtenais des commentaires – positifs ou négatifs – d'autres experts du domaine, et alors, je publiais un article résumant tout ce que j'avais appris. Il pouvait s'écouler des mois ou des années avant que les auteurs n'effectuent un suivi sur leur travail, ou avant que d'autres scientifiques ne publient leur propre recherche attaquant ou appuyant la recherche originale.

Carl Zimmer, «When Scientists Go All Bloggy», *The Loom*, 17 avril 2007.

scienceblogs.com/loom/2007/04/17/when_scientists_go_all_bloggy.php

Combien étrange. Jetons un œil sur une expérience que j'ai vécue hier. Je lisais un blogue appelé *The Evilutionary Biologist*. Il est écrit par John Dennehy qui travaille sur les bactéries et les virus. Il y a quelques semaines, je ne connaissais John Dennehy qu'en tant qu'un des co-auteurs d'une recherche sur la localisation des virus sur laquelle j'avais écrit dans le *New York Times*... Depuis, il a attrapé la fièvre des blogues, et il met en ligne du superbe matériel [...] Alors me voilà, découvrant d'importantes nouvelles recherches grâce au blogue de quelqu'un qui était jadis, pour moi, la personne sur qui j'aurais écrit.

Hier, Dennehy a écrit à propos d'une nouvelle recherche sur l'évolution du flagelle, le filament tournoyant que les microbes utilisent pour nager. C'est un sujet d'intérêt pour moi, parce que j'écris un livre sur l'*E. coli*, et une grande partie de ce que les scientifiques savent du flagelle, ils l'ont su de l'*E. coli*... Le flagelle de l'*E. coli* était aussi une vedette au procès de Dover sur le design intelligent (créationnisme), parce que les avocats du design intelligent affirment qu'il doit être l'œuvre d'un «designer».

Je fais donc ce que tout journaliste scientifique doit faire, je lis la recherche et je cherche à obtenir des commentaires. J'envoie un courriel à Nick Matzke, co-auteur d'une recherche antérieure sur ce sujet. Il n'est pas impressionné. Pour faire valoir son mécontentement, il ne se contente pas de m'envoyer un courriel. Il blogue en profondeur sur *Panda's Thumb*. Des gens y vont de leurs commentaires. Parallèlement, une autre de mes sources devenue blogueur, Ryan Gregory, écrit aussi sur l'étude, ce à quoi Larry Moran, lui-même blogueur et biochimiste à l'Université de Toronto, répond avec aigreur dans les commentaires, affirmant que la recherche n'aurait jamais dû être publiée (Moran, Matzke et d'autres se plaignent des méthodes utilisées par les scientifiques de l'Université de l'Arizona pour identifier les gènes).

Dans l'ère pré-Web 2.0, tout ceci arrivait tout le temps. Dans un congrès scientifique, des gens se levaient lors de la période de questions, ou se réunissaient dans les corridors pour poursuivre le débat. Mais l'essentiel de ce débat ne dépassait guère les murs du congrès. Les journalistes scientifiques comme moi tentaient d'offrir un aperçu des arguments, mais il y a une limite à ce que nous pouvons transmettre dans un article de 1 000 mots... À présent, comme cet échange sur le flagelle le démontre, des débats scientifiques libres peuvent atteindre une plus large audience.

Comment créer un blogue?

Créer un blogue, c'est la partie la plus facile:

- soit vous allez sur Blogspot (www.blogspot.com) et vous suivez les instructions: on vous demande de choisir un nom d'usager et un mot de passe, puis si vous préférez que votre blogue soit sur deux ou trois colonnes, et c'est à peu près tout. Cinq minutes suffisent.
- si vous êtes scientifique ou étudiant en science, vous pouvez contacter l'Agence Science-Presse pour vous joindre à *Science! on blogue.* Si vous choisissez un blogue thématique plutôt que personnel, vous ne serez donc pas la seule «voix» du blogue, mais vous sentirez moins de pression, en sachant que lorsque vous manquez d'inspiration, d'autres maintiennent le blogue en vie…

Comment maintenir le blogue en vie?

Parce que c'est ça, le plus difficile, et c'était déjà le cas avec les sites Web des années 1990: facile de les créer, facile de s'essouffler.

Où trouver les sujets? Même principe qu'au chapitre 16, sauf que vous êtes à la fois le «journaliste», et le patron. À qui proposer? À vous-même. Et ce n'est pas aussi facile que ça en a l'air. «Il faut que je commence à y réfléchir 3-4 jours à l'avance», explique Normand Mousseau dans le livre *Science! on blogue*, lui qui s'astreint toujours à produire des articles étoffés. «Au bureau, je reçois beaucoup de communiqués de presse, explique l'astronome Robert Lamontagne, de l'Université de Montréal. Je les imprime et ça me fournit le point de départ à partir duquel je vais expliquer le contexte.»

Plaisir inattendu, soulignent-ils tous les deux: pouvoir écrire en français!

Une écriture Internet?

Pour rendre les choses encore plus simples aux futurs vulgarisateurs, il n'existe pas d'écriture propre à Internet. Cela peut sembler surprenant, mais il y a une bonne raison: déjà qu'il n'y avait rien de commun entre l'écriture du site de Radio-Canada et celle du *Monde diplomatique*, il y en a encore moins entre Radio-Canada et *Pharyngula*, royaume de la subjectivité, ou Wikipédia, royaume de l'écriture collaborative.

Toutefois, les règles de base de l'écriture journalistique devraient continuer de vous guider: face à des millions de blogues, si vous voulez vous démarquer, vous devrez trouver des titres accrocheurs (pensez qu'ils seront repris par des revues de presse automatisées, comme Google News, et par d'autres blogues). Vous devrez polir votre amorce. Éliminer le jargon. Soigner les métaphores. Ciseler les paragraphes. Si, bien sûr, vous voulez être lu au-delà du premier cercle d'experts.

Et faire court? Pas nécessairement. On a coutume de croire que les textes sur Internet doivent être plus courts que sur papier: c'est faux. Les textes du *Monde diplomatique* ne sont pas courts, ceux de *Real Climate* non plus. Et ils vont chercher leur public.

Les subtilités d'Internet sont ailleurs: dans la mise en page, plus exactement la mise en valeur les textes. L'infographie, les couleurs, la position des photos, la dimension des colonnes, ont des caractéristiques communes d'un site à l'autre, parce qu'il y a une chose qui, elle, varie peu: la taille des écrans.

Quant aux blogues, eux, ils présentent une subtilité supplémentaire. Ce sont des textes personnels, souvent écrits au «je». Un individu qui parle à ses amis, ses collègues, ou bien des gens avec qui il partage une passion. On appelle cela une **écriture de proximité**. Sans connaître nos lecteurs, on imagine que ce sont des gens qui nous sont proches, socialement ou intellectuellement.

L'écriture de proximité veut dire plus de liberté. Le blogue permet en effet une liberté qui va au-delà de tous les exercices d'écriture que vous pourrez faire dans un cours de vulgarisation, et tous les exercices d'écriture que vous pourrez faire dans les cours de communication, de rédaction ou de journalisme.

Profitez-en: c'est peut-être aussi la raison pour laquelle des millions de gens trouvent ça *le fun*.

Écriture: l'expérience Wikipédia

Quant à Wikipédia, si vous avez fait l'exercice du chapitre précédent, vous avez compris que l'ego n'y a pas sa place.

- Tout ce que vous écrivez peut être réécrit.
- Les opinions doivent être laissées au vestiaire ou alors, solidement appuyées sur des références.
- Il n'y a pas de signature.
- Vous n'êtes «propriétaire» de rien.

C'est le cas extrême du travail d'équipe. L'auteur effacé derrière une communauté.

Ça fonctionne très bien pour une encyclopédie. Mais le modèle pourra-t-il fonctionner pour des textes promotionnels, comme des dépliants ou des communiqués de presse? Peu probable, tant est forte la propension des administrateurs à vouloir le dernier mot. Pour des textes de vulgarisation, pourquoi pas?

Une chose est sûre, avec blogues, wikis et autres outils «collaboratifs», vous vous exposerez, bien plus qu'avant, à être critiqué publiquement, et par des gens qui en savent au moins autant que vous.

Les journalistes et rédacteurs vont devoir vivre avec l'idée qu'ils peuvent être lus avec attention, commentés, voire «retravaillés» – si pas sur leur blogue, sur celui des autres. C'est un renversement de paradigme par rapport au rédacteur qui écrit son texte, et qui va se coucher en sachant que demain, il n'aura plus à y revenir.

Désormais, un texte terminé n'est plus un dossier clos. Si ce ne sont pas vos lecteurs qui le commenteront, ce sont d'autres sites qui vous référenceront, où d'autres lecteurs le commenteront ensuite. Ou bien c'est vous-même qui, six mois ou un an plus tard, reviendrez sur le même sujet en faisant des hyperliens vers l'article initial, pour souligner combien les choses ont changé – et combien vous aviez alors erré.

Le «Web 2.0», quelle que forme qu'il prenne, demandera plus d'humilité.

Avantageux ou néfaste?

Développer une habitude: là est le facteur-clé qui déterminera quand vous effectuerez la transition vers ces outils. Parce que si vous attendez que de vrais emplois s'y développent, ça peut prendre du temps.

Si vous provenez d'un cursus communication ou journalisme, il y a déjà des contrats de pige pour l'écriture de nouvelles scientifiques (Agence Science-Presse, *Futura-Sciences, Branchez-vous*), mais pas pour des blogues.

Par contre, si vous provenez d'un cursus science, ou mieux, si vous avez déjà un revenu d'emploi en science, vous pouvez suivre les traces des Gavin Schmidt, Normand Mousseau ou Robert Lamontagne, et faire profiter la blogosphère de votre expérience ou de votre passion. Si vous ignorez encore vers où pourrait vous mener la vulgarisation, voyez le blogue comme une façon de vous faire la main, et de vous bâtir un portefolio.

Un dernier mot, destiné aux indécis, que l'on doit à Sean Carroll, un des blogueurs de *Cosmic Variance* et un des premiers physiciens blogueurs:

> Je ne pense pas que chaque individu doive y passer beaucoup de temps, mais la communauté (scientifique) dans son ensemble doit considérer le blogue avec sérieux. Les blogues sont encore dans leur premier stade de développement mais éventuellement, la nouveauté laissera place à la familiarité. Dès lors, avoir un blogue sera aussi avantageux – ou néfaste – pour la carrière de quelqu'un que peut l'être, aujourd'hui, une apparition à la télévision ou l'écriture d'un texte d'opinion pour le *New York Times*. Ni plus, ni moins.

Sean Carroll, «It's not the Blog», *Cosmic Variance*, 11 octobre 2005: http://cosmicvariance.com/2005/10/11/its-not-the-blog/

Science Debate : la première victoire des blogueurs en science

Nous en appelons à un débat télévisé sur la science entre les principaux candidats à la présidence. Cette pétition, lancée discrètement sur Internet en décembre 2007, avait recueilli 10 000 signatures un mois plus tard. À la mi-février, elle avait déjà l'appui des principales associations de scientifiques, dont l'AAAS... et pourtant, c'est à peine si les médias en avaient parlé !

Son « agent multiplicateur » pendant cette première phase, ce furent les blogues. C'est à travers eux, en particulier le réseau ScienceBlogs, que la pétition s'est répandue à la vitesse de l'éclair dans la communauté scientifique, a recueilli l'appui d'administrations universitaires, d'entrepreneurs, de vedettes médiatiques et même d'une poignée de politiciens. Le débat télévisé souhaité n'a pas eu lieu. Mais avec cette initiative, la « blogosphère scientifique » a connu sa première activité de lobbying... virtuel. (www.sciencedebate2008.com et sa petite sœur québécoise, jevotepourlascience.blogspot.com)

Exercice : alimenter un blogue

Bien des finissants en science rêvent de faire du journalisme scientifique en dilettante. Mais s'ils ont un emploi à temps plein, c'est peu probable : ils n'auront ni le temps de chercher des sujets, ni d'en proposer, et il est même douteux qu'ils réussissent à publier suffisamment de textes pour améliorer leur plume. Mais le blogue pourrait être un débouché bien plus utile : moins de contraintes, pas d'allers et retours avec un rédacteur en chef, et une gestion du temps plus facile.

Même si vous êtes sceptique face à l'avenir des blogues, vous devrez au moins les considérer comme une porte d'entrée dans l'univers de la vulgarisation. Dans le cadre de cet exercice, vous allez donc plonger :

1. D'abord, écrivez des commentaires ; allez sur *Science! on blogue*, choisissez une thématique qui vous intéresse, parcourez les billets et commentez, critiquez ou posez des questions.
2. Ensuite, rendez-vous sur des blogues avec lesquels vous partagez des affinités : éducation, environnement, consommation responsable, en autant que vous puissiez y entrevoir un lien avec la science, et faites le même exercice : commentez. Posez des questions au blogueur, remettez en question des présupposés, et signez : faites-vous connaître comme quelqu'un capable d'apporter des opinions argumentées et des faits rigoureux.

Chapitre 21

Comment ne pas (se faire) manipuler

Le mot-clé pour finir : manipulation. On a parlé des chiffres, qui peuvent être utilisés à toutes les sauces. On a évoqué fugitivement différentes pressions, sociales, politiques ou, surtout, économiques, qui peuvent avoir pour conséquence de manipuler l'information scientifique. Les vilains relationnistes manipulent l'information, disent leurs dénigreurs. Mais les journalistes peuvent aussi la manipuler, pour gonfler un *scoop*. Et n'importe quel intervenant sur Internet peut s'être fait manipuler parce qu'il s'est contenté du communiqué, de l'article, ou de la déclaration triomphale, sans creuser plus loin.

400 ans de vulgarisation pour en arriver là

Allons-y d'un exemple de ce à quoi tout cela peut aboutir. Le texte qui suit est l'adaptation du texte d'un chroniqueur – d'où le ton parfois plus personnel que s'il s'agissait d'un reportage. Ce texte est paru initialement le 25 février 2008 dans le *National Post* de Toronto, et il a ensuite été l'inspiration – et l'unique source – d'au moins deux textes parus sur des sites francophones. Quoi qu'on pense de ce qui est écrit, c'est, hélas, un texte de vulgarisation scientifique.

Bienvenue au nouvel âge glaciaire

La couverture de neige sur l'Amérique du Nord et l'essentiel de la Sibérie, de la Mongolie et de la Chine, est plus grande qu'elle ne l'a été depuis 1966.

Le National Climatic Data Center (NCDC) des États-Unis rapporte que la plupart des villes et des villages américains ont subi des records de froid en janvier et au début de février. Selon le NCDC, la moyenne des températures en janvier «a été de 0,3 degré F plus basse que la moyenne du 20e siècle (1901-2000).»

Il y a eu tellement de neige et de tempêtes hivernales en Ontario et au Québec au cours des deux derniers mois que le marché immobilier s'en est ressenti: les acheteurs ne sortent pas.

Rien qu'au cours des deux premières semaines de février, Toronto a reçu 70 cm de neige, pulvérisant le record de 66,6 cm pour l'ensemble de février, établi dans l'ère pré-VUS, pré-Kyoto, pré-carbone, des années 1950.

Et vous vous souvenez de la calotte de glace de l'océan Arctique? La glace qui, nous avait-on hystériquement annoncé l'automne dernier, avait fondu «à son plus bas niveau jamais enregistré»? Peu importe que ces données ne remontent qu'à 1972 et qu'il y ait des preuves anthropologiques et géologiques de plus grandes fontes dans le passé.

Eh bien, la glace est de retour.

Gilles Langis, météorologue au Service canadien des glaces d'Ottawa, déclare que l'hiver arctique a été si sévère que la glace n'a pas seulement récupéré, elle est actuellement de 10 à 20 cm plus épaisse en certains endroits qu'à la même époque l'an dernier.

OK, un hiver ne fait pas le climat. Il serait prématuré de proclamer qu'un Age glaciaire pointe, juste parce que nous avons eu un des hivers les plus durs depuis des décennies.

Mais ce ne sont pas juste des anecdotes qui s'empilent face au dogme du changement climatique. Selon Robert Toggweiler, du Laboratoire de géophysique des fluides à l'Université Princeton et Joellen Russell, professeur adjoint des dynamiques biochimiques à l'Université de l'Arizona – deux réputés modélistes du climat – les modèles informatiques qui montrent la fonte des glaces polaires refroidissant les océans et arrêtant la circulation des eaux tropicales chaudes, ont tout faux.

«Nous n'avons pas vu ce qui était devant nos yeux», déclare le Prof Russell. Ce n'est pas la fonte des glaces, mais la circulation des vents qui mène les courants océaniques des tropiques vers le Nord. Les modèles climatiques

jusqu'ici n'ont pas correctement pris en compte les effets des vents sur la circulation océanique, de sorte que les chercheurs ont compensé en surestimant le rôle de l'homme sur la fonte des glaces.

Le mois dernier, Oleg Sorokhtin, chercheur à l'Académie russe des sciences naturelles, a dénoncé le rôle de l'homme dans le climat comme «une goutte dans un seau d'eau». Observant que l'activité solaire est entrée dans une phase inactive, le Prof Sorokhtin a conseillé aux gens de «conserver leurs manteaux de fourrure».

Il n'est pas seul. Kenneth Tapping, de notre propre Conseil national de la recherche, qui supervise un radiotélescope géant pointé vers le Soleil, est convaincu que nous sommes entrés dans une longue période de températures extrêmement froides, si l'activité des taches solaires ne redémarre pas très vite.

La dernière fois que le Soleil était à ce point inactif, la Terre a vécu le Petit âge glaciaire, qui a duré environ cinq siècles et pris fin en 1850. Les cultures ont failli sous la pression de gels meurtriers et de sécheresses. Famines, épidémies et guerres étaient répandues. Les ports ont gelé, les rivières aussi, et le commerce a cessé.

Il est beaucoup trop tôt pour dire si la même chose est sur le point de nous arriver, mais il était beaucoup trop tôt pour les hystériques du réchauffement planétaire aussi.

Si vous avez lu ce texte jusqu'au bout, soit vous êtes heureux, soit vous êtes indigné. Si vous êtes de ceux qui sont convaincus que la cause humaine du réchauffement climatique n'a pas été prouvée, vous êtes heureux.

À l'inverse, peut-être êtes-vous indigné, parce que vous savez qu'il existe des données irréfutables. Et vous aimeriez bien écrire quelque chose qui dénoncerait l'ignorance ou l'incompétence de ce chroniqueur.

Mais dans les deux cas, vous seriez mal parti. Ce qui compte, ce sont les faits. Vous devez vous demander si ce texte est fondé. Et même si vous n'êtes pas climatologue, vous avez des outils pour vérifier.

Poser les bonnes questions

Comment le savez-vous? Quelles sont vos sources? Cette question de base, on n'a même pas à la poser au chroniqueur, on a déjà la réponse en lisant son texte. Il y cite plusieurs sources, dans l'ordre:

- une étude du National Climatic Data Center (NCDC);
- un nommé Gilles Langis d'Ottawa;
- Robert Toggweiler et Joellen Russell, deux chercheurs américains;
- Oleg Sorokhtin, un chercheur russe;
- Kenneth Tapping, un autre Canadien.

Le chroniqueur du *Post* est une source secondaire. Ce serait évidemment une erreur de le citer sans remonter aux sources primaires. Commençons par le NCDC, le plus facile à localiser via Google.

Il vous faudra peut-être fouiller un peu dans le site, mais vous finirez par trouver un relevé mensuel des températures moyennes, qui dit en effet que janvier 2008 a été plus froid que la moyenne. Mais comme le chroniqueur le dit lui-même, un mois ne fait pas un climat. Pourtant, il semble bien certain de son coup puisqu'à la suite de cette donnée, toutes les autres sources qui suivent sont placées de telle façon qu'elles semblent accréditer l'idée d'un âge glaciaire.

Qu'en est-il de Gilles Langis? Si vous l'appelez, celui-ci vous confirmera que la couverture de glace dans l'Arctique, cet hiver-là, était plus épaisse que jamais, mais il sera sans doute horrifié d'apprendre qu'on lui attribue l'imminence d'un âge glaciaire. Comme il vous le rappellera, il y a au moins 20 ans que les climatologues et glaciologues soulignent que le problème, ce n'est pas l'hiver arctique, c'est le rétrécissement de la calotte glaciaire... en été!

À ce stade, un doute vous envahit. Quel genre de recherche a donc fait le chroniqueur du *Post*? Si vous appelez Kenneth Tapping, il vous répétera sans doute ce qu'il a répété au blogueur américain *Lean Left*... deux semaines avant l'article du *Post*: jamais il n'a dit que la planète entre dans un âge glaciaire! L'avant-veille, la même citation erronée lui avait été attribuée dans l'*Investors Business Daily*, citation que le chroniqueur du *Post* a repiquée sans se donner la peine de vérifier.

Et Toggweiler et Russel? Une recherche Google – cette paire de noms est assez rare – révèle qu'il doit s'agir d'une recherche parue dans *Nature* le mois précédent (17 janvier 2008). Sauf qu'eux non plus ne disent pas ce qu'on leur fait dire: leur étude s'intéresse plutôt à l'avenir des courants océaniques, si la fonte des glaces se poursuit. Nulle part ils ne mettent en doute le réchauffement, en fait, ils le tiennent pour acquis!

Où le chroniqueur a-t-il pêché tout cela? Eh bien on sait déjà que la citation de Tapping a été repiquée de l'*Investor's Business Daily (IBD)* du 7 février. Langis vous confirmera que sa déclaration provient d'un reportage de la CBC du 15 février. Quant à la citation en anglais du professeur de l'Université de l'Arizona Joellen Russell, «We missed what was in front of our eyes», elle pourrait avoir été repiquée de l'IBD du 1er février, lequel l'a peut-être repiquée de l'*Arizona Daily Star* du 30 janvier...

> À lire: une synthèse de cette histoire par Science-Presse:
> www.sciencepresse.qc.ca/node/19983

Autrement dit: aucune recherche personnelle, aucune entrevue, aucune source primaire. Que des citations repiquées à gauche et à droite... et de surcroît, prises hors contexte ou détournées de leur sens! (il y a aussi un chercheur à la crédibilité douteuse: le Russe – je vous laisse chercher).

Ce qui n'a pas empêché ces citations de continuer à faire du chemin: l'article du *Post* a été adapté tel quel, sans recherches supplémentaires, et sans citer la source, par *Futura-Sciences* le 29 février à 13h26, et le très populaire site québécois Canoë s'est inspiré intégralement de l'article de *Futura-Sciences* le 29 février à 18h04.

L'article de l'IBD citant erronément Tapping est une source secondaire; le texte du *National Post* est une source tertiaire; celui de *Futura-Sciences*, une source quaternaire. Comprenez-vous à présent pourquoi on exige que vous remontiez à la source primaire?

L'âge de la propagande

La manipulation est chose bien subtile. Les sabots sont rarement aussi gros que dans l'exemple qu'on vient de voir et pourtant, si même là, des journalistes sont tombés dans le panneau, imaginez ce qu'il en est lorsque le manipulateur agit avec finesse.

L'un des pères des relations publiques, l'Américain Edward Bernays, a écrit en 1928 un livre qui nous paraît aujourd'hui d'un cynisme effroyable tant il y décrit avec sang-froid les bienfaits de la manipulation pour qu'une société fonctionne – à ses yeux – rondement.

Son petit livre, intitulé *Propagande*, est «une ambitieuse œuvre de propagande en faveur de la propagande», ironise Normand Baillargeon, de l'UQAM, dans une préface à la réédition française, en 2007. En toute candeur, Edward Bernays, qui était déjà, en 1928, auréolé d'indiscutables succès, affiche ses intentions:

> Nous sommes pour une bonne part gouvernés par des hommes dont nous ignorons tout, qui modèlent nos esprits, forgent nos goûts, nous soufflent leurs idées. C'est là une conséquence logique de l'organisation de notre société démocratique. Cette forme de coopération du plus grand nombre est une nécessité pour que nous puissions vivre ensemble au sein d'une société au fonctionnement bien huilé…
>
> Ils nous gouvernent en vertu de leur autorité naturelle, de leur capacité à formuler des idées dont nous avons besoin, de la position qu'ils occupent dans la structure sociale.

Et ces gens «qui nous gouvernent», ce ne sont pas que les politiciens: cela va jusqu'aux designers britanniques qui décident de ce que les femmes élégantes porteront la saison suivante. Parce qu'ils occupent une position dominante dans leur domaine, leurs paroles sont aisément répercutées et il suffit d'une bonne stratégie de propagande – une offensive publicitaire – pour que l'influence des designers britanniques s'étende aux États-Unis.

Un exemple plus positif: la mortalité infantile. Sa diminution est un motif de fierté, or elle est aussi, se vante Bernays, l'œuvre de cette même sorte de propagande: promotion des mesures d'hygiène et de santé publique pour faire reculer les maladies infectieuses et améliorer l'alimentation de la femme enceinte.

Exemple moins positif: Bernays fut derrière la Commission CREEL, qui, en 1917, «vend» au public américain la nécessité d'entrer dans la Première Guerre mondiale. La commission inventa les «four minute men»: des dizaines de milliers de volontaires, souvent des personnalités régionales, qui se lèvent «spontanément» pour prendre la parole dans des lieux publics (théâtres, églises, synagogues, locaux de réunions syndicales, etc.) afin de prononcer un discours qui fait valoir le point de vue gouvernemental sur la guerre.

> Autrefois, ceux qui gouvernaient étaient des guides, des meneurs. Ils orientaient le cours de l'histoire en faisant simplement ce qu'ils avaient envie de faire. Les successeurs actuels de ces dirigeants ne peuvent plus faire ce qu'ils veulent sans l'assentiment des masses, et ils ont trouvé dans la propagande un outil de plus en plus fiable pour obtenir cet accord. La propagande a par conséquent un bel avenir devant elle.

Le succès de relations publiques le plus retentissant de la carrière de Bernays, ce furent les femmes et le tabac. 1929: une femme qui fume, c'est très mal vu. L'industrie du tabac, qui aimerait bien qu'elles fument, embauche Bernays, qui use d'une voie détournée: la cigarette est un symbole de pouvoir du mâle; si on arrive à convaincre les femmes les plus militantes – les suffragettes – que fumer est une forme de contestation, alors on a gagné. Là encore, le relationniste s'allie à une personne en position d'autorité, capable de relayer son message.

Même les universités sont alors en train de s'adapter. En cette année 1928, quelque 75 universités américaines, dont Harvard, se sont dotées d'un «Bureau d'information»: c'est un bureau destiné à garder le contact avec leurs diplômés, donner des conseils aux futurs étudiants... Mais c'est aussi un bureau de la publicité qui ne porte pas ce nom, parce que la publicité est jugée une maladie honteuse dans une université.

Le *Scientific American* de l'époque a jugé que la propagande était une bonne chose et que le mot avait été trop dévalorisé:

> Dans son acception première, «propagande» est un mot parfaitement sain, d'honnête ascendance et à l'histoire honorable. La signification sinistre qu'il revêt aujourd'hui montre simplement combien les adultes restent parfois puérils.

N'y a-t-il pas des limites à ne pas dépasser?

> Si, écrit Bernays, à l'instar des avocats, le conseiller en relations publiques reconnaît que tout un chacun a le droit de présenter son affaire sous le jour le plus flatteur, il se refusera néanmoins à apporter ses services à un client qu'il estime malhonnête, à un produit qui lui paraît frauduleux, à une cause qu'il juge antisociale.

L'avenir a démontré qu'il a eu tort, lorsque les meilleures firmes de relations publiques (Burson-Marsteller, Hill & Knowlton, etc.) se sont mises au service, pendant pas moins de 40 ans, des compagnies de tabac et de leurs lobbyistes qui, à Washington et dans les autres capitales, se sont appliqués à faire croire qu'il subsistait une incertitude quant au lien entre tabac et cancer. Entre autres tactiques, ces firmes ont créé des «groupes de réflexion» (*think thank*) composés d'universitaires soi-disant indépendants, financés en sous-main par l'industrie du tabac.

Et à partir des années 1990, des théoriciens des relations publiques ont cité en exemple ce «succès» des relations publiques, pour en faire un modèle dans la lutte contre la «théorie» du réchauffement climatique.

L'Institut Marshall a par exemple été pendant les années 2000 une «force de réaction rapide» pour dénigrer toute nouvelle étude arrivant par exemple à la conclusion d'une fonte des glaces accélérée. Et les avis de l'Institut Marshall ont été une source d'information privilégiée par les politiciens conservateurs, à Washington.

Notre but, lit-on dans un mémo de 1998 rendu public par le *New York Times*, est de «maximiser l'impact des opinions scientifiques compatibles avec les nôtres auprès du Congrès, des médias et autres audiences-clés... La victoire sera atteinte lorsque la reconnaissance des incertitudes sera intégrée dans la conscience populaire.»

Le public contre-attaque

Le public n'est pourtant pas aussi naïf qu'il en a l'air. Il finit par voir derrière la façade. Mais ça prend du temps. Il a fallu des décennies avant que la balance de l'opinion publique ne penche contre le tabac. Et du côté du réchauffement climatique, aujourd'hui encore, une forte proportion de la population doute non pas que la Terre se réchauffe, mais que l'humain en est responsable, invoquant sur de multiples blogues «l'incertitude» propre à la science et la nécessité d'un «sain» scepticisme.

Ces opinions sont relayées d'un porte-parole à un relationniste à un chroniqueur à un journaliste. Et parmi ces relais, il y a, hélas, des vulgarisateurs scientifiques.

À long terme, les vulgarisateurs scientifiques devraient pourtant s'en souvenir, c'est une très mauvaise stratégie. Parce que l'histoire révèle que ça a toujours été néfaste à la perception de la science. Une fois passée la période d'enthousiasme béat, une partie de la population estime avoir été trompée, et rejette en bloc – ce qu'on appelle jeter le bébé avec l'eau du bain. L'optimisme béat en la science du XIXe siècle a été suivi d'un recul qui a duré des décennies. La vision héroïque des années 1950 et 1960, l'insistance sur «les découvertes extraordinaires», «les percées étonnantes», «les prouesses technologiques», ont été suivies d'une période de méfiance.

Vulgarisateurs objectifs ou hérauts de la science?

Au chapitre 14, au terme de l'historique, nous vous avions laissé avec l'arrivée des premiers communicateurs scientifiques professionnels du Palais de la Découverte de Paris, en 1937. La vulgarisation scientifique, après avoir été le monopole des scientifiques, commençait alors tout doucement à passer aux mains d'une nouvelle classe de gens. C'est après la Deuxième Guerre mondiale que cette classe allait vivre son expansion et qu'allait commencer une phase d'enthousiasme sans bornes à son égard.

Aux États-Unis, ça avait pourtant commencé d'un bon pied. Les premiers journalistes scientifiques avaient discrètement fait leur apparition dans les journaux des années 1910-1920. En 1921, on avait même vu naître une initiative très avant-gardiste : une agence de presse scientifique, le *Science Service*. Lancée par un magnat de la presse, Edwin W. Scripps, c'était un ancêtre de l'Agence Science-Presse : son but était de diffuser les nouvelles scientifiques aux journaux qui n'avaient pas les moyens, ou le personnel nécessaire, pour suivre cette actualité.

Scripps, propriétaire d'une trentaine de journaux, voyait dans la science la base d'un mode de vie plus démocratique. Il jugeait donc essentiel qu'un citoyen bien formé ait, en plus de la culture politique que pouvaient déjà lui apporter les journaux, une culture scientifique plus développée. Et ainsi, chaque semaine, le Science Service se mit à envoyer aux journaux abonnés un bulletin (*newsletter*), le *Science News*, composé d'articles journalistiques qu'ils pouvaient réutiliser à leur guise.

> « A newsagency offering the « drama [that] lurks in every test tube », fut un de leurs slogans.
>
> http://scienceservice.si.edu/essay/index.htm
>
> Pour en savoir plus sur l'histoire du Science Service : Dorothy Nelkin, *Selling Science. How the Press Covers Science and Technology*. W.H. Freeman and Company, 1987.

L'agence s'assura dès le départ la collaboration des grandes associations scientifiques, et se donna pour ligne éditoriale d'être dominée par « les valeurs de la communauté scientifique ». Dans le contexte de l'époque, c'était un bel acte de foi dans le journalisme : ça signifiait que celui-ci devait se démarquer d'un certain « yellow journalism », le journalisme à scandales, appuyé sur des rumeurs plutôt que sur des faits. Le Science Service allait au contraire se faire un point d'honneur de produire un journalisme exerçant sa rigueur intellectuelle et visant l'objectivité.

C'était une arme à deux tranchants :

- un virage indéniablement positif par rapport à la presse jaune : c'était l'époque où toute une frange de la presse américaine commençait effectivement à se définir par un idéal d'objectivité ;
- mais un glissement à l'intérieur du territoire des scientifiques : en annonçant qu'on s'approprie leurs valeurs, en annonçant « la collaboration des grandes associations » – l'Acfas s'en inspirera, en entretenant des liens très étroits avec les premiers journalistes scientifiques d'ici dans les années 1950 – les journalistes ne se faisaient-ils pas du même coup les hérauts des scientifiques ?

Et de fait, les deux tranchants ont joué :

- bien des journalistes qui ont commencé leur carrière au *Science News* ont transféré ailleurs le style sobre et l'idéal d'objectivité, comme William Laurence au *New York Times* ; l'agence a vendu ses articles jusqu'à plus de 100 journaux dans les années 1920, posant les bases du journalisme scientifique contemporain ;
- mais cette ambition d'objectivité n'empêcha pas les journalistes scientifiques de devenir des promoteurs de la science, emportés par l'enthousiasme de l'après-guerre, qui vit se succéder les percées médicales, et qui vit surtout, à la fin des années 1950, débarquer un nouveau-venu : l'exploration spatiale.

« Un journaliste asservi aux objectifs du secteur qu'il couvre est toujours un mauvais journaliste », résume Pierre Sormany.

L'espace, nouvelle frontière... de la métaphore

Le lancement du *Spoutnik* par les Soviétiques en 1957 déclenche une vague d'investissements gouvernementaux dans la recherche et l'enseignement des sciences. Et les médias suivent le courant : en quelques années seulement, des journalistes qui n'avaient jamais couvert l'astronomie, l'aéronautique, ni même la science, sont embauchés comme journalistes scientifiques, et plusieurs, avec les années, deviennent encore plus spécialisés : des journalistes affectés aux affaires spatiales.

Certains de ceux qui ont commencé à couvrir la NASA à la fin des années 1950 y étaient toujours, 25 ans plus tard, lors de la tragédie de la navette *Challenger*. Fatalement, la plupart se sont approprié le langage de la NASA, faisant de la conquête spatiale une «aventure», des astronautes les «pionniers d'un nouveau monde» et d'Apollo et de la navette les symboles de la puissance américaine.

Vous vous rappelez de l'importance des métaphores dans l'écriture de vulgarisation scientifique? Eh bien avec l'espace, des métaphores, il y en a eu plus que partout ailleurs.

«Les percées cosmiques». La «nouvelle frontière» (l'espace remplaçant le Far-West). «The sky is not the limit». *L'Homo Cosmicus.* Sans compter toutes les promesses: les «développements révolutionnaires» qu'apportera l'industrie spatiale, l'apaisement des deux superpuissances grâce à l'utilisation pacifique de l'espace, l'abolition des frontières grâce aux satellites, la résolution des origines de l'Univers...

Un abus des métaphores qui n'est pas différent de celui qui accompagne à la même époque la couverture médiatique des autres secteurs de la science: les «développements révolutionnaires» sont à l'honneur en médecine (antibiotiques et vaccins), en agriculture (pesticides) dans les transports (aviation) et le divertissement (la télévision). C'est le syndrome de «la découverte de la semaine».

C'était donc couru d'avance: il devait se produire un choc en retour. Cette vision fleur-bleue de la science commence à être critiquée à la fin des années 1960, parallèlement aux mouvements de contestation sociale qui secouent alors l'Occident.

Une étude française des téléjournaux de la période 1949-1995 constate l'existence de deux thématiques dominantes: avant 1975, c'est l'espace; après 1975, l'environnement. L'espace est traité de manière globalement positive; l'environnement, plus mitigé.

C'est vrai ailleurs dans le monde: Jane Gregory et Martin Bauer notent en Grande-Bretagne une inversion de la tendance (du positif au négatif) vers 1970; Hans Mathias Kepplinger note la même chose dans les journaux allemands au cours des années 1970. En Australie, ça se serait produit après 1980.

Jacqueline Chervin, «Le traitement des thématiques scientifiques dans le journal télévisé de 1949 à 1995», dans LeBoeuf et Pélissier, *Communiquer l'information scientifique*, 2003, p. 189-212.

Gregory et Bauer, «PUS inc.: l'avenir de la communication de la science», dans Schiele et Jentzen, *Les territoires de la culture scientifique*, 2003, p. 41-65.

Signe que les avancées et les reculs ne se font pas partout au même rythme, bon nombre des journalistes du secteur spatial ont gardé les mêmes œillères jusqu'en 1986. Peut-être à cause du côté spectaculaire de l'exploration spatiale – les rédacteurs en chef aiment les reportages qui mettent en scène des aventuriers et des héros – peut-être parce que ces journalistes, embauchés un quart de siècle plus tôt, avaient eu peu de relève...

Quelle qu'en soit la raison, c'est avec l'explosion de la navette spatiale *Challenger*, en 1986, que le charme s'est définitivement rompu. Pour Dorothy Nelkin, ce 28 janvier, «un partenariat de longue date entre la NASA et la presse a été détruit». La réaction de la presse en fut une de tristesse: pour certains journalistes, il s'agissait d'une tragédie personnelle, comme s'ils venaient de perdre des membres de leur famille.

«Fascinés par la technologie, les journalistes avaient pendant des années simplement accepté ce dont la NASA les avait nourris; ils reproduisaient les déclarations de l'agence, faisaient la promotion de l'information pré-digérée qu'ils recevaient, et remettaient rarement en question les raisons d'être d'un programme, la compétence des scientifiques ou la sécurité des opérations.»

Tristesse, et aussi colère: les médias publièrent cet hiver-là beaucoup d'auto-flagellations, s'accusant d'avoir été nourris à la petite cuillère, de s'être concentrés uniquement sur les lancements de fusées et d'avoir laissé tomber les lecteurs. Les lecteurs et téléspectateurs, pourtant, n'avaient pas attendu: il y avait bien longtemps qu'ils avaient délaissé l'information spatiale et étaient passés à autre chose.

Science et société: le présent

Il y a tout de même une conséquence bienvenue. Cela a obligé les médias à passer de l'étape «découverte de la semaine» à l'étape «science et société». Les thématiques qui émergent dans les médias à partir de la fin des années 1960 et surtout pendant les années 1970 sont celles qui permettent enfin d'ancrer la science dans son contexte social, économique ou politique, et de quitter le confort du laboratoire, de l'industrie ou de la salle de cours:

- Croissance démographique;
- Marées noires;
- Pollution de l'air, de l'eau, des sols: on prétend que les mouvements écologistes ont connu leur véritable naissance le jour où, pour la première fois, des astronautes américains ont renvoyé une photo de la Terre vue de l'espace;
- Catastrophes naturelles: jusque-là phénomènes lointains, on peut soudain, grâce à la télé, les «vivre» en direct, ce qui oblige à fournir davantage d'explications;
- Choc pétrolier: phénomène économique, qui appelle du coup des réponses à des interrogations scientifiques, comme *Combien de temps dureront les réserves pétrolières* et *Quelles seraient les sources d'énergie alternatives?*

Après 1975, la biologie et la médecine s'en mêlent: autour des percées souvent incompréhensibles de la génétique et des nouvelles qui semblent surgir de nulle part comme le premier bébé-éprouvette en 1978, on commence à greffer des questions de fond:

- le désir d'enfant, à travers les nouvelles technologies de reproduction;
- l'avenir de l'être humain à travers les futures manipulations génétiques;
- quel serait le statut juridique d'un plant de maïs créé en laboratoire?
- à l'heure où la relève agricole se fait de plus en plus rare mais doit nourrir de plus en plus de gens, la génétique est-elle l'inévitable futur de l'alimentation?

- pourquoi la science a-t-elle tant de difficultés à trouver une solution au cancer? Qu'est-ce que le cancer? Quelles causes pouvons-nous pointer dans notre mode de vie?

Dans les années 1980, le sida fait tomber des tabous: relations sexuelles et homosexualité. Le scandale du sang contaminé met encore plus à mal la confiance en la science mais en contrepartie, oblige les vulgarisateurs à jongler avec science, société et, cette fois, politique.

Certes, le contenu n'est pas toujours à la hauteur des attentes:

- *Croire sur parole.* On continue trop souvent, journalistes et relationnistes confondus, à croire sur parole le scientifique «éminent» ou «prestigieux» et à s'extasier devant une innovation originale. Le cas extrême de cet état d'extase: **Internet.** De 1993 à 2000, ce secteur généra une couverture journalistique frisant le délire, où non seulement la moindre innovation était montée en épingle et affublée de l'adjectif «révolutionnaire», mais où même du pur jargon était monté en épingle – le «push», le «portail», le «Web 2.0» – sans qu'on ne sente le besoin de remettre en question l'importance que leurs promoteurs leur attribuaient. Une partie des journalistes s'est mise au service de l'industrie du multimédia, qui leur doit une fière chandelle.
- *Chercher la nouvelle là où il n'y en a pas.* Le syndrome «découverte de la semaine» ne disparaîtra sans doute jamais: il est intrinsèquement lié à la raison d'être du journalisme. En ce sens, il est admirable que le réchauffement climatique, le sujet-sans-nouvelles par excellence, ait occupé autant d'espace dans les médias. Mais il arrive souvent que journalistes et éditeurs succombent à la tentation: témoin, les nombreux articles des dernières années où on tente avec force de faire dire aux climatologues que la hausse du nombre de tornades, la sécheresse dans l'Ouest américain ou les feux de forêt en Indonésie, sont causés par le réchauffement planétaire.
- *Ce qu'on ne sait pas ne fait pas mal.* En médecine, on continue trop souvent, journalistes et relationnistes confondus, de traiter de la dernière découverte sans mises en contexte, avec pour résultat que, pour quiconque ne lit pas de magazines de

vulgarisation ou n'écoute pas d'émissions sur la science, des drames comme le sang contaminé ou la vache folle, ou des incidents comme le virus du Nil, semblent chaque fois surgir de nulle part. Les signaux d'avertissement étaient là, mais la presse généraliste n'en a pas parlé et les relationnistes n'ont pas mis ces signaux sur leurs écrans radars.

Le défi des relations publiques

Pendant qu'une prise de conscience du public entraînait, à partir des années 1970, la nécessité de placer davantage la science dans son contexte social, la montée en force des relations publiques, elle, tendait, et tend encore, à pousser le navire de la vulgarisation dans l'autre direction: mettre en valeur la percée spectaculaire de «mon» université, la découverte, le pionnier, le découvreur.

C'est une tendance contre laquelle les relationnistes vont devoir lutter, compte tenu de leur pouvoir énorme qu'on continue, à tort, de sous-estimer, tant on a été habitué à surestimer celui des médias.

À court terme, tout relationniste qui se respecte a tout avantage à promouvoir «la» percée ou «le» chercheur de son institution. Mais à long terme, c'est moins sûr: combien de temps avant que ça ne nuise à son institution, parce que le public, lassé, ne détourne le regard chaque fois qu'on annonce un nouveau «bon coup» de son université locale?

Un exemple: les hormones. Dans les années 1960 et 1970, les relationnistes ont monté en épingle les thérapies hormonales, comme traitement-miracle pour contrer les effets de la ménopause, et les médias, à travers leurs pages *Santé*, ont sauté dans le train. Lorsque des préoccupations sont apparues sur des risques de cancers du sein ou de l'utérus, le pendule a changé de côté. Lorsque des études ont démontré que les risques de cancer de l'utérus revenaient à la normale avec une hormone supplémentaire, les reportages sont redevenus positifs. En 2002, une étude américaine à grande échelle a été interrompue lorsqu'on s'est aperçu que les risques à long terme de cancer étaient beaucoup plus élevés que prévu: les reportages sont instantanément redevenus négatifs, et les ventes d'œstrogènes ont dégringolé.

«À chaque mouvement du pendule, résume avec dépit Cristine Russell, journaliste pigiste qui couvre la médecine depuis 30 ans, la presse a rapporté les plus récentes études sur l'œstrogène comme si elles constituaient le dernier mot.»

Cristine Russell, «Risk Reporting», *Field Guide for Science Writers*, 2006, chapitre 36.

À long terme, la vulgarisation scientifique n'a rien à gagner à «publiciser» la science sous une forme systématiquement favorable et complaisante.

Trois autres exemples, du plus simple au plus complexe:

1. **la NASA:** la plus grosse machine de relations publiques du corps scientifique, avec 350 employés; une machine extrêmement efficace, capable de produire des documents d'une grande qualité et dotée du contenu visuel le plus spectaculaire qui soit.

   Et pourtant, cela ne l'a pas empêchée d'être discréditée aux yeux du public, longtemps avant la catastrophe de la navette *Challenger*, notamment pour son enflure verbale chronique: le moindre mouvement d'un satellite devient «prouesse technologique» et à la longue, l'intérêt s'émousse.

2. **La cité perdue.** En 1985, le bureau de presse de l'Université du Colorado publie le récit d'une expédition archéologique au Pérou, dirigée par des chercheurs de chez lui. Les communiqués de presse racontent la découverte d'une «cité perdue», avec toutes les métaphores d'usage. Or, des lecteurs du Colorado qui en connaissent un bout sur le Pérou réagissent: les ruines sont présentées... dans les guides touristiques locaux!

   Ce qui avait été «perdu», c'était l'emplacement exact de fouilles archéologiques menées des décennies plus tôt. Ce qui est intéressant pour les archéologues, mais n'est pas tout à fait la même chose...

3. **Le cœur artificiel.** En décembre 1982, l'Américain Barney Clark devient le premier homme à se faire implanter un Jarvik-7, «nouvelle génération» de cœur artificiel: plus durable que ses prédécesseurs, il permet au patient de survivre des mois, peut-être même des années, alors que l'espérance de vie des

cœurs artificiels se mesurait jusque-là en jours. L'opération, au Centre médical de l'Université de l'Utah, est décrite dans les communiqués de presse – et la presse – comme une des percées les plus importantes du siècle. Un point tournant de l'histoire de la médecine. Le patient devient un Christophe Colomb découvrant un nouveau territoire.

Sur cette base, l'Université a mis sur pied une opération de relations publiques exceptionnelle: les portes de l'hôpital sont grandes ouvertes aux journalistes; quelques-uns sont même demeurés dans les parages pendant quatre mois, jusqu'à la mort de M. Clark. Décès qui est décrit comme un événement triste, mais inéluctable: une survie de quatre mois, c'est un record pour un cœur artificiel, et un gage d'espoir pour tous les patients en attente de greffes cardiaques.

Et pourtant. En dépit de la transparence apparente, certains, dont Lawrence Altman, du *New York Times*, finissent par se rendre compte que des informations autrement plus éclairantes sont constamment balayées sous le tapis: *comment ce patient a-t-il été choisi? Quel fut le processus de sélection?* Et surtout: *Est-ce que cette solution pourrait être utilisée sur n'importe quel patient? Combien ça coûterait? Est-ce qu'on a un échéancier? Quelle est l'étape suivante?* Bref, est-ce qu'on sait où on s'en va? Les réponses aux questions vagues sont vagues, les réponses aux questions précises sont éludées.

Lorsque d'autres journalistes commencent à poser eux aussi des questions embarrassantes, les médecins et le personnel de l'hôpital commencent à les trouver envahissants. Dans le nouvel hôpital où a lieu la deuxième, puis la troisième greffe, l'ambiance, ironise Dorothy Nelkin, se transforme «du style NASA au style Soviet». Ce qui n'est certainement pas une bonne tactique de communication.

Aujourd'hui, si vous faites une recherche sur l'histoire des appareils d'assistance cardiaque, vous allez trouver qu'environ 90 personnes ont reçu le Jarvik-7... et qu'il a fini par être banni parce que les récipiendaires n'ont pas survécu assez longtemps pour qu'on juge qu'il s'agissait d'un «point tournant de l'histoire de la médecine». Il n'a continué d'être utilisé que comme un «pont», c'est-à-dire un appareil qu'on installe dans des cas d'extrême urgence, pour quelqu'un qui, à l'article de la mort, doit recevoir d'un jour à l'autre un vrai cœur.

Dans l'ouvrage *Science for Sale* (2007), le journaliste américain Daniel Greenberg demande à un de ses interlocuteurs comment peut-on cesser de publier de telles «mauvaises histoires». Billy Tauzin, politicien devenu un ponte de l'industrie pharmaceutique, lui répond: «si nous cessons de faire de mauvaises choses». Une réponse de politicien, mais qu'on avait, jusqu'à récemment, peu l'habitude d'entendre en vulgarisation scientifique: pendant très longtemps, les scientifiques ne faisaient pas de mauvaises choses. Les responsables des vilaines choses étaient les administrateurs, les investisseurs, les politiciens.

Scientifique sans sarrau, portrait plus nuancé

L'image idéalisée du scientifique s'effrite? Certes, mais elle va de toutes façons s'effriter, que les gouvernements consacrent ou non des efforts à la «sensibilisation» à la science: finie, l'époque où, dans les sondages d'opinion, le scientifique était un être pur, aussi blanc que son sarrau, systématiquement en haut de la liste des professions les plus respectées. Ça devrait être la mission du vulgarisateur scientifique que de rappeler ce que fait le scientifique quand il n'est pas en train de mélanger deux éprouvettes; ses passions comme les pressions auxquelles il est soumis. C'est à ce prix que la science sera perçue comme partie intégrante de notre culture.

La prise de conscience de la commercialisation de la science s'inscrit dans cette tendance. Plutôt que de rendre le public trop cynique, elle va au contraire le conduire à exercer davantage son sens critique. Peut-être de manière simpliste au début, puis en faisant progressivement la part des choses ensuite.

Pour le vulgarisateur qui se retrouve avec cette responsabilité accrue, le pas à franchir n'est pas facile, surtout dans les universités, pas encore gagnées à cette culture.

Mais les choses semblent évoluer dans le bon sens. Une connaissance plus complète de débats qui auraient été enfermés dans la communauté scientifique y contribue. Rien que depuis le tournant du siècle, les controverses liées au financement de la recherche par le secteur privé – et les dérapages qui en ont découlé – ont terni la crédibilité des scientifiques et des vulgarisateurs, mais ont, en contrepartie, apporté des changements positifs :

- les revues scientifiques, comme on l'a dit au chapitre 11, exigent désormais des chercheurs qu'ils dévoilent les sources de financement d'une recherche qu'ils veulent voir publiée ; la mort de Jesse Gelsinger a été la crise qu'aucune université ne souhaite voir se produire chez elle ;
- les histoires d'horreur autour de médicaments comme le Vioxx – il fut révélé qu'on n'en savait pas autant sur ses effets secondaires qu'on aurait dû – ont poussé les journaux médicaux à exiger des compagnies pharmaceutiques qu'elles rendent publiquement accessibles toutes les études réalisées sur un médicament, pas seulement les études qui ont obtenu un succès ; la chose n'est pas encore faite, mais la prise de conscience a été rapide, considérant qu'un premier éditorial en ce sens du *Journal de l'Association médicale américaine* (JAMA) ne date que de juillet 2003 ;
- « Je dirais, résume Drummond Rennie, éditeur adjoint du JAMA cité par Daniel Greenberg, qu'il est excellent que le profane en sache autant. Ça me déprime que les chercheurs en médecine résistent à ce point à l'idée qu'ils puissent être influencés par l'argent, comme le reste de la planète. »
- Enfin, le cas du Dr Hwang-Woo Suk, ce chercheur sud-coréen qui avait faussement annoncé des clonages de cellules-souches en 2004 et 2005, a obligé les revues les plus prestigieuses à admettre qu'elles étaient elles-mêmes allées trop loin : *Science* a reconnu implicitement avoir permis que ces recherches franchissent le processus de validation plus vite que la normale (deux mois plutôt qu'un an). Même cette revue, sérieuse entre les sérieuses, n'a pas pu résister à l'attrait d'une « percée phénoménale », qui serait bonne pour sa visibilité et sa notoriété.

Les relationnistes de l'Université nationale de Séoul étaient bien fiers, en 2004 et 2005. Lorsque des rumeurs de malversations ont commencé à circuler, à l'automne 2005, ils se sont mis en mode de gestion de crise. Mais lorsqu'il est devenu clair, à la mi-décembre, qu'il n'y avait plus rien à défendre, ils ont dû profondément regretter de ne pas avoir suffisamment insisté pour obtenir des réponses, sur tous les petits détails que leur chercheur-vedette avait – volontairement – laissés dans l'ombre.

Incidemment, ce sont des journalistes qui ont commencé l'enquête autour des malversations du Dr Hwang-Woo Suk. Mais ce sont des internautes – des scientifiques ou des étudiants en science – qui ont pris le relais en décembre. Il a suffi de quelques jours pour qu'ils démontrent que le chercheur avait dupliqué des photos et menti sur ses résultats. Ces internautes préfigurent le rôle que les scientifiques-blogueurs joueront peut-être lors d'un prochain scandale, si leur communauté continue de grossir.

Science et société: le futur?

Bref, les articles décrivant la science comme quelque chose de «pur», détaché des influences politiques, ou économiques, qui étaient notre lot jusqu'aux années 1970, ont décliné. Un regard général sur les médias peut certes donner l'impression que les choses ont peu changé, parce que le clip d'une minute 40 et l'entrefilet maintiennent, en chiffres absolus, une domination de «la découverte de la semaine». Mais la vulgarisation la plus intéressante et la plus dynamique, elle est désormais ailleurs.

Qui plus est, que vous ayez étudié en journalisme ou en science, toutes les chances sont que, si vous faites de la vulgarisation scientifique, vous soyez occupé à faire non pas de la nouvelle au jour le jour, mais des textes plus intemporels, des articles de magazine ou de la recherche télé, tous des domaines où la mise en contexte s'impose.

Aux États-Unis, en Allemagne et peut-être ailleurs, on a même vu poindre des journalistes pigistes qui s'identifient spécialisés en «politique scientifique» (ou «science et politique») et «bioéthique», des secteurs de spécialisation impensables il y a 10 ans.

Qui sait si, avec le temps, vous n'écrirez pas un livre! Les dernières années ont vu la publication d'ouvrages journalistiques sur l'ingérence politique (*Republican War on Science*, 2006, *Censoring Science*, 2008), sur l'économie de la science, sur les *Cobayes humains* (2005) employés par les compagnies pharmaceutiques en dehors de l'Occident ou sur les luttes de pouvoir autour des recherches avortées d'un vaccin anti-sida (*Big Shot: Passion, Politics and the Struggle for and Aids Vaccine*, 2001)

Il y a des sujets dont l'interaction entre science et société était inscrite dans la table des matières avant même que l'auteur n'ait écrit la première ligne: dans *The Hot Zone* (1995), Richard Preston utilise le mode narratif pour suivre à la trace le virus Ebola, depuis un village africain jusqu'à un laboratoire de la banlieue de Washington. L'ouvrage a été en première position de la liste des best-sellers du *New York Times*, et traduit en 30 langues.

Il y en a d'autres qui fournissent une vision complètement hors-norme en effectuant des connexions que personne n'avait réussies auparavant: James Burke (*Connexions*) parvient brillamment à tracer un lien entre une panne d'électricité et les premiers outils des agriculteurs de la préhistoire. Jared Diamond, dans *Guns, Germs and Steel* (*De l'inégalité parmi les sociétés*, 1997) a poussé l'ambition jusqu'à expliquer, par des facteurs géographiques, la domination des civilisations eurasiennes au cours des 12 derniers millénaires.

La prise de conscience, par les scientifiques eux-mêmes, que leur communauté a évolué, qu'elle est davantage soumise aux lois du capitalisme, qu'il leur faut apprendre à être plus présents devant les caméras et plus impliqués politiquement, cela aussi aura une influence sur le travail des vulgarisateurs.

Les évolutions respectives du scientifique et du vulgarisateur replacent la science dans un contexte qui est le sien. Ils n'ont pas pour effet de montrer l'autre face de la médaille, mais de replacer la science sur la même face de la médaille que la culture: une partie intégrante de celle-ci, avec ses bons et ses mauvais côtés. Les livres mentionnés ici, tout comme les blogues, sont sans doute annonciateurs d'une production à venir, où plus jamais, espérons-le, science et société ne seront traitées comme des corps étrangers.

En guise de dessert...

Un dimanche de cette même année, mon père m'avait patiemment expliqué l'importante place du zéro en calcul, le son presque magique des très gros chiffres, et le fait que «le plus gros chiffre» n'existe pas («tu peux toujours ajouter un», dit-il). Soudain, je fus poussé par l'envie enfantine d'écrire tous les chiffres de 1 à 1000. Nous n'avions pas de bloc-notes, mais mon père offrit ces cartons gris qui revenaient de la buanderie avec ses chemises. [...]

Cette même année 1939, mes parents m'emmenèrent à la Foire mondiale de New York... «Voyez le son», invitait un exposant. Et de fait, lorsque la fourchette était frappée par le marteau, une magnifique ligne sinueuse marchait le long de l'écran de l'oscilloscope. «Entendez la lumière», annonçait un autre panneau. Et de fait, quand la lumière frappait la cellule, je pouvais entendre quelque chose ressemblant à la statique de notre radio Motorola. De toute évidence, le monde contenait des merveilles que je n'aurais jamais soupçonnées. Comment un son pouvait-il devenir une image et une lumière devenir un son?

Mes parents n'étaient pas des scientifiques. Ils ne connaissaient presque rien à la science. Mais en m'introduisant simultanément au scepticisme et au merveilleux, ils m'enseignaient deux modes de pensée à la cohabitation difficile, qui sont centraux à la méthode scientifique.

Carl Sagan, introduction à *The Demon-Haunted World*, 1996, p. xiii

La connaissance est notre destinée... Il existe aujourd'hui en Occident un intérêt accru pour des doctrines vagues, anecdotiques et bien souvent probablement erronées de façon flagrante, qui, si elles étaient vraies, révéleraient un univers pour le moins plus intéressant, mais si elles sont fausses, impliquent un manque de conscience intellectuelle, une absence d'intérêt pour la pensée, et une perte d'énergie peu propices à notre survie...

Il se peut qu'il y ait quelques germes de vérité dans certaines de ces doctrines, mais la faveur dont elles jouissent dénote un manque de rigueur intellectuelle, une absence de scepticisme, un besoin de remplacer l'expérience par les désirs. Ce sont des théories du système limbique et de l'hémisphère droit, des processus oniriques, des réponses naturelles et humaines, à la complexité de l'environnement que nous occupons. Mais il s'agit également de théories mystiques et occultes, conçues pour n'être pas sujettes à controverse et pour bloquer de manière caractéristique toute discussion rationnelle. En revanche, la voie qui mène vers un avenir brillant réside certainement dans un fonctionnement total du néo-cortex... la raison malgré tout: une vision courageuse du monde tel qu'il est réellement.

Ce n'est que le dernier jour du calendrier cosmique que d'importantes facultés intellectuelles ont évolué sur la planète Terre. La coordination des deux hémisphères dans leur fonctionnement est l'outil dont la nature nous a dotés pour survivre. Nous ne survivrons probablement pas si nous ne faisons pas un usage total et créateur de notre intelligence humaine.

Carl Sagan, conclusion à *Les Dragons de l'Eden*, 1978, p. 264-265.

Bibliographie

La culture scientifique, qu'est-ce que c'est?

Jon D. Miller, «Public Understanding of, and Attitudes Toward, Scientific Research: what we know and what we need to know», *Public Understanding of Science*, vol. 13 (2004), p. 273-294: http://www.dgdc.unam.mx/Assets/pdfs/sem_laura.pdf

Liza Gross, «Scientific Illiteracy and the Partisan Takeover of Biology», *Public Library of Science Biology*, vol. 4, nº 5, avril 2006: http://biology.plosjournals.org/perlserv/?request=get-document&doi=10.1371/journal.pbio.0040167&ct=1

Bernard Schiele, dir. *Quand la science se fait culture. La culture scientifique dans le monde, Actes 1*. Montréal, UQAM et Éditions MultiMondes, 1994, 498 p.

Énorme tour d'horizon de la culture scientifique et de son histoire dans plusieurs pays. Mais certaines contributions commencent à vieillir.

Joao Caraça, *Science et communication*. Paris, PUF, collection «Que sais-je?», 1999, 127 p.

Conseil de la science et de la technologie, *La culture scientifique et technique au Québec: bilan*. Sainte-Foy, Gouvernement du Québec, 2002, 214 p. En ligne à: http://www.cst.gouv.qc.ca

Carl Sagan, *The Demon-Haunted World. Science as a Candle in the Dark*. New York, Ballantine Books, 1996, 457 p.

Le testament spirituel d'un des meilleurs vulgarisateurs du 20e siècle.

La vulgarisation scientifique, par qui?

Historiquement:

Yves Gingras, Peter Keating et Camille Limoges, *Du scribe au savant. Les porteurs du savoir de l'Antiquité à la révolution industrielle.* Montréal, Boréal, 1998, 362 p.

Daniel Raichvarg et Jean Jacques, *Savants et ignorants. Une histoire de la vulgarisation des sciences.* Paris, Seuil, 1991, 390 p.

Lecture recommandée sur l'histoire de la vulgarisation, qui donne du coup un éclairage pertinent sur l'histoire des sciences elle-même.

Daniel Raichvarg, *Sciences pour tous?* Paris, Gallimard, coll. «La Découverte», 2005, 127 p.

Un bref historique de la vulgarisation scientifique, abondamment illustré.

Aujourd'hui:

Pierre Laszlo, *La vulgarisation scientifique*, Paris, PUF, collection «Que sais-je?», 1993, 127 p.

Philippe Marcotte et Florian Sauvageau, «Les journalistes scientifiques: des éducateurs? Enquête auprès des membres de l'Association des communicateurs scientifiques du Québec», *Les Cahiers du journalisme* nº 15, hiver 2006: www.cjs.ulaval.ca/files/File/Recherche/11_Marcotte_Sauvageau.pdf

Françoise Tristani-Potteaux, *Les Journalistes scientifiques.* Paris, Économica, 1997, 109 p.

Intéressant portrait, mais qui s'appuie essentiellement sur une étude menée en France il y a plus d'une décennie.

Dorothy Nelkin, *Selling Science. How the Press Covers Science and Technology.* New York, W.H. Freeman and Company, 1987, 224 p.

Fascinant portrait du journalisme scientifique, équilibré et critique. Mais s'arrête au milieu des années 1980.

Deux biographies:

Keay Davidson, *Carl Sagan. A Life.* New York, John Wiley & Sons, 1999, 540 p.

Jean-Marc Carpentier et Danielle Ouellet, *Fernand Seguin. Le savant imaginaire.* Montréal, Libre Expression, 1994, 379 p.

La vulgarisation scientifique, comment?

Deborah Blum et Mary Knudson, *A Field Guide for Science Writers.* New York, Oxford University Press, 2e edition, 2006, 321 pages.

Le meilleur et le plus complet de tous les ouvrages pratiques. Couvre tous les métiers de la vulgarisation, du journaliste jusqu'au scénariste en passant par le muséologue. Édition complètement remise à jour d'un manuel paru initialement en 1997.

Sophie Malavoy, *Guide pratique de vulgarisation scientifique.* Acfas, 1999, 40 p.

En français, destiné aux professionnels de la communication.

Sophie Malavoy, *Guide pratique de communication scientifique. Comment captiver son auditoire.* Montréal, Acfas, 2002, 45 p.

Plus spécialisé que le guide précédent: s'adresse surtout aux chercheurs qui veulent faire une présentation devant public.

American Association for the Advancement of Science, *Communicating Science. Tools for Scientists and Engineers.* AAAS, 2008. [sur Internet]

Entrevues avec des professionnels de la communication et conseils pour les scientifiques qui veulent tenter la vulgarisation: http://communicatingscience.aaas.org/Pages/newmain.aspx

SciDev.net, *Practical Guides*, 2008: www.scidev.net/en/practical-guides/

Une série de courts documents en anglais, en français et en espagnol (l'écriture, la radio, la télé, les controverses, les communiqués, etc.), écrits par différents auteurs, ou adaptés de documents plus anciens.

Barbara Gastel, *Presenting Science to the Public*. Philadelphie, ISI Press, 1983, 145 p.

Un bon petit manuel qui explique au scientifique comment communiquer, mais aussi comment agir et interagir avec les journalistes. N'a pas trop vieilli.

Deux anthologies de «comment vulgariser»:

Jesse Cohen, *The Best American Science Writing 2007*. New York, Harper Collins, 2007, 333 p.

Ce que la vulgarisation peut produire de meilleur, quand on lui en donne les moyens. Publication annuelle, en anglais seulement.

Edmund Blair Bolles, *Galileo's Commandment. An Anthology of Great Science Writing*. Londres, Little Brown & Company, 1997, 485 p.

Une série de textes scientifiques mémorables, de Galilée à Isaac Asimov en passant par Stephen Jay Gould, Primo Levi et Marie Curie.

«Comment»: les maths, catégorie à part:

A.K. Dewdney, *200% of nothing. From Percentage Pumping to Irrational Ratios*. New York, John Wiley & Sons, 1993, 182 p.

Victor Cohn, *News and Numbers. A Guide to Reporting Statistical Claims and Controversies in Health and Related Fields*. New York, Iowa State University Press, 1989, 178 p.

Une petite bible faite expressément pour les journalistes. Trucs et leçons spécialement pour eux. Les trois derniers chapitres commencent toutefois à dater.

John Allen Paulos, *A Mathematician Reads the Newspaper*. New York, Anchor Books, 1995.

Malgré ce que laisse supposer le titre, l'auteur va bien au-delà des maths et suggère des trucs pour utiliser notre logique ou notre gros bon sens pour décoder différentes nouvelles.

Pour se prémunir contre la manipulation

Sheldon Rampton et John Stauber, *Trust Us, We're Experts!* New York, Putnam, 2001, 359 p.

Sharon Beder, *Global Spin. The Corporate Assault on Environmentalism.* Totnes, G.B., Green Books, 1997, 288 p.

Chris Mooney, *The Republican War on Science.* New York, Basic Books, 2005.

Jeff et Marie Blyskal, *PR: How the Public Relations Industry Writes the News*, New York, William Morrow and Co., 1985

Pierre Sormany, «Le journaliste scientifique dans la position du missionnaire: plaidoyer contre la promiscuité», conférence, 1994: http://www.cirst.uqam.ca/PCST3/PDF/Communications/SORMANY.PDF

Quel avenir pour la vulgarisation scientifique?

Bruce V. Leweinstein, «Was there Really a Popular Science Boom», *Science, Technology and Human Values*, vol. 12, nº 2 (printemps 2007).

Pascal Lapointe et Josée Nadia Drouin, *Science, On blogue! Le nouveau monde d'Internet.* Québec, Éditions MultiMondes, 2007, 296 pages.

Henry Farrell, «The Blogosphere as a Carnival of Ideas», *Chronicle of Higher Education*, 7 octobre 2005: http://chronicle.com/free/v52/i07/07b01401.htm

Jane Gregory et Martin Bauer, «PUS inc.: l'avenir de la communication de la science», dans Bernard Schiele et Real Jantzen, *Les Territoires de la culture scientifique.* Lyon et Montréal, PUM et PUL, 2003, p. 41-65.

Portrait clair et lucide de l'évolution de la communication scientifique à l'heure du recul du journalisme et de la montée des relations publiques.

Winfried Göpfert, «Faiblesse du journalisme et force des relations publiques», dans Bernard Schiele et Real Jantzen, *Les territoires de la culture scientifique.* Lyon et Montréal, PUM et PUL, 2003, p. 67-78.

Autre portrait clair et documenté, qui complète le précédent.

Claude Le Boeuf et Nicolas Pélissier, *Communiquer l'information scientifique. Éthique du journalisme et stratégies des organisations.* Paris, L'Harmattan, 2003, 391 p.

Anthologie offrant plusieurs regards sur de nouveaux supports qui apportent avec eux des remises en question. Plusieurs des textes sont très théoriques.

Agence Science-Presse, *Le journalisme scientifique : Métier d'avenir ou espèce en voie de disparition ?*, 1998 et 2003 : http://www.sciencepresse.qc.ca/dossiers/journalisme.html

Douglas Starr, « Teaching Journalism Students To Report on Science », *Nieman Reports*, automne 2002, p. 36-38.

Bref regard sur des pistes qui s'ouvrent dans l'enseignement.

Chaire en journalisme scientifique, *Le journalisme scientifique, ses publics et son marché. Acte du colloque.* Université Laval, 2002 : http://www.cjs.ulaval.ca/files/File/cc/Actes%20du%20colloque%202002.pdf

Œuvres de vulgarisation mentionnées dans le livre...

Par ordre chronologique!

Bernard de Fontenelle, *Entretiens sur la pluralité des mondes*, Paris, 1686. Sur Internet à : http://fr.wikisource.org/wiki/Entretiens_sur_la_pluralité_des_mondes

Paul de Kruif, *Microbe Hunters.* New York, Harcourt, 1996 [première édition : 1926].

George Colomb, *En flânant à travers la science.* Paris, 1930, 80 p.

Jane Goodall, *Les chimpanzés et moi* (version originale : *In the Shadow of Man*), Paris, Stock, 1971.

Richard Dawkins, *Le gène égoïste.* Paris, Poche Odile Jacob, 2003 [première édition : 1976], 200 p.

Carl Sagan, *Les Dragons de l'Eden. Spéculations sur l'évolution de l'intelligence humaine.* Paris, Seuil, 1980 [1977], 278 p.

James Burke, *Connections.* Londres, Macmillan, 1978, 303 p.

Stephen Jay Gould, *Le pouce du panda. Les grandes énigmes de l'évolution*. Paris, Biblios Essais, 1986 [1980], 383 p.

Carl Sagan et Adrian Malone, *Cosmos*. New York, 1980 [DVD], 13 épisodes d'une heure.

Fernand Seguin, *Le Sel de la science. Entretiens*. Québec Science éditeur, 1980, 131 p.

Hubert Reeves, *Patience dans l'azur. L'évolution cosmique*. Québec Science éditeur, 1981, 258 p.

Professeur Scientifix, *Le Petit débrouillard*. Montréal, Presses de l'Université du Québec, 1981, 128 p.

Fernand Seguin, *La Bombe et l'orchidée*. Montréal, Libre Expression, 1987, 203 p.

Jacques Goldstyn et Al+Flag, *Les Grands débrouillards*. Montréal, Héritage, 1991, 48 p.

Carl Sagan, *Pale Blue Dot*. New York, Random House, 1994, 429 p.

Richard Preston, *The Hot Zone. A Terrifying True Story*. New York, Anchor, 1995, 448 p.

Marie Pérennou et Claude Nuridsany, *Microcosmos. Le peuple de l'herbe*. Paris, 1996 [DVD], 75 minutes.

James Shreeve, *The Neandertal Enigma*, New York, Harper, 1996, 369 p.

Jared Diamond, *Guns, Germs and Steel. The Fates of Human Societies* (trad. fr.: *De l'inégalité parmi les sociétés*). New York, W.W. Norton, 1997, 480 p.

Alain Sokal et Jean Bricmont, *Impostures intellectuelles*. Paris, Odile Jacob, 1997, 413 p.

German Gutierrez, *Insectia*. Montréal, 1999-2000 [DVD].

Marie-Claude Ouellet, *Le Saint-Laurent. Un fleuve à découvrir*. Montréal, Éditions de l'Homme, 1999, 136 p.

Marcel Guité et Agathe Drouin Bégin, *La Fibromyalgie*. Québec, Éditions MultiMondes, 2000, 544 p.

Jacques Perrin, *Le Peuple migrateur*. Paris, 2001 [DVD], 98 min.

Patricia Thomas, *Big Shot: Passion, Politics and the Struggle for and Aids Vaccine*, New York, PublicAffairs, 2001.

Catherine Fol, *Ceci n'est pas Einstein*. Montréal, 2003 [DVD], 52 min.

Raynald Pepin, *Soleil, sable et science*. Québec, Éditions MultiMondes, 2005, 224 p.

Mick O'Hare, *Why Don't Penguins' Feet Freeze? And 114 Other Questions*. Londres, Profile Books, 2006, 236 p.

Sonia Shah, *Cobayes humains* (titre original: *The Body Hunters*). Paris, Demopolis, 2007 [2006], 347 p.

Carl Zimmer, *Evolution: The Triumph of an Idea*. New York, Harper Collins, 2006, 528 p.

BBC, *Planet Earth*. Londres, 2007, [DVD], 11 épisodes de 50 min.

Louis-Gilles Francoeur, *Passion: nature. Sept ans de chroniques engagées*. Québec, Éditions MultiMondes, 2007, 448 p.

Davis Guggenheim, *Une vérité qui dérange*. Los Angeles, 2007 [DVD], 98 min.

Daniel S. Greenberg, *Science for Sale. The Perils, Rewards, and Delusions of Campus Capitalism*. Chicago, University of Chicago Press, 2007, 324 p.

Jean-Pierre Rogel, *L'hippopotame du Saint-Laurent. Dernières nouvelles de l'évolution*. Québec, Éditions MultiMondes, 2007, 184 p.

Claude Villeneuve et François Richard, *Vivre les changements climatiques. Réagir pour l'avenir*. Québec, Éditions MultiMondes, 2007, 484 p.

Mick O'Hare, *Comment fossiliser son hamster*. Paris, Seuil, 2008 [2007].

Mark Bowen, *Censoring Science. Inside the Political Attack on Dr James Hansen and the Truth of Global Warming.* New York, Dutton, 2008, 324 p.

David Michaels, *Doubt is Their Product. How Industry's Assault on Science Threatens Your Health,* Oxford University Press, 2008, 359 p.

Normand Mousseau, *Au bout du pétrole. Tout ce que vous devez savoir sur la crise énergétique.* Québec, Éditions MultiMondes, 2008, 156 p.

Richard A. Muller, *Physics for Future Presidents: The Science Behind the Headlines.* New York, W. W. Norton, 2008, 354 p.

Marcel Thouin, *Tester et enrichir sa culture scientifique et technologique.* Québec, Éditions MultiMondes, 2008, 504 p.

Carl Zimmer, *Microcosm: E. coli and the New Science of Life.* New York, Pantheon, 2008, 258 p.

MARQUIS
Marquis imprimeur inc.
Québec, Canada
2008